高等职业教育机电类系列教材

电机与电气控制技术项目教程

主　编　张明金

副主编　范爱华　包西平

参　编　王成琪

主　审　赵成民

机 械 工 业 出 版 社

本书是根据高职高专人才培养的目标，并结合项目化、理实一体化、任务驱动等教学方法的改革，以"工学结合、项目引导、任务驱动、'做中学，学中做，学做一体、边学边做'一体化"为原则编写的。本书采用工作任务引领的方式将相关知识点融入到工作项目中，使学生掌握必要的基本理论知识，并使学生的实践能力、职业技能、分析问题和解决问题的能力不断提高。

　　本书共6个项目：变压器的认识与使用、交流电动机的认识与使用、直流电动机的认识与使用、特种电机的认识、交流电动机继电器-接触器控制线路的装配与检修、典型机床电气控制线路的分析与检修。

　　本书可作为高等职业院校、高等专科学校、成人高校的电气类、机电类专业的教材，也可供工程技术人员参考。

　　为方便教学，本书配备电子课件等教学资源。凡选用本书作为教材的教师均可登录机械工业出版社教育服务网 www.cmpedu.com 免费下载。如有问题请致信 cmpgaozhi@ sina.com，或致电 010-88379375 联系营销人员。

图书在版编目（CIP）数据

电机与电气控制技术项目教程/张明金主编. —北京：机械工业出版社，2015.6（2022.8重印）

高等职业教育机电类系列教材

ISBN 978-7-111-50103-9

Ⅰ.①电… Ⅱ.①张… Ⅲ.①电机学-高等职业教育-教材 ②电气控制-高等职业教育-教材 Ⅳ.①TM3②TM921.5

中国版本图书馆 CIP 数据核字（2015）第 087993 号

机械工业出版社（北京市百万庄大街 22 号　邮政编码 100037）
策划编辑：刘子峰　责任编辑：刘子峰
封面设计：张　静　责任校对：任秀丽　胡艳萍
责任印制：邹　敏
北京富资园科技发展有限公司印刷
2022 年 8 月第 1 版·第 7 次印刷
184mm×260mm·18.75 印张·463 千字
标准书号：ISBN 978-7-111-50103-9
定价：46.00 元

电话服务
客服电话：010-88361066
　　　　　010-88379833
　　　　　010-68326294
封底无防伪标均为盗版

网络服务
机 工 官 网：www.cmpbook.com
机 工 官 博：weibo.com/cmp1952
金 书 网：www.golden-book.com
机工教育服务网：www.cmpedu.com

前　言

本书是根据高职高专人才培养的目标，并结合项目化、理实一体化、任务驱动等教学方法的改革，以"工学结合、项目引导、任务驱动、'做中学，学中做，学做一体，边学边做'一体化"为原则编写的。本书采用工作任务引领的方式将相关知识点融入到工作项目中，突出了理论与实践相结合的特点，使学生掌握必要的基本理论知识，并使学生的实践能力、职业技能、分析问题和解决问题的能力不断提高。

本书共6个项目：变压器的认识与使用、交流电动机的认识与使用、直流电动机的认识与使用、特种电机的认识、交流电动机继电器-接触器控制线路的装配与检修、典型机床电气控制线路的分析与检修。考虑到电气类、机电类专业另开设可编程序控制器应用技术相关课程，所以本书不包括此部分内容。

本书在编写的过程中，本着"精选内容，打好基础，培养能力"的精神，力求讲清基本概念，精选有助于建立概念、巩固知识、掌握方法、联系实际应用的例题。各项目分成若干任务，各任务以任务描述、任务目标、子任务展开（相关知识的学习）、技能训练、问题研讨为主线。在知识内容讲解上，力求语言简练流畅。本书适用学时为90～110学时。

本书由张明金担任主编，负责制订编写大纲及最后统稿。范爱华、包西平担任副主编，王成琪参加编写。其中项目2、项目5由张明金编写，项目3、项目6由包西平编写，项目1由范爱华编写，项目4由王成琪编写。

徐工轮胎集团有限公司的赵成民高级工程师担任本书的主审，对全部书稿进行了认真、仔细的审阅，提出了许多宝贵的意见，在此表示深深的谢意。

本书在编写过程中，得到了编者所在学院的各级领导及同事们的支持与帮助，在此表示感谢。同时对书后所列参考文献的各位作者表示诚挚的谢意。

由于"项目式"教学是一种全新的教学形式，多数高职高专院校都处在学习和摸索中，加之编者水平所限，书中不妥之处在所难免，在取材新颖和实用性等方面定有不足，敬请各位读者提出宝贵意见。

编　者

目　　录

项目1　变压器的认识与使用

项目内容

◆单相变压器的结构、工作原理、运行特性及测试。
◆自耦变压器、电焊变压器、仪用互感器的结构、工作原理及使用方法。
◆三相变压器的认识及联结组别的判定。
◆变压器的使用与维护。

知识目标

◆掌握变压器的作用、结构及工作原理。
◆理解自耦变压器、电焊变压器、仪用互感器的工作原理；掌握其结构特点及使用方法。
◆掌握变压器同极性端的判定方法。
◆了解三相变压器联结组别和时钟表示法的判定。

能力目标

◆能对小型变压器进行测试。
◆能正确地选用自耦变压器、电压互感器、电流互感器、电焊变压器。
◆能正确地判定变压器的同极性端。
◆初步具有检修变压器的常见故障的能力。

任务1.1　单相变压器的认识与使用

任务描述

变压器和电动机是以电磁感应原理为工作基础的。变压器在电力线路中用于电能的传输，在电子电路中用于信号的变换，是电工、电子电路中的重要设备和器件。本任务学习单相变压器的用途、结构、运行和工作特性。

任务目标

了解变压器的用途；理解变压器的基本原理，空载运行、有载运行的分析；掌握变压器的结构，电压、电流和阻抗变换作用。

子任务1　变压器的用途、结构与分类

1. 变压器的用途

变压器是根据电磁感应原理制成的一种静止的电气设备，用它可把某一电压等级的交流

电变换为同频率的另一电压等级的交流电。变压器的基本作用是在交流电路中变电压、变电流、变阻抗及用作电气隔离。

发电厂欲将 $P = \sqrt{3}U_{L}I_{L}\cos\varphi$ 的电功率输送到用电的区域，在 P、$\cos\varphi$ 为一定值时，采用的电压越高，则输电线路中的电流越小，因而可以减少输电线路上的损耗，节约导电材料，所以远距离输电采用高电压是最为经济的。

目前，我国交流输电的电压最高已达 500kV，这样高的电压，无论从发电机的安全运行方面或是从制造成本方面考虑，都不允许由发电机直接输出。

发电机的输出电压一般有 3.15kV、6.3kV、10.5kV、15.75kV 等几种，因此必须用升压变压器将电压升高才能远距离输送。电能输送到用电区域后，为了适应用电设备的电压要求（多数用电器所需的电压是 380V、220V 或 36V，少数电动机也采用 3kV、6kV 等），还需通过各级变电所（站）利用变压器将电压降低为各类电器所需要的电压值。

升压、降压都需要用变压器。变压器最主要的用途是在输配电系统。除了电力系统的变压器外，电气技术人员做实验时，要用调压变压器；电镀电解行业需要变压器来产生低压大电流；焊接金属器件常用交流电焊机；在广播扩音电路中，为了使扬声器得到最大功率，可用变压器实现阻抗匹配；为了测量高电压和大电流要用到电压互感器和电流互感器；有的电器为了使用安全要用变压器进行电气隔离；人们平时常用的稳压电源盒充电器中也包含着变压器。

2. 变压器的基本结构

变压器的基本结构主要由铁心和绕组两部分组成。为改善散热条件，大、中型的电力变压器的铁心和绕组浸在盛满变压器油的封闭油箱中，各绕组的端线由绝缘套管引出。

（1）铁心

铁心是变压器的主磁路，它又是绕组的支撑骨架。铁心由铁心柱和铁轭两部分构成，铁心柱上装有绕组，铁轭连接铁心柱构成闭合的磁路。为了提高铁心的导磁性，减小磁滞损耗和涡流损耗，铁心采用厚度为 0.35~0.5mm、材料表面涂有绝缘漆的热轧（或冷轧）硅钢片冲压成型，并叠合组装成一个整体。

铁心的基本结构形式有心式和壳式两种，如图 1-1 所示。心式结构的特点是绕组包围铁心，结构比较简单，绕组的装配及绕组的绝缘也比较容易，如图 1-1a 所示。它适用于容量大、电压高的变压器，如电力变压器均采用心式结构。壳式结构的特点是铁心包围绕组，机械强度较好，铁心容易散热，但外层绕组的铜线用量较多，制造工艺又复杂，铁心材料消耗多，如图 1-1b 所示。它一般多用于小型干式变压器，如电炉变压器、收音机、电视机中用的小型特种变压器。

各种变压器的铁心，是先将硅钢片冲压成条形，然后将条形硅钢片交错地叠合组装成"口"字形或"曰"字形，如图 1-2 所示。交错叠片的目的是使各层接缝互相错开，以免接缝处的间隙集中，从而减小磁路的磁阻和励磁电流。

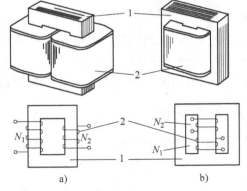

图 1-1　铁心的基本结构形式
a）心式　b）壳式
1—铁心　2—绕组

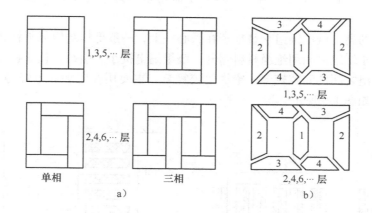

图 1-2 叠片式铁心交错叠装的方法

a）热轧硅钢片叠法 b）冷轧硅钢片叠法

铁轭的截面有矩形、外 T 形、内 T 形和多级阶梯形，如图 1-3 所示。

铁心柱的截面在小型变压器中常为方形或矩形，但大型变压器为了充分利用线圈内圆空间而常用阶梯截面，有的还设有冷却油道。近年来，出现了渐开线形铁心的变压器，它的铁轭由同一宽度的硅钢带卷制成型，铁心柱用硅钢片在专用成型机上轧制，按三角形方式布置，使磁路完全对称，该变压器的主要优点在于节省硅钢片、绕组耗铜材少、便于机械化生产和减少装配工时。常见铁心柱的截面如图 1-4 所示。

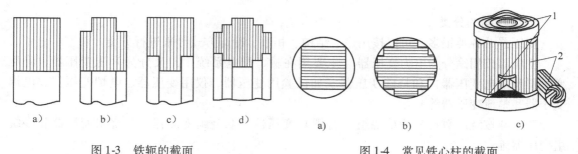

图 1-3 铁轭的截面

a）矩形 b）外 T 形 c）内 T 形 d）多级阶梯形

图 1-4 常见铁心柱的截面

a）矩形 b）多级阶梯形 c）三相渐开线形铁心

1—铁轭 2—铁心柱

（2）绕组

变压器绕组的作用是构成电路，它一般用绝缘漆包铜线或铝线绕制而成。通常把接于电源的绕组称为一次绕组，接于负载的绕组称为二次绕组；或者把电压高的绕组称为高压绕组，电压低的绕组称为低压绕组。

根据高、低压绕组在铁心柱上排列的方式不同，变压器的绕组可分为同心式和交叠式两种。同心式绕组的高、低压绕组同心套在铁心柱上，通常低压绕组靠近铁心层，高压绕组放在外面，二者之间用绝缘纸筒隔开。当低压绕组靠近铁心柱放置时，因为低压绕组与铁心柱所需的绝缘距离比较小，所以线圈的尺寸也就可以缩小，整个变压器的体积也就减小了。同心式绕组结构简单、制造方便，国产电力变压器均采用这种绕组，其基本结构如图1-5所示。

交叠式绕组的高、低压绕组交替地套在铁心柱上，一般低压绕组靠近铁轭侧，绕组都做成饼式，高、低压绕组之间用绝缘材料隔开，绕组漏电抗小、引线方便、机械强度好。但交叠式高、低压绕组之间的间隙较多，绝缘比较复杂，主要用在电炉和电焊等特种变压器中。三相交叠式绕组如图1-6所示。

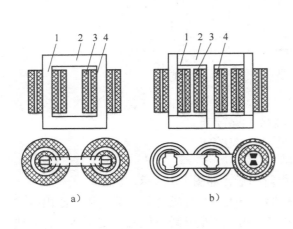

图 1-5　同心式绕组
a）单相　b）三相
1—铁心柱　2—铁轭　3—高压绕组　4—低压绕组

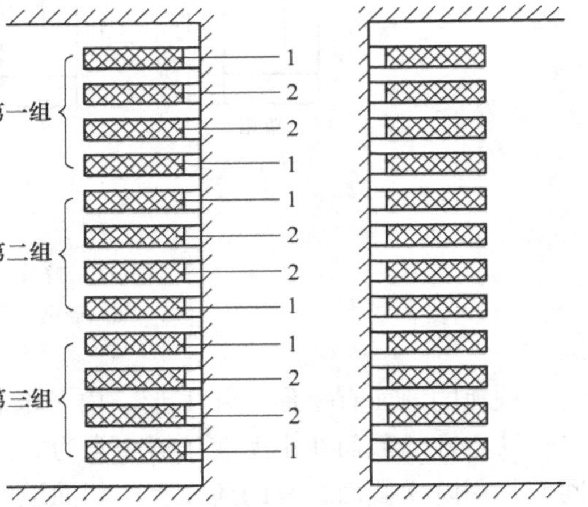

图 1-6　三相交叠式绕组
1—低压绕组　2—高压绕组

3. 变压器的分类

变压器的种类很多，可以按用途、结构、相数、冷却方式等来进行分类。

变压器按用途分为电力变压器（主要用在输、配电系统中，又分为升压变压器、降压变压器和配电变压器）和特殊变压器（如试验用变压器、仪用变压器、电炉变压器、电焊变压器和整流变压器等）。

变压器按绕组数目分为单绕组（自耦）变压器、双绕组变压器、三绕组变压器和多绕组变压器等。

变压器按相数分为单相变压器、三相变压器和多相变压器。

变压器按铁心结构分为心式变压器和壳式变压器。

变压器按调压方式分为无励磁调压变压器和有载调压变压器。

变压器按冷却介质和冷却方式分为空气自冷式（或称为干式）变压器、油浸式变压器（包括油浸自冷式、油浸风冷式、强迫油循环水冷却式和强迫油循环风冷却式）和充气式冷却变压器。

电力变压器按容量大小通常分为小型变压器（容量为 10～630kV·A）、中型变压器（容量为 800～6300kV·A）、大型变压器（容量为 8000～63000kV·A）和特大型变压器（容量在 90000kV·A 及以上）。

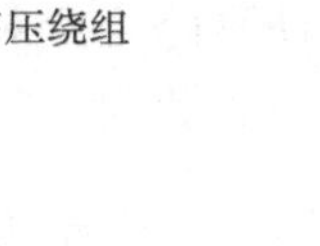

单相变压器的表示符号如图1-7所示。

图 1-7　单相变压器的表示符号

子任务2 变压器的运行

1. 单相变压器的工作原理

变压器是利用电磁感应原理进行工作的。变压器有两个绕组，接在额定电压的交流电源上的绕组称为一次绕组，其匝数为 N_1；接负载的绕组称为二次绕组，其匝数为 N_2。当一次绕组外加电压为 u_1（交流）时，一次绕组中流过交流电流，产生交变磁通势，使铁心中产生交变磁通 ϕ，并交链于一、二次绕组，使一、二次绕组中产生交流电动势 e_1 和 e_2。单相变压器的工作原理如图1-8所示。

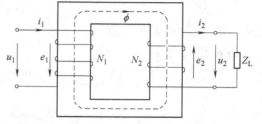

图1-8 单相变压器的工作原理图

根据电磁感应定律，交变的主磁通 ϕ 在一、二次绕组中分别感应出电动势 e_1 与 e_2，有

$$\left.\begin{array}{l} e_1 = -N_1 \dfrac{\mathrm{d}\phi}{\mathrm{d}t} \\[2mm] e_2 = -N_2 \dfrac{\mathrm{d}\phi}{\mathrm{d}t} \end{array}\right\} \tag{1-1}$$

忽略绕组中的漏电抗压降，不考虑绕组中的电阻压降，一、二次绕组的端电压可表示为

$$\left.\begin{array}{l} u_1 \approx e_1 = -N_1 \dfrac{\mathrm{d}\phi}{\mathrm{d}t} \\[2mm] u_2 \approx e_2 = -N_2 \dfrac{\mathrm{d}\phi}{\mathrm{d}t} \end{array}\right\} \tag{1-2}$$

若二次绕组开路（不接负载），这种运行方式称为变压器的空载运行。若二次绕组接负载，这种运行方式称为变压器的负载运行。N_1 和 N_2 分别为一、二次绕组的匝数，则有

$$\frac{U_1}{U_2} = \frac{E_1}{E_2} = \frac{N_1}{N_2} \tag{1-3}$$

从式（1-3）中可知，变压器的一、二次绕组感应电动势之比与电压之比都等于一次绕组与二次绕组的匝数之比。在磁通势一定的条件之下，只需改变一、二次绕组的匝数之比，就可实现改变二次绕组输出电压大小的目的。

2. 变压器的空载运行

变压器空载运行是指变压器的一次绕组接在额定频率、额定电压的交流电源上，而二次绕组开路时的运行状态，如图1-9所示。图中一次绕组两端加上交流电压 u_1 时，便有交变电流 i_0 通过一次绕组，i_0 称为空载电流。大、中型变压器的空载电流约为一次侧额定电流的 $3\% \sim 8\%$。变压器空载时一次绕组近似为纯电感电路，故 i_0 较 u_1 滞后 $90°$，此时一次绕组的交变磁动势为 $i_0 N_1$，它产生交变磁通，因为铁心的磁导率比空气（或油）的大得多，绝大部

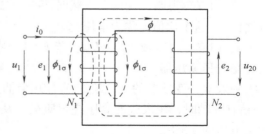

图1-9 单相变压器的空载运行原理图

分磁通通过铁心磁路交链着一、二次绕组，称为主磁通或工作磁通，记为 ϕ；还有少量磁通穿出铁心沿着一次绕组外侧通过空气或油而闭合，这些磁通只与一次绕组交链，称为漏磁通，记为 $\phi_{1\sigma}$。漏磁通一般都很小，为了使问题简化，可以略去不计。

若外加电压 u_1 按正弦变化，则 i_0 与 ϕ 也都按正弦变化。设 ϕ 的初相为零，即

$$\phi = \Phi_m \sin\omega t$$

式中，Φ_m 为主磁通的幅值。

将 ϕ 代入式（1-1），得

$$\left.\begin{aligned}
e_1 &= -N_1 \frac{\mathrm{d}\phi}{\mathrm{d}t} = -N_1 \frac{\mathrm{d}\Phi_m \sin\omega t}{\mathrm{d}t} = -N_1 \Phi_m \omega \cos\omega t = E_{1m} \sin\left(\omega t - \frac{\pi}{2}\right) \\
e_2 &= -N_2 \frac{\mathrm{d}\phi}{\mathrm{d}t} = -N_2 \frac{\mathrm{d}\Phi_m \sin\omega t}{\mathrm{d}t} = -N_2 \Phi_m \omega \cos\omega t = E_{2m} \sin\left(\omega t - \frac{\pi}{2}\right)
\end{aligned}\right\} \tag{1-4}$$

可见 e_1 与 e_2 的相位都比 ϕ 滞后 $\frac{\pi}{2}$；因为 i_0 与产生的磁通 ϕ 是同相的，而 i_0 与外加电压 u_1 相比滞后 $\frac{\pi}{2}$，所以 e_1 与 e_2 都与外加电压 u_1 反相。

由式（1-4）求得 e_1 与 e_2 的有效值分别为

$$\left.\begin{aligned}
E_1 &= \frac{1}{\sqrt{2}} E_{1m} = \frac{1}{\sqrt{2}} N_1 \Phi_m \omega = 4.44 f N_1 \Phi_m \\
E_2 &= \frac{1}{\sqrt{2}} E_{2m} = \frac{1}{\sqrt{2}} N_2 \Phi_m \omega = 4.44 f N_2 \Phi_m
\end{aligned}\right\} \tag{1-5}$$

式中，$N_1 \Phi_m \omega = 2\pi f N_1 \Phi_m = E_{1m}$；$N_2 \Phi_m \omega = 2\pi f N_2 \Phi_m = E_{2m}$。

由此可得

$$\frac{E_1}{E_2} = \frac{4.44 f N_1 \Phi_m}{4.44 f N_2 \Phi_m} = \frac{N_1}{N_2} \tag{1-6}$$

即一、二次绕组中的感应电动势之比等于一、二次绕组匝数之比。

由于变压器的空载电流 I_0 很小，一次绕组中的电压降可略去不计，故一次绕组的感应电动势 E_1 近似地与外加电压 U_1 相平衡，即 $U_1 \approx E_1$。而二次绕组是开路的，其端电压 U_{20} 就等于感应电动势 E_2，即 $U_{20} = E_2$。于是有

$$\frac{U_1}{U_{20}} \approx \frac{E_1}{E_2} = \frac{N_1}{N_2} = k \tag{1-7}$$

式（1-7）说明，变压器空载时，一、二次绕组端电压之比近似等于电动势之比（即匝数之比），这个比值 k 称为电压比。

式（1-7）可写成 $U_1 \approx kU_{20}$。若 $k > 1$，则 $U_{20} < U_1$，是降压变压器；若 $k < 1$，则 $U_{20} > U_1$，是升压变压器。

一般地，变压器的高压绕组总有几个抽头，以便在运行中随着负载的变动或外加电压 U_1 稍有变动时，用来改变高压绕组匝数，从而调整低压绕组的输出电压。通常调整范围为额定电压的 $\pm 5\%$。

例 1-1　有一台单相降压变压器，一次绕组接到 6600V 的交流电源上，二次绕组电压为

220V，试求其电压比。若一次绕组匝数 $N_1 = 3300$ 匝，试求二次绕组匝数 N_2。若电源电压减小到 6000V，为使二次绕组电压保持不变，试问一次绕组匝数应调整到多少？

解：电压比为 $k = \dfrac{N_1}{N_2} \approx \dfrac{U_1}{U_{20}} = \dfrac{6600}{220} = 30$

二次绕组匝数为 $N_2 = \dfrac{N_1}{k} = \dfrac{3300}{30}$ 匝 $= 110$ 匝

若 $U_1' = 6000V$，U_{20} 不变，则一次绕组匝数应调整为 $N_1' = N_2 \dfrac{U_1'}{U_{20}} = 110 \times \dfrac{6000}{220}$ 匝 $= 3000$ 匝

3. 变压器的负载运行

变压器的负载运行是指一次绕组加额定电压，二次绕组与负载相接通时的运行状态，如图 1-10 所示。这时二次电路中有了电流 i_2，它的大小由二次绕组电动势 E_2 和二次电路总的等效阻抗来决定。

因为变压器一次绕组的电阻很小，它的电阻电压降可忽略不计。实际上，即使变压器满载，一次绕组的电压降也只有额定电压 U_{1N} 的 2% 左右，所以变压器负载时仍可近似地认为 U_1 等于 E_1。由式（1-5）可得

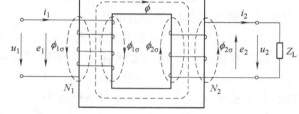

图 1-10 单相变压器的负载运行原理图

$$U_1 \approx 4.44 f N_1 \Phi_m$$

上式是反映变压器基本原理的重要公式。它说明，不论是空载还是负载运行，只要加在变压器一次绕组的电压 U_1 及其频率 f 都保持一定，铁心中工作磁通的幅值 Φ_m 就基本上保持不变，那么，根据磁路欧姆定律，铁心磁路中的磁动势也应基本不变。

空载时，铁心磁路中的磁通是由一次侧磁动势 $i_0 N_1$ 产生和决定的。设负载时一、二次电流分别为 i_1 与 i_2，则此时铁心中的磁通是由一、二次磁动势共同产生和决定的。它们都是正弦量，可用相量表示。前面说过，铁心磁路中的磁动势基本不变，所以负载时的合成磁动势应近似等于空载时的磁动势，即

$$\dot{I}_1 N_1 + \dot{I}_2 N_2 = \dot{I}_0 N_1 \tag{1-8}$$

式（1-8）称为变压器负载运行时的磁动势平衡方程，此式也可写成

$$\dot{I}_1 N_1 = \dot{I}_0 N_1 + (-\dot{I}_2 N_2)$$

上式表明，负载时一次绕组的电流建立的磁动势 $\dot{I}_1 N_1$ 可分为两部分：其一是 $\dot{I}_0 N_1$，用来产生主磁通 Φ_m；其二是 $-\dot{I}_2 N_2$，用来抵偿二次绕组电流所建立的磁动势 $\dot{I}_2 N_2$，从而保持 Φ_m 基本不变。

当变压器接近满载时，$I_0 N_1$ 远小于 $I_1 N_1$，即可认为 $I_0 N_1 \approx 0$，于是有

$$\dot{I}_1 N_1 \approx -\dot{I}_2 N_2$$

上式说明 $\dot{I}_1 N_1$ 与 $\dot{I}_2 N_2$ 近似相等而且反相。若只考虑量值关系，则

$$I_1 N_1 \approx I_2 N_2$$

或

$$\frac{I_1}{I_2} = \frac{N_2}{N_1} = \frac{1}{k} \tag{1-9}$$

也就是说，变压器接近满载时，一、二次绕组的电流近似地与绕组匝数成反比，这表明变压器有变电流作用。应当指出，式（1-9）只适用于满载或重载的运行状态，而不适用于轻载的运行状态。

由以上分析可知，变压器负载加大（即 I_2 增加）时，一次电流 I_1 必然相应增加，电流能量通过铁心中磁通的媒介作用，从一次电路传递到二次电路。

变压器除有变电压和变电流作用之外，还可用来实现阻抗的变换。设在变压器的二次侧接入阻抗 Z_L，那么从二次侧看，这个阻抗值相当于多少呢？由图 1-10 可知，从一次绕组输入端看进去的输入阻抗值 $|Z_L'|$ 为

$$|Z_L'| = \frac{U_1}{I_1} = \frac{kU_2}{k^{-1}I_2} = k^2|Z_L| \tag{1-10}$$

式（1-10）说明，变压器二次侧的负载阻抗值 $|Z_L|$ 反映到一次侧的阻抗值 $|Z_L'|$ 近似为 $|Z_L|$ 的 k^2 倍，起到了阻抗变换作用。图 1-11 是表示这种变换作用的等效电路。

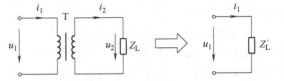

例如，把一个 8Ω 的负载电阻接到 $k=3$ 的变压器二次侧，折算到一次侧就是 $R' \approx 3^2 \times 8\Omega = 72\Omega$。可见，选用不同的电压比，就可把负载阻抗变换成为等效二端网络所需要

图 1-11 变压器阻抗变换等效电路

的阻抗值，使负载获得最大功率，这种做法称为阻抗匹配，在广播设备中常用到，该变压器称为输出变压器。

例 1-2 有一台降压变压器，一次绕组电压为 220V，二次绕组电压为 110V，一次绕组为 2200 匝，若二次绕组接入 10Ω 的阻抗，问变压器的电压比，二次绕组匝数，以及一、二次绕组中的电流。

解： 变压器电压比为 $k = \dfrac{U_1}{U_2} = \dfrac{220}{110} = 2$

二次绕组匝数为 $N_2 = \dfrac{N_1 U_2}{U_1} = \dfrac{2200 \times 110}{220}$ 匝 $= 1100$ 匝

二次绕组电流为 $I_2 = \dfrac{U_2}{|Z_L|} = \dfrac{110}{10}$ A $= 11$ A

一次绕组电流为 $I_1 = \dfrac{N_2}{N_1} I_2 = \dfrac{1100}{2200} \times 11$ A $= 5.5$ A

4. 变压器的运行特性

对于用户来说，变压器相当于一个电源，对电源有两点要求：一是电源电压应稳定；二是变压器能量传递中损耗要小，因此衡量变压器运行性能的重要标志是外特性和效率特性。

（1）变压器的外特性

变压器的外特性是指电源电压 U_1 和负载的功率因数 $\cos\varphi_2$ 为常数时，二次电压 U_2 随负载电流 I_2 变化的规律，即 $U_2 = f(I_2)$。

在负载运行时，由于变压器内部存在电阻和漏抗，故当负载电流流过时，变压器内部将产生阻抗压降，使二次侧端电压随负载电流的变化而变化。负载性质不同时，变压器的外特

性曲线如图 1-12 所示。在电阻性负载（$\cos\varphi_2 = 1$）和电感性负载（$\cos\varphi_2 = 0.8$）时，外特性曲线是下降的；而电容性负载 $[\cos(-\varphi_2) = 0.8]$ 时，外特性曲线是上升的。

（2）变压器的电压变化率（电压调整率）

电压变化率是指变压器一次绕组接入额定频率、额定电压的交流电源时，二次绕组的空载电压 U_{20} 和带负载后在某一功率因数下的二次绕组电压 U_2 之差与二次绕组额定电压 U_{2N} 的百分比，用 $\Delta U\%$ 表示，即

$$\Delta U\% = \frac{\Delta U_2}{U_{2N}} \times 100\% = \frac{U_{20} - U_2}{U_{2N}} \times 100\%$$

$$= \frac{U_{2N} - U_2}{U_{2N}} \times 100\% \qquad (1-11)$$

电压变化率反映了变压器供电电压的稳定性与电能的质量，所以它是表征变压器运行性能的重要数据之一。

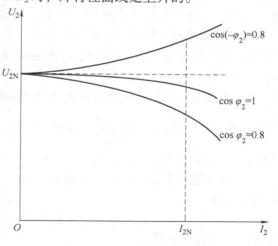

图 1-12　变压器的外特性曲线
（负载性质不同）

（3）变压器的损耗

变压器实际输出的有功功率 P_2 不仅取决于二次侧的实际电压 U_2 与实际电流 I_2，而且还与负载的功率因数 $\cos\varphi_2$ 有关，即

$$P_2 = U_2 I_2 \cos\varphi_2 \qquad (1-12)$$

式中，φ_2 为 u_2 与 i_2 的相位差。

变压器输入功率决定于它的输出功率。输入的有功功率为

$$P_1 = U_1 I_1 \cos\varphi_1 \qquad (1-13)$$

式中，φ_1 为 u_1 与 i_1 的相位差。

变压器输入功率与输出功率之差（$P_1 - P_2$）是变压器本身消耗的功率，称为变压器的功率损耗，简称损耗，它包括以下两部分。

1）铜损 p_{Cu}。变压器的铜损也分为基本铜损和附加铜损两部分。基本铜损是电流在一、二次绕组电阻上的损耗，而附加铜损包括由趋肤效应引起导线等效截面积变小而增加的损耗以及漏磁场在结构部件中引起的涡流损耗等。附加铜损为基本铜损的 0.5%～20%。变压器铜损的大小与负载电流的二次方成正比，所以把铜损称为可变损耗。

2）铁损 p_{Fe}。变压器的铁损包括基本铁损和附加铁损两部分。基本铁损为铁心中涡流和磁滞损耗，它取决于铁心中磁通密度大小、磁通交变的频率和硅钢片的质量。铁损中的附加铁损包括由铁心叠片间绝缘损伤引起的局部涡流损耗、主磁通在结构部件中引起的涡流损耗等，一般为基本铁损的 15%～20%。

变压器的铁损还与一次侧外加电源电压的大小有关，而与负载大小无关。当电源电压一定时，其铁损就基本不变，所以铁损又称为不变损耗。

（4）变压器的效率和效率特性

变压器的效率是指变压器的输出功率与输入功率之比，用百分数表示，即

$$\eta = \frac{P_2}{P_1} \times 100\% = \left(1 - \frac{p_{Fe} + p_{Cu}}{P_2 + p_{Fe} + p_{Cu}}\right) \times 100\% \qquad (1-14)$$

变压器效率的大小反映了变压器运行的经济性能的好坏，是表征变压器运行性能的重要指标之一。由于变压器没有转动部分，也就没有机械摩擦损耗，因此它的效率很高，一般中、小型电力变压器的效率在95%以上，大容量电力变压器的效率最高可达98%～99%。

在计算效率时，可采用下列几个假定。

1）以额定电压下的空载损耗 p_0 作为铁损 p_{Fe}，并认为铁损不随负载变化而变化，即 $p_0 = p_{Fe}$ = 常数。

2）以额定电流时的短路损耗 p_k 作为额定电流时的铜损 p_{Cu}，且认为铜损与负载电流的二次方成正比，即，$p_{Cu} = \left(\dfrac{I_2}{I_{2N}}\right)^2 p_k = \beta^2 p_k = \beta^2 p_{CuN}$。

式中，β 为负载系数，$\beta = I_2 / I_{2N}$。

3）由于变压器的电压变化率很小，负载时 U_2 的变化可不予考虑，即认为 $U_2 = U_{2N}$。故输出功率为

$$P_2 = U_{2N}I_2\cos\varphi_2 = U_{2N}\beta I_{2N}\cos\varphi_2 = \beta U_{2N}I_{2N}\cos\varphi_2 = \beta S_N\cos\varphi_2 \tag{1-15}$$

式中，S_N 为额定容量。

由此可得

$$\eta = \left(1 - \frac{p_0 + \beta^2 p_k}{\beta S_N\cos\varphi_2 + p_0 + \beta^2 p_k}\right) \times 100\% \tag{1-16}$$

对于已制成的变压器，p_0 和 p_k 是一定的，所以效率与负载大小及功率因数有关。在功率因数一定时，变压器效率与负载系数之间的关系 $\eta = f(\beta)$ 称为变压器的效率特性曲线，如图 1-13 所示。

从图中可以看出，空载时，$\beta = 0$，$P_2 = 0$，$\eta = 0$；当负载增大时，效率增加很快；当负载达到某一数值时，效率最大，然后又开始降低。这是因为随负载功率 P_2 的增大，铜损 p_{Cu} 按 β 的二次方成正比增大，超过某一负载之后，效率随 β 的增大反而变小了，其间有一个最高效率 η_{max}。通过数学分析，可求出最高效率的条件是：铜损 p_{Cu} 等于铁损 p_{Fe}（即可变损耗等于不变损耗），即

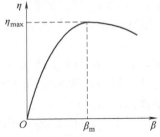

图 1-13　变压器的效率特性曲线

$$p_{Cu} = \beta_m^2 p_k = p_0 = p_{Fe}$$

或

$$\beta_m = \sqrt{\frac{p_0}{p_k}} \tag{1-17}$$

式中，β_m 为最大效率时的负载系数。

将式（1-17）代入式（1-16）中，可得出最高效率为

$$\eta_{max} = \left(1 - \frac{2p_0}{\beta_m S_N\cos\varphi_2 + 2p_0}\right) \times 100\% \tag{1-18}$$

由于电力变压器长期接在电网上运行，总有铁损，而铜损却随负载变化而变化，一般变压器不可能总在额定负载下运行，因此，为提高变压器的运行效率，设计时应使铁损相对小一些，一般取 $\beta_m = 0.5 \sim 0.6$。

 **技能训练**

1. 技能训练的内容

小型变压器的变电压、变电流和阻抗变换作用的测试；变压器的空载实验和短路实验。

2. 技能训练的要求

1）正确使用检测仪表。

2）正确测试电压及电流等相关数据并进行数据分析。

3. 设备器材

1）电机与电气控制实验台	1台
2）小型变压器（127V/220V）	1台
3）交流调压器（0～250V）	1台
4）交流电压表（500V）	2块
5）交流电流表（500mA）	2块
6）功率表（250V/1A）	1块
7）万用表	1块
8）灯泡（220V/25W）	3只

4. 技能训练的步骤

（1）小型变压器变换电压、电流和阻抗实验

按照图1-14所示电路接线，调节调压器使单相变压器空载时的输出为220V，然后在变压器的二次侧分别接入1只、2只、3只220V/25W的灯泡，测量单相变压器的输入电压和输出电压、输入电流和输出电流，将测量数据填入表1-1中。根据表中的数据计算$|Z_L|$、$|Z_L'|$值，分析变压器的阻抗变换作用。

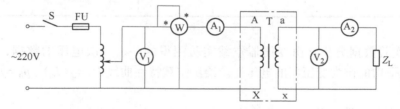

图1-14 小型变压器变换电压、电流和阻抗的电路

表1-1 变压器电压变换、电流变换和阻抗变换作用

灯泡数	一次侧			二次侧		
	电压 U_1/V	电流 I_1/A	阻抗 $|Z_L'|$/Ω	电压 U_2/V	电流 I_2/A	阻抗 $|Z_L|$/Ω
0						
1						
2						
3						

（2）变压器的空载实验

1）断开交流电源，将图1-14中所示的单相变压器的低压绕组a、x接电源，高压绕组

A、X 开路。

注意：空载实验在高压侧或低压侧进行都可以，但为了实验安全，通常在低压侧进行，而将高压侧空载。由于变压器空载运行时的空载电流很小，功率因数很低，因此所用的功率表应为低功率因数表，并将电压表接在功率表的前面，以减小测量误差。

2）将调压器旋钮向逆时针方向旋转到底，即将其调到输出电压为零的位置。合上交流电源开关，调节调压器的旋钮，使变压器空载电压 $U_0 = 1.2U_N$，然后逐次降低电源电压，在 $(1.2 \sim 0.2)U_N$ 的范围内，测取变压器的 U_0、I_0、p_0。

3）测取数据时，$U_0 = U_N$ 点必须测，并在该点附近测的点较密，共测取数据 7 ~ 8 组，将所测的数据填入表 1-2 中。

4）为了计算变压器的电压比，在 U_N 以下测取一次电压的同时测出二次电压数据填入表 1-2 中。

表 1-2 变压器空载实验数据

序号	实 验 数 据				计 算 数 据	
	U_0/V	I_0/A	p_0/W	U_1/V	$I_0\% = \dfrac{I_0}{I_N} \times 100\%$	$\cos\varphi_0 = \dfrac{p_0}{U_0 I_0}$

5）空载实验数据分析。由变压器空载实验测得的一、二次电压的数据，计算出电压比，然后取其平均值作为变压器的电压比。绘出空载特性曲线 $U_0 = f(I_0)$、$p_0 = f(U_0)$、$\cos\varphi_0 = f(U_0)$。

（3）变压器的短路实验

将变压器的高压绕组接电源，低压绕组直接短路。

1）断开交流电源，将图 1-9 中所示的单相变压器的高压绕组 A、X 接电源，低压绕组 a、x 直接短路。

注意：变压器的短路实验也可以在变压器的任何一侧进行，但为了实验安全，通常在高压侧进行。短路实验操作要快，否则绕组发热会引起电阻变化。由于变压器短路时的电流很大，因此将电压表接在功率表的后面。

2）将调压器旋钮逆时针方向旋转到底，即将其调到输出电压为零的位置。合上交流电源开关，调节调压器的旋钮，缓慢增加输入电压，直到短路电流等于 $1.1I_N$ 为止，在 $(0.2 \sim 1.1)I_N$ 的范围内，测取变压器的 U_k、I_k、p_k。

3）测取数据时，$I_k = I_N$ 点必须测，共测取 6 ~ 7 组数据，填入表 1-3 中。实验时记下周围环境温度。

表1-3　变压器短路实验数据　　　　　　　　室温_____°C

序号	实验数据			计算数据
	U_k/V	I_k/A	p_k/W	$\cos\varphi_k = \dfrac{p_k}{U_k I_k}$

4）短路实验数据分析。绘出短路特性曲线 $U_k = f(I_k)$、$p_k = f(I_k)$、$\cos\varphi_k = f(U_k)$。

5. 注意事项

1）测量时，要正确选择万用表、电压表、电流表的量程。

2）确认接线正确后，方可通电实验，否则会烧坏变压器。

 **问题研讨**

1）电力系统为什么采用高压输电？

2）变压器的铁心和绕组各起什么作用？变压器的铁心改用木芯行不行？为什么铁心要用硅钢片叠成？能否用整块铁心？

3）已知一台220V/110V的单相变压器，一次绕组为400匝，二次绕组为200匝，可否一次绕组只绕两匝，二次绕组只绕一匝？为什么？

4）一台单相变压器，额定电压 $U_{1N}/U_{2N} = 220V/110V$，如果不慎将二次侧误接到220V的电源上，变压器会发生什么后果？为什么？

5）将一台频率为50Hz的单相变压器一次侧误接在相同额定电压的直流电源上，会出现什么后果？为什么？

6）变压器空载运行且一次绕组加额定电压时，为什么空载电流并不因为一次绕组电阻很小而很大？

7）为什么变压器的空载损耗可以近似看成铁损，负载损耗可以近似看成铜损？与额定负载时的铜耗有无差别？

8）什么是变压器的电压调整率？变压器负载时引起二次侧输出电压变化的原因是什么？

任务1.2　其他用途变压器的认识与使用

任务描述

随着工业的不断发展，除了单相普通双绕组变压器外，相应地出现了适用于各种用途的特殊变压器，虽然种类和规格很多，但是其基本原理与普通双绕组变压器相同或相似，不再一一介绍。本任务学习较常用的自耦变压器、电焊变压器和仪用互感器的作用、工作原理及特点。

 **任务目标**

掌握自耦变压器、电焊变压器和仪用互感器的作用、工作原理及特点。

子任务1 自耦变压器的认识与使用

普通双绕组变压器一、二次绕组之间仅有磁的耦合，并无电的直接联系。而自耦变压器只有一个绕组，二次绕组是一次绕组的一部分，因此，一、二次绕组之间不但有磁的耦合，还有电的直接联系。

1. 自耦变压器的工作原理

图1-15为单相自耦变压器的工作原理。

实质上自耦变压器就是利用一个绕组抽头来实现改变电压的一种变压器。

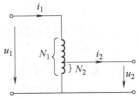

图1-15 自耦变压器

以图1-15所示的自耦变压器为例，将匝数为 N_1 的一次绕组与电源相接，其电压为 u_1；匝数为 N_2 二次绕组（一次绕组的一部分）接通负载，其电压为 u_2。自耦变压器的绕组也是套在闭合铁心的心柱上，工作原理与普通变压器一样，一次侧和二次侧的电压、电流与匝数的关系仍为

$$\frac{U_1}{U_2} \approx \frac{N_1}{N_2} = k \qquad \frac{I_1}{I_2} = \frac{N_2}{N_1} = \frac{1}{k}$$

可见适当选用匝数 N_2，二次侧就可得到所需的电压。

自耦变压器的中间出线端，如果做成能沿着整个线圈滑动的活动触头，如图1-16a、b所示，则这种自耦变压器称为自耦调压器，其二次电压 U_2 可在0到稍大于 U_1 的范围内变动。图1-16a为单相自耦调压器的外形。

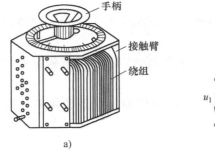
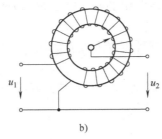
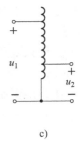

图1-16 单相自耦调压器

a）外形 b）示意图 c）电路原理

2. 自耦变压器的应用

由于自耦变压器的设计容量小于额定容量，在同样的额定容量下，自耦变压器的结构尺

寸小，硅钢片、铜线和结构材料（钢材）都较节省，降低了结构成本。有效材料的减少使得铜损和铁损也相应减小，故自耦变压器的效率较高。由于自耦变压器的结构尺寸小、质量小，故便于运输和安装，占地面积小。

小型自耦变压器常用来起动交流电动机，在实验室和小型仪器上常用作调压设备，也可用在照明装置上来调节亮度；电力系统中也应用大型自耦变压器作为电力变压器。

3. 使用自耦变压器应注意的事项

自耦变压器的应用较广泛，但由于自耦变压器的特殊结构，在使用时应注意以下事项。

1）一、二次绕组间有电的直接联系，运行时一、二次侧都需装设避雷器，以防高压侧产生过电压时，引起低压绕组绝缘的损坏。为防止高压侧发生单相接地时，引起低压侧非接地端对地电压升得较高，造成对地绝缘击穿，自耦变压器中性点必须可靠接地。

2）由于自耦变压器的短路阻抗比普通变压器的小，产生的短路电流较大，应注意绕组的机械强度，必要时可适当增大短路阻抗以限制短路电流。

3）使用三相自耦变压器时，由于一般采用 Yy 联结，为了防止产生三次谐波磁通，通常增加一个三角形联结的附加绕组，用来抵消三次谐波。

4）自耦变压器的电压比不宜过大，通常选择电压比 $k < 3$，而且不能用自耦变压器作为 36V 以下安全电压的供电电源。

子任务 2 电焊变压器的认识与使用

交流弧焊机应用很广，电焊变压器是交流弧焊机的主要组成部分，它是利用变压器的外特性（二次侧可以短时间短路，见图 1-17）工作的，实际上是一台降压变压器。

要保证电焊的质量及电弧燃烧的稳定性，电焊变压器应满足以下几点要求：

1）空载时应有足够的引弧电压（60～75V），以保证电极间产生电弧。但考虑操作者的安全，空载起弧电压不应超过 85V。

2）有载（即焊接）时，电焊变压器应具有迅速降压的外特性，如图 1-17 所示。带额定负载时的输出电压（焊钳与工件间的电弧，并稳定燃烧时）约为 30V。

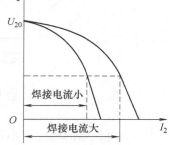

图 1-17 电焊变压器的外特性

3）短路时（焊条与工件相碰瞬间），短路电流 I_{2k} 不能过大，以免损坏焊机。

4）为了适应不同的焊件和不同规格的焊条，要求焊接电流的大小在一定范围内要均匀可调。

由变压器的工作原理可知，引起变压器二次电压下降的内因是二次侧内阻抗的存在，而普通变压器二次侧内阻抗很小，内阻抗压降很小，从空载到额定负载变化不大，不能满足电焊的要求。因此电焊变压器应具有较大的电抗，才能使二次电压迅速下降，并且电抗还要可调。改变电抗的方法不同，可得不同类型的电焊变压器。

1. 磁分路动铁心（衔铁）电焊变压器

（1）结构

磁分路动铁心电焊变压器的结构示意图如图 1-18 所示。一、二次绕组分别装在两铁心柱上，在两铁心柱之间有一磁分路，即动铁心。动铁心通过一螺杆可以移动调节，以改变磁通的大小，从而改变电抗的大小。

（2）工作原理

1）当动铁心移出时，一、二次绕组的漏磁通减小，磁阻增大，磁导率减小，漏电抗 X_2 减小，阻抗压降减小，U_2 升高，焊接电流 I_2 增大。

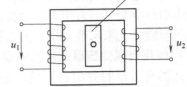

图 1-18　磁分路动铁心电焊变压器
的结构示意图

2）当动铁心移入时，一、二次绕组的漏磁通经过动铁心形成闭合回路而增大，磁阻减小，磁导率增大，漏电抗 X_2 增大，阻抗压降增大，U_2 减小，焊接电流 I_2 减小。

3）根据不同焊件和焊条，灵活地调节动铁心位置来改变电抗的大小，达到输出电流可调的目的。

2. 串联可变电抗器的电焊变压器

如图 1-19 所示，在普通双绕组变压器的二次绕组中串联一可变电抗器。电抗器的气隙通过一螺杆调节其大小，这时焊钳与焊件之间的电压为

$$\dot{U} = \dot{E}_2 - \dot{I}_2 Z_2 - \mathrm{j} \dot{I}_2 X \tag{1-19}$$

式中，X 为可变电抗器的电抗。

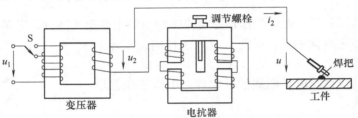

图 1-19　串联可变电抗器的电焊变压器原理

1）当电抗器的气隙调小时，磁阻减小，磁导率增大，可变电抗 X 增大，U 减小，焊接电流 I_2 减小。

2）当电抗器的气隙调大时，磁阻增大，磁导率减小，可变电抗 X 减小，U 增大，焊接电流 I_2 增大。

3）根据焊件与焊条的不同，可灵活地调节电抗器的气隙的大小，达到输出电流可调的目的。

电焊机变压器的一次绕组还备有抽头，可以调节起弧电压的大小。

子任务 3　仪用互感器的认识与使用

专供测量仪表、控制和保护设备用的变压器称为仪用互感器。仪用互感器有两种：电压互感器和电流互感器。互感器的作用是将待测的电压或电流按一定比例减小以便于测量，且将高压电路与测量仪表电路隔离，以保证安全。互感器实质上就是损耗低、电压比精确的小

型变压器。

1. 电压互感器

电压互感器的外形及原理如图 1-20 所示。由图看到，高压电路与测量仪表电路只有磁的耦合而无电的直接连通。为防止互感器一、二次绕组之间绝缘损坏时造成危险，铁心以及二次绕组的一端应当接地。

电压互感器的主要原理是根据变压器的变压作用，即

$$\frac{U_1}{U_2} = \frac{N_1}{N_2}$$

为降低电压，要求 $N_1 > N_2$，一般规定二次侧的额定电压为100V。

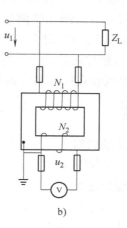

a)   b)

图 1-20 电压互感器

a）外形 b）电路原理

2. 电流互感器

电流互感器的外形及原理如图 1-21 所示。电流互感器的主要原理是根据变压器的变流作用，即

$$\frac{I_1}{I_2} = \frac{N_2}{N_1}$$

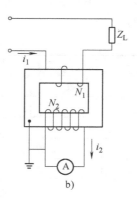

a)   b)

图 1-21 电流互感器

a）外形 b）电路原理

为减小电流，要求 $N_1 < N_2$，一般规定二次侧的额定电流为 5A。

使用互感器时，必须注意：由于电压互感器的二次绕组电流很大，因此绝不允许短路；电流互感器的一次绕组匝数很少，而二次绕组匝数较多，这将在二次绕组中产生很高的感应电动势，因此电流互感器的二次绕组绝不允许开路。

便携式钳形电流表就是利用电流互感器原理制成的，图 1-22 是它的外形和原理，其二次绕组端接有电流表，铁心由两块 U 形元件组成，用手柄能将铁心张开与闭合。

测量电流时，不需断开待测电路，只需张开铁心将待测的载流导线钳入（即图 1-22a 中的 A、B 端），这根导线就成为互感器的一次绕组，于是可从电流表直接读出待测电流值。

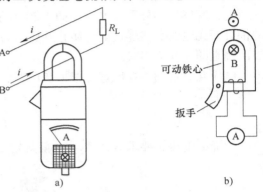

图 1-22　钳形电流表的外形和原理
a）外形　b）原理

技能训练

1. 技能训练的内容

小型变压器的拆卸。

2. 技能训练的要求

1）正确使用检测仪表。

2）正确使用变压器的拆装工具。

3. 设备器材

1）小型变压器　　　　　　　　　1 台

2）拆装工具　　　　　　　　　　1 套

4. 技能训练的步骤

（1）记录原始数据

在拆卸变压器的铁心前，必须先记录原始数据，作为重绕变压器的依据。将有关的数据填入表 1-4 中。

表 1-4　变压器的原始数据

铭 牌 数 据					
型号	相数	容量	一次电压	二次电压	绝缘等级

绕 组 数 据				
导线规格	匝数	尺寸	引出线规格	引出线长度

铁 心 数 据				
形状	尺寸	厚度	叠压顺序	叠压方式

（2）拆卸步骤

拆卸铁心的步骤为：拆除外壳与接线柱→拆除铁心夹板或铁轭→用螺钉旋具把黏合在一起的硅钢片撬松→用钢丝钳将硅钢片一一拉出→对硅钢片进行表面处理→将硅钢片依次叠放并妥善保管。

5. 注意事项

1）具体拆卸时，可将铁心夹持在台虎钳上。在卸掉铁心夹板后，先用平口螺钉旋具从芯片的叠缝中切入，沿铁芯四周切割一圈，切开头几片硅钢片的粘连物，然后用钢丝钳夹住硅钢片的中间位置并稍加左右摆动，即可将硅钢片一一拉出。

2）在拆卸铁芯的过程中，当用螺丝刀撬松硅钢片时，动作要轻，用力要均匀，入刀位置要常换；在用钢丝钳抽拉硅钢片时，要多次试拉，不能硬抽，注意不要造成硅钢片的损坏或变形。

问题研讨

1）自耦变压器的有什么特点？使用时应注意哪些问题？

2）电压互感器和电流互成器的工作原理有什么不同？接线又有何区别？有什么主要特点？使用时各应注些意什么？

3）电弧焊工艺对电焊变压器有哪些要求？用哪些方法可以实现这些要求？

任务1.3 小型单相变压器的检测

任务描述

在使用变压器或者其他有磁耦合的互感线圈时，要注意线圈的正确连接。如果连接错误有可能使得绕组中的电流过大，烧毁变压器。小型变压器的故障主要有铁心故障和绕组故障。本任务学习变压器同极性端（又称同名端）的概念及测定方法，小型单相变压器的常见故障的检修。

任务目标

了解小型单相变压器常见故障的检修方法。理解变压器同极性端的概念。掌握检测小型单相变压器的方法。

子任务1 变压器绕组的同极性端与测定

1. 绕组的极性与正确接法

分析线圈的自感电压和电流方向关系时，只要选择自感电压与电流为关联参考方向，就满足 $u_L = L\dfrac{\mathrm{d}i}{\mathrm{d}t}$ 关系，不必考虑线圈的实际绕向问题。当线圈电流增加时（$\mathrm{d}i/\mathrm{d}t > 0$），自感电压的实际方向与电流实际方向一致；当线圈电流减小时（$\mathrm{d}i/\mathrm{d}t < 0$），自感电压的实际方向与电流实际方向相反。

分析线圈互感电压和电流方向关系时，仅仅规定电流的参考方向是不够的，还需要知道线圈各自的绕向以及两个线圈的相对位置。那么能否像确定自感电压那样，在选定了电流的参考方向后，就可直接运用公式计算互感电压，而无需每次都考虑线圈的绕向及相对位置呢？解决这个问题就要引入同极性端的概念。

若两线圈的电流分别从端钮 1 和端钮 2 流入时，每个线圈的磁通方向一致，即磁通是加强的，则端钮 1、2 就称为同极性端（或称同名端）；否则若两个线圈的磁通方向相反，即磁通减弱，则端钮 1、2 称为异极性端（或称异名端）。如图 1-23 所示的两线圈 1、2，i_1、i_2 分别从端钮 a、c 流入，线圈 1 和线圈 2 的磁通方向一致，是加强的，则线圈 1 的端钮 a 和线圈 2 的端钮 c 为同极性端。显然端钮 b 和端钮 d 也是同极性端，而端钮 a、d 及 b、c 则是异极性端。

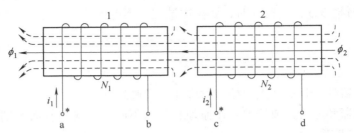

图 1-23　绕组的极性端

同极性端用符号"＊""△"或"·"标记。为了便于区别，仅在两个线圈的一对同极性端用标志标出，另一对同极性端不需标注，如图 1-23 所示。

注意，同极性端上电压的实际极性总是相同的。用同极性端来反映磁耦合线圈的相对绕向，从而在分析互感电压时不需要考虑线圈的实际绕向及相对位置。

有些变压器的一、二次侧有多个绕组，通过多绕组的不同连接可以适应不同的电源电压和获得不同的输出电压，使用这种变压器时，首先必须确定绕组的同极性端。

如图 1-24a 所示，变压器的一次绕组有两个绕向和匝数相同的绕组，每个绕组的额定电压为 110V，可见 1 端和 3 端、2 端和 4 端互为同极性端。当电源电压为 220V 时，这两个绕组必须串联，正确串联的方法是把两个绕组的异极性端（如 2 端和 3 端）连在一起，而将剩下的两个端（如 1 端和 4 端）接入电源，如图 1-24b 所示。当电源电压为 110V 时，两个绕组应并联，正确并联的方法是把两个绕组的同极性端分别连在一起，如 1 端和 3 端、2 端和 4 端相连，然后接入电源，如图 1-24c 所示。

应当注意，当变压器的绕组进行串联或并联时，必须根据同极性端进行正确的连接，否则将会损坏变压器。如图 1-24d 所示的两个绕组串联，若 2 端和 3 端相连，1 端和 4 端接入电源，则两绕组的电流在磁路中产生的磁通互相抵消，绕组中没有感应电动势，这时只有绕组的内阻压降与电源电压相平衡，绕组中将引起很大的电流而把变压器烧坏。

2. 同极性端的测定

如果已知磁耦合线圈的绕向及相对位置，同极性端便很容易利用其概念进行判定。但是，实际的耦合线圈的绕向一般是无法确定的，因而同极性端就很难判别，这就要用实验法进行同极性端的测定。

实验法测定同极性端有直流法和交流法两种。

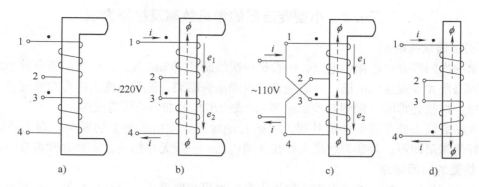

图 1-24 变压器绕组的连接

a）同极性端 b）串联 c）并联 d）错误接法

（1）直流法

如图 1-25a 所示，是用直流法来测定线圈的同极性端，图中 1、2 为一个线圈，用 A 表示，3、4 为另一个线圈，用 B 表示，把线圈 A 通过开关 S 与电源连接，线圈 B 与直流电压表（或直流电流表）连接。当开关 S 迅速闭合时，就有随时间逐渐增大的电流 i 从电源的正极流入线圈 A 的 1 端，若此时电压表（或电流表）的指针正向偏转，则线圈 A 的 1 端和线圈 B 的 3 端（即线圈 B 与电压表"＋"端相接的一端）为同极性端。这是因为当电流刚流进线圈 A 的 1 端时，1 端的感应电动势为"＋"，而电压表正向偏转，说明 3 端此时也为"＋"，所以 1 端和 3 端为同极性端。若电压表反向偏转，则 1 端和 3 端为异极性端。

（2）交流法

图 1-25b 所示是用交流法来测定线圈的同极性端。把两个线圈的任意两个接线端连在一起，如 2 和 4，并在其中一个线圈（如 A）加上一个较低的交流电压。用交流电压表分别测量 U_{12}、U_{13}、U_{34}，如果测得

$$U_{13} = U_{12} - U_{34}$$

则 1 端和 3 端为同极性端。这是因为只有 1 端和 3 端同时为"＋"或同时为"－"时，才可能使 U_{13} 等于 U_{12} 与 U_{34} 之差，所以 1 端和 3 端为同极性端。若测得

$$U_{13} = U_{12} + U_{34}$$

则 1 端和 3 端为异极性端。

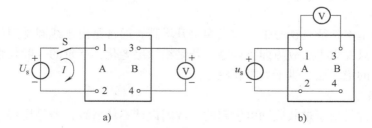

图 1-25 同极性端的测定

a）直流法 b）交流法

子任务 2　小型变压器的常见故障及检修方法

1. 引出线端头断裂

如果一次回路有电压而无电流，一般是一次线圈的端头断裂；若一次回路有较小的电流而二次回路既无电流也无电压，一般是二次线圈端头断裂。通常是线头折弯次数过多、线头遇到猛拉、焊接处霉断（助焊剂残留过多），或引出线过细等原因造成的。

如果断裂线头处在线圈的最外层，可掀开绝缘层，挑出线圈上的断头，焊上新的引出线，包好绝缘层即可；若断裂线端头处在线圈内层，一般无法修复，需要拆开重绕。

2. 线圈的匝间短路

存在匝间短路，短路处的温度会剧烈上升。如果短路发生在同层排列的左右两匝或多匝之间，过热现象稍轻；若发生在上、下层之间的两匝或多匝之间，过热现象就很严重。通常是线圈遭受外部撞击，或漆包线绝缘老化等原因造成的。

如果短路发生在线圈的最外层，可掀去绝缘层后，在短路处局部加热（指对浸过漆的线圈，可用电吹风加热），待漆膜软化后，用薄竹片轻轻挑起绝缘层已被破坏的导线。若线芯没有损伤，可插入绝缘纸，裹住后揿平；若线芯已损伤，应剪断，去除已短路的一匝或多匝导线，两端焊接后垫妥绝缘纸，揿平。用以上两种方法修复后均应涂上绝缘漆，吹干，再包上外层绝缘层。如果故障发生在无骨架线圈两边沿口的上、下层之间，一般也可按上述方法修复。若故障发生在线圈内部，一般无法修理，需拆开重绕。

3. 线圈对铁心短路

存在这一故障，铁心就会带电，这种故障在有骨架的线圈上较少出现，但在线圈的最外层会出现这一故障；对于无骨架的线圈，这种故障多数发生在线圈两边的沿口处，但在线圈最内层的四角处比较常出现，在最外层也会出现。其原因通常是线圈外形尺寸过大而铁心窗口容纳不下，或因绝缘层裹垫得不佳、遭到剧烈跌碰等。

修理方法可参照匝间短路的有关内容。

4. 铁心噪声过大

铁心噪声有电磁噪声和机械噪声两种。电磁噪声通常是设计时铁心磁通密度选得过高，或变压器过载、存在漏电故障等原因所造成的；机械噪声通常是由于铁心没有压紧，在运行时硅钢片发生机械振动造成的。

如果是电磁噪声，属于设计原因的，可换用质量较佳的同规格硅钢片；属于其他原因的应减小负载或排除漏电故障。如果是机械噪声，应压紧铁心。

5. 线圈漏电

线圈漏电的基本特征是铁心带电和线圈温升增高，通常是由于线圈受潮或绝缘老化引起的。若是受潮，只要烘干后故障即可排除；若是绝缘层老化，严重的一般较难排除，轻度的可拆去外层包缠的绝缘层，烘干后重新浸漆。

6. 线圈过热

线圈过热通常是由于过载或漏电引起的，或因设计不佳所致；若是局部过热，则是由于匝间短路造成的。

7. 铁心过热

铁心过热通常是过载、设计不佳、硅钢片质量不佳或重新装配硅钢片时少插入片数等原因造成的。

8. 输出侧电压下降

输出侧电压下降通常是一次侧输入的电源电压不足（未达到额定值）、二次绕组存在匝间短路、对铁心短路或漏电、过载等原因造成的。

 **技能训练**

1. 技能训练的内容

变压器的检测。

2. 技能训练的要求

1）正确使用检测仪表。

2）学会正确的检测方法。

3）进行数据分析。

3. 设备器材

1）电机与电气控制实验台	1台
2）小型变压器（220V/36V）	1台
3）交流电压表	1块
4）交流电流表	1块
5）万用表	1块
6）绝缘电阻表	1块

4. 技能训练的步骤

（1）变压器外观的检查

变压器的外观检查包括能够看得见、摸得到的项目，如线圈引线是否断线、脱焊，绝缘材料是否烧焦，机械是否损伤和表面破损等。

（2）变压器绕组同极性端的测定

1）直流测定法。依据同极性端的定义及互感电动势参考方向标注原则来判定。测试电路如图 1-25a 所示，两个耦合线圈的绕向未知时，如果合上 S，电压表正偏，则 1 端和 3 端为同极性端；如果合上 S，电压表反偏，则 1 端和 3 端为异极性端。将测试结果填入表 1-5 中。

表 1-5 同极性端直流测定法记录表

测试项目	电压表偏置情况	同极性端
S 闭合		

2）交流测定法。测试电路如图 1-25b 所示，把两个线圈的任意两个接线端连在一起，例如 2 端和 4 端，并在其中一个线圈（如 A）加上一个较低的交流电压，用交流电压表分别测量 U_{12}、U_{13}、U_{34}。如果测得 $U_{13} = U_{12} - U_{34}$，则 1 端和 3 端为同极性端。若测得 $U_{13} = U_{12} + U_{34}$，则 1 端和 3 端为异极性端。将测试结果填入表 1-6 中。

表 1-6 同极性端交流测定法记录表

U_{13}	U_{12}	U_{34}	同极性端

（3）检测变压器的绝缘电阻

变压器绝缘电阻的检测包括一、二次侧之间，线圈与铁心之间，线圈匝间三个方面的绝缘检测。用绝缘电阻表测绝缘电阻，其值应大于几十兆欧。

（4）测直流电阻

用万用表的电阻档测变压器的一、二次绕组的直流电阻值，可判断绕组有无断路或短路现象。

1）检查变压器的绕组是否有开路。一般中、高频变压器绕组的线圈匝数不多，其直流电阻应很小，在零点几欧到几欧之间。音频和电源变压器由于线圈圈数较多，直流电阻可达几百欧至几千欧。用万用表测变压器的直流电阻只能初步判断变压器是否正常，还必须进行短路检查。

2）检查变压器的绕组是否有短路。由于变压器一、二次侧之间是交流耦合，直流是断路的，如果变压器两绕组之间发生短路，会造成直流电压直通，可用万用表检测出来。

（5）对变压器进行通电检查

1）开路检查。将变压器一次绕组与220V、50Hz正弦交流电源相连，用万用表测量变压器的输出电压，用交流电流表测量一次电流是否正常，并记录数据，测变压器的电压比是否正常。

2）带额定负载检查。将变压器一次绕组与220V、50Hz正弦交流电源相连，二次绕组接额定负载，测量二次电流和电压、一次电流和电压，看是否正常。

（6）温升

让变压器在额定输出电流下工作一段时间，然后切断电源，用手摸变压器的外壳，即可判断温升情况。若感到温热，表明变压器的温升符合要求；若感觉非常烫手，则表明变压器温升指标不合要求。

将检测的有关数据填入表1-7中。

表1-7   小型变压器检测的有关数据记录

铭牌内容	型号： 容量：		额定电压： 二次电压：		额定电流： 电压比：	
检查内容	绝缘电阻/MΩ			直流电阻/Ω		
	一、二次侧间	线圈与铁心间	线圈匝间	一次绕组	二次绕组	一、二次侧间
	空载			额定负载		
	二次电压/V	一次电流/A	一次电流/A	一次电压/V	二次电流/A	二次电压/V

5. 注意事项

1）测量时，要正确选择万用表、电压表、电流表的量程。

2）确认接线正确后方可通电实验，否则会烧坏变压器。

问题研讨

1）小型变压器有哪些常见故障？如何进行检修？

2）查阅资料，了解设计和制作一台小型变压器的方法。

3）一台小型变压器共有 3 个绕组（220V、280V、5V），现因各绕组接线端的标志不清无法接线，请问如何来鉴别它们各是何种电压的绕组？

任务 1.4 三相变压器的认识与使用

 **任务描述**

在电力系统中，输电、配电都采用三相制，三相变压器的应用最广泛。从运行原理来看，三相变压器在对称负载下运行时，各相电压、电流大小相等，相位上彼此相差 120°。就其中一相来说与单相变压器没有什么区别，单相变压器的一些基本结论对三相变压器也是适用的，但三相变压器又有自身的特点。本任务学习三相变压器的磁路系统、电路系统、联结组别、变压器的维护与检修等。

任务目标

掌握三相变压器的结构、型号及其应用；理解变压器主要技术参数；了解三相变压器的联结组别及判定方法；了解变压器的维护与检修方法。

子任务 1 三相变压器磁路系统的认识

三相变压器在结构上可由三台单相变压器组成，称为三相变压器组或三相组式变压器。而多数三相变压器是把三相铁心柱和磁轭连成一个整体，做成三相心式变压器。

1. 三相组式变压器的磁路

三相组式变压器是将三台完全相同的单相变压器的绕组按一定方式接成三相，如图 1-26 所示。它的结构特点是三相之间只有电的联系而无磁的联系，它的磁路特点是三相磁通各有自己的单独磁路，互不关联。如果外加电压是三相对称的，则三相磁通也一定是对称的。如果三个铁心的材料和尺寸相同，则三相磁路的磁阻相等，三相空载电流也是对称的。

三相组式变压器的铁心材料用量较多，占地面积较大，效率也较低；但制造和运输方便，且每台变压器的备用容

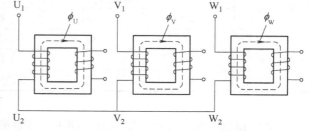

图 1-26 三相变压器组的磁路系统

量仅为整个容量的 1/3，故只有在超高压、大容量的巨型变压器中，由于受运输条件限制或为减少备用容量时才采用。

2. 三相心式变压器的磁路

三相心式变压器的每一相都有一个铁心柱，三个铁心柱用铁轭连接起来，构成三相铁心，三相铁心的磁路系统如图 1-27 所示。

三相心式变压器的特点是把三台单相变压器的铁心合并成一体，三相磁路彼此关联，任何一相的主磁通都要将其他两相的磁路作为自己的闭合磁路。当一次侧外加三相对称电压

时，三相主磁通也是对称的，故三相磁通之和等于零，即中间铁心柱的磁通为零。由于中间铁心柱无磁通通过，因此，可将中间铁心柱省去，如图1-27b所示。为制造方便和降低成本，可把铁心柱置于同一平面，便得到三相心式变压器铁心结构，如图1-27c所示。在这种变压器中，中间V相磁路最短，两边U、W两相较长，三相磁路不对称。当一次侧外加三相对称电压时，三相空载电流便不对称，但由于空载电流较小，所以空载电流的不对称对三相变压器的负载运行的影响很小，可以不予考虑。在工程上取三相空载电流的平均值作为空载电流值，即在相同的额定容量下，三相心式变压器与三相变压器组相比，铁心用料少、效率高、价格低、占地面积小、维护简便，因此中、小容量的电力变压器都采用三相心式变压器。

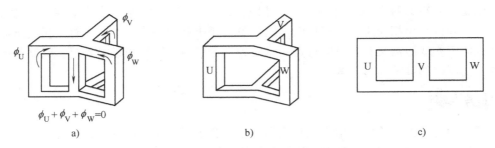

图1-27　三相心式变压器的磁路系统
a）互成120°带中间铁心柱　b）互成120°无中间铁心柱　c）同一平面铁心结构

子任务2　三相变压器电路系统的认识

1. 变压器三相绕组的连接方法

电力变压器高、低压绕组的首端和末端的标志规定见表1-8。

表1-8　电力变压器首、末端标志

绕组名称	单相变压器		三相变压器		中性点
	首端	末端	首端	末端	
高压绕组	U_1	U_2	U_1、V_1、W_1	U_2、V_2、W_2	N
低压绕组	u_1	u_2	u_1、v_1、w_1	u_2、v_2、w_2	n
中压绕组	U_{1m}	U_{2m}	U_{1m}、V_{1m}、W_{1m}	U_{2m}、V_{2m}、W_{2m}	N_m

　　一般三相电力变压器中不论是高压绕组，还是低压绕组，均采用星形联结和三角形联结两种方式。在旧的国家标准中分别用Ｙ和△表示。新的国家标准规定：高压绕组星形联结用Y表示，三角形联结用D表示，中性线用N表示；低压绕组星形联结用y表示，三角形联结用d表示，中性线用n表示。

　　星形联结是指把三相绕组的三个末端U_2、V_2、W_2（或u_2、v_2、w_2）连接在一起组成中性点，而把它们的首端U_1、V_1、W_1（或u_1、v_1、w_1）引出，用字母Y或y表示，如把中性点引出，用字母N（或n）表示，即YN或yn联结，表示三相四线制星形联结方法，如图1-28a所示。

　　三角形联结是指把一相绕组的末端和另一相绕组的首端连在一起，顺次连接成一闭合回路，然后从首端 U_1、V_1、W_1（或 u_1、v_1、w_1）引出，用字母 D 或 d 表示。其中三相绕组按 U_1—U_2W_1—W_2V_1—V_2U_1（或 u_1—u_2w_1—w_2v_1—v_2u_1）顺序连接的称为逆序（逆时针）三角形联结，如图 1-28b 所示；三相绕组按 U_1—U_2V_1—V_2W_1—W_2U_1（或 u_1—u_2v_1—v_2w_1—w_2u_1）顺序连接的称为顺序（顺时针）三角形联结，如图 1-28c 所示。现行国家标准（GB 2094.1—2013）中只有顺序连接。

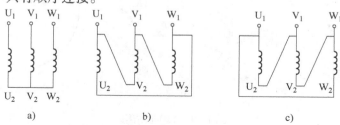

图 1-28　变压器三相绕组的连接方法
a）星形联结　b）三角形联结（逆序）　c）三角形联结（顺序）

2. 三相变压器的联结组别

（1）三相变压器联结组别的概念

由于三相变压器的一次绕组和二次绕组可采用不同的连接方式，使得高、低压绕组中的线电动势具有不同的相位差，因此按高、低压绕组线电动势的相位关系，把变压器绕组的连接分成不同组合，称为三相变压器的联结组别。不论连接方法如何配合，高、低压绕组线电动势的相位差总是 30° 的整数倍。而时钟上相邻两个钟点的夹角也是 30°，因此三相变压器的联结组标号可以用时钟法表示。把高压绕组线电动势的相量作为分针，始终指向 "0 点"（或 "12 点"），以相应的低压绕组线电动势相量作为时针，时针指向哪个钟点就作为联结组标号。例如 Yd7 中的 7 表示联结组的标号，该三相变压器的高压绕组为星形联结，低压绕组为三角形联结，低压绕组线电动势滞后于高压绕组线电动势 210°。

（2）三相变压器联结组标号的确定

三相变压器的联结组标号不仅与绕组的同极性端或首、末端有关，而且还与三相绕组的连接方法有关。确定三相变压器联结组标号的步骤如下：

1）按绕组连接方式（Y 或 y、D 或 d）画出高、低压绕组接线图。

2）在接线图上画出相电动势和线电动势的假定正方向。

3）判断同一相的相电动势相位，并画出高、低压绕组三相对称电动势相量图（注意，将 U_1 与 u_1 重合）。

4）根据高、低压绕组线电动势的相位差，确定联结组标号。

（3）举例说明

1）Yy0 联结组。如图 1-29a 所示，变压器一、二次绕组都采用星形联结，且首端为同极性端，故一、二次绕组相互对应的相电动势之间相位相同，因此对应的线电动势之间的相位也相同，如图 1-29b 所示，当一次绕组的线电动势 $\dot{E}_{UV}$（长针）指向时钟的 "12" 时，二次绕组的线电动势 $\dot{E}_{uv}$（短针）也指向时钟的 "12"，这种连接方式称为 Yy0 联结组，如图 1-29c 所示。

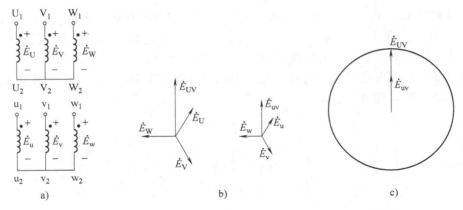

图 1-29　Yy0 联结组

a）接线图　b）相量图　c）时钟表示图

若在图 1-29 联结组中，变压器一、二次绕组的首端不是同极性端，而是异极性端，则一、二次绕组相互对应的电动势相量均反向，$\dot{E}_{UV}$ 指向时钟的"12"时，二次绕组的线电动势 $\dot{E}_{uv}$ 指向时钟的"6"，这种连接方式称为 Yy6 联结组，如图 1-30c 所示。

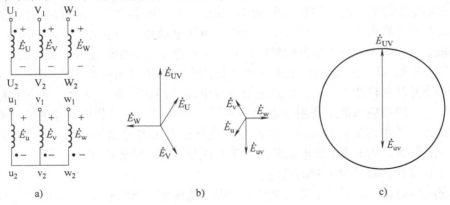

图 1-30　Yy6 联结组

a）接线图　b）相量图　c）时钟表示图

2）Yd11 联结组。如图 1-31 所示，变压器一次绕组采用星形联结，二次绕组采用三角形联结，且二次绕组 u 相的首端 u_1 与 v 相的末端 v_2 相连，如一、二次绕组的首端为同极性端，则对应的相量图如图 1-31b 所示，其中 $\dot{E}_{uv} = -\dot{E}_v$，它超 $\dot{E}_{UV}30°$，指向时钟"11"，故为 Yd11 联结组，如图 1-31c 所示。

3. 三相变压器的标准联结组

为了制造和使用上的方便，国家规定三相双绕组电力变压器的标准联结组为：Yyn0、YNy0、Yy0、Yd11、YNd11。其中 Yyn0、Yd11、YNd11 联结组最常用。

1）Yyn0 联结组用于低压侧电压为 400～230V 的配电变压器中，供给动力与照明混合负载，变压器的容量可达 1800kV·A，高压侧的额定电压不超过 35kV。

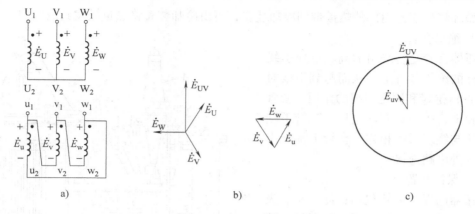

图 1-31 Yd11 联结组

a）接线图　b）相量图　c）时钟表示图

2）YNy0 联结组用于高压侧需要接地的场合。

3）Yy0 联结组只供三相动力负载。

4）Yd11 联结组主要用于高压侧额定电压为 35kV 及以下，低压侧电压为 3000V 和 6000V 的大、中容量的配电变压器，最大容量为 31500kV·A，并且此联结组不能用于三相组式变压器，只能用于三相心式变压器。

5）YNd11 联结组主要用于高压侧需要中性点接地的大型和巨型变压器，高压侧的电压都在 110kV 以上，主要用于高压输电。

4. 三相变压器的绕组连接时应注意的问题

利用单相变压器接成三相变压器组时，要注意绕组的极性。把三相心式变压器的一、二次侧的三相绕组接成星形或三角形时，其首端都应为同极性端。一、二次绕组相序要一致，否则三相电动势会不对称，幅值也不相等。

子任务3 三相变压器的结构和铭牌数据

1. 三相变压器的结构

大、中型变压器的主要结构包括器身、油箱、冷却装置、保护装置、出线装置和变压器油等。三相变压器的结构示意图如图 1-32 所示。变压器的器身又称为心体，是变压器最重要的部件，其中包括铁心、绕组、绝缘、引线、分接开关等部件。油箱上还设有放油阀门、蝶阀、油样阀门、接地螺栓、铭牌等零部件。冷却装置即散热器。保护装置包括油箱、油表、防爆管、吸湿器、测温元件、热虹吸（净油器）、气体继电器等。出线装置包括高、中、低压套管等。

铁心和绕组前面已叙述，本任务不再讲述，只对其他部件进行叙述。

（1）油箱与冷却装置

大、中型变压器的器身浸在充满变压器油的油箱里。变压器油既是绝缘介质，又是冷却介质，变压器油受热后形成对流，将铁心和绕组的热量带到箱壁及冷却装置，再散发到周围空气中。变压器的冷却装置将变压器在运行中产生的热量散发出去，以保证变压器安全运行。变压器的冷却介质有变压器油和空气，干式变压器直接由空气进行冷却，油浸变压器通过油的循环将变压器内部的热量带到冷却装置，再由冷却装置将热量散发到空气中。

（2）绝缘套管

变压器套管是将绕组的高、低压引线引到箱外的绝缘装置上，从而起到引线对地（外壳）绝缘和固定引线的作用。套管装于箱盖上，中间穿有导电杆，套管下端伸进油箱与绕组引线相连，套管上部露出箱外，与外电路连接。

（3）保护装置

变压器的保护装置包括：储油柜、吸湿器、净油器、气体继电器、防爆管、放油阀门、温度计、油标等。

1）储油柜。储油柜安装在变压器顶部，通过弯管及阀门等与变压器的油箱相连。储油柜侧面装有油位计，储油柜内油面高度随变压器的热胀冷缩而变动。储油柜的作用是保证变压器油箱内充满油，减少了油与空气的接触面积，适应绝缘油在温度升高或降低时体积的变化，防止绝缘油的受潮和氧化。

2）吸湿器。吸湿器又称呼吸器，其作用是清除进入储油柜空气的杂质并干燥潮

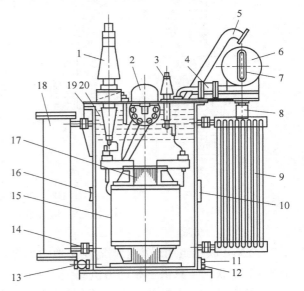

图1-32 三相变压器的结构示意图
1—高压套管 2—分接开关 3—低压套管 4—气体继电器
5—防爆管 6—储油柜 7—油位表 8—吸湿器 9—散
热器 10—铭牌 11—接地螺栓 12—油样阀门
13—放油阀门 14—蝶阀 15—绕组 16—信
号温度计 17—铁心 18—净油器 19—油
箱 20—变压器油

气，吸湿器通过一根连管引入储油柜内高于油面的位置。柜内的空气随着变压器油位的变化通过吸湿器吸入或排出。吸湿器内装有硅胶，硅胶受潮后会变成红色，应及时更换或干燥。

3）净油器。净油器内装活性氧化铝吸附剂，通过连管和阀门装在变压器油箱上，靠上、下层油的温差通过净油器进行环流，同时吸附剂对油中的水分、杂质、酸和氧化物等进行吸附，使油保持清洁和延缓老化。

4）防爆管（压力释放器）。防爆管的主体是一根长的钢质圆管，其端部管口装有厚度为3mm的玻璃片密封，当变压器内部发生故障时，温度急剧上升，使油剧烈分解产生大量气体，箱内压力剧增，玻璃片破碎，气体和油从管口喷出，流入储油柜。

5）气体继电器。气体继电器安装在储油柜与变压器的连管中间。当变压器内发生故障产生气体或油箱漏油使油面降低时，气体继电器动作，发出信号，若事故严重，可使断路器自动跳闸，对变压器起保护作用。

6）温度计。变压器的温度计直接监视着变压器的上层油温。

7）油位计。油位计俗称为油标或油表，是用来监视变压器油箱油位变化的装置。变压器的油位计都装在储油柜上，为便于观察，在油管附近的油箱上标出相当于油温为 $-30°C$、$20°C$、$40°C$ 时的三个油面线标志。

（4）分接开关

为了使配电系统得到稳定的电压，必要时需要利用变压器调压。变压器调压的方法是在

高压侧（中压侧）绕组上设置分接开关，用以改变绕组匝数，从而改变变压器的电压比，进行电压调整。抽出分接的这部分绕组电路称为调压电路，这种调压装置称为分接开关，或称调压开关，俗称"分接头"。

2. 三相变压器的铭牌

为了使变压器安全、经济、合理地运行，每台变压器上都安装有一块铭牌，上面标明了变压器的型号及各种额定数据，作为正确使用变压器的依据。

三相电力变压器的铭牌如图 1-33 所示。

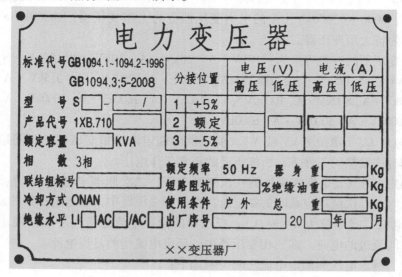

图 1-33　电力变压器的铭牌

3. 变压器的型号

变压器的型号表示了变压器的结构特点、额定容量（单位为 kV·A）和高压侧的电压等级（单位为 kV），电力变压器的全型号的表示和含义如下：

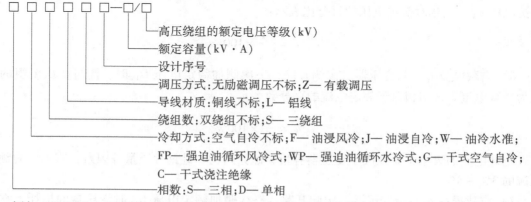

例如，SFPSZ—250000/220：S 表示三相，FP 表示强迫油循环风冷式，S 表示三绕组铜线，额定容量为 250000kV·A，高压侧的额定电压为 220kV。

SFPL—63000/110：S 表示三相，FP 表示强迫油循环风冷式，L 表示双绕组铝线，额定容量为 63000kV·A，高压绕组额定电压为 110kV。

SJL—1000/10：三相油浸式自冷双绕组铝线，额定容量为 1000kV·A，高压绕组侧额定电压为 10kV 级的电力变压器。

4. 变压器的技术参数

1）额定容量 S_N（单位为 kV·A）。变压器的额定容量是指在变压器铭牌上规定的使用条件下，所能输出的视在功率。由于变压器的效率很高，规定一、二次侧的容量相等。

通常 800kV·A 以下的电力变压器称为小型变压器；1000～6300kV·A 的电力变压器称为中型变压器；8000～63000kV·A 的电力变压器称为大型变压器；90000kV·A 及以上的电力变压器称为特大型变压器。

中、小型变压器的容量等级为：10kV·A、20kV·A、30kV·A、50kV·A、63kV·A、80kV·A、100kV·A、125kV·A、160kV·A、200kV·A、250kV·A、315kV·A、400kV·A、500kV·A、630kV·A、800kV·A、1000kV·A、1250kV·A、1600kV·A、2000kV·A、2500kV·A、3150kV·A、4000kV·A、5000kV·A、6300kV·A。

2）额定电压 U_N（单位为 kV 或 V）。变压器的额定电压指变压器长时间运行时在规定的绝缘强度和容许发热的条件下，所能承受的正常工作电压。

一次侧额定电压 U_{1N} 是指规定加到一次侧的电压；二次侧额定电压 U_{2N} 是指变压器一次侧加额定电压时，二次绕组空载时的端电压。在三相变压器中，额定电压指的是线电压。

3）额定电流 I_N（单位为 kA 或 A）。变压器的额定电流是指在变压器规定的额定容量下，允许长时间流过的电流。在三相变压器中，额定电流指的是线电流。

额定容量、额定电压和额定电流之间关系如下：

单相变压器 $\qquad\qquad\qquad\qquad S_N = U_{2N}I_{2N} = U_{1N}I_{1N}$

三相变压器 $\qquad\qquad\qquad\qquad S_N = \sqrt{3}U_{2N}I_{2N} = \sqrt{3}U_{1N}I_{1N}$

4）额定频率 f_N（单位为 Hz）。我国规定标准频率为 50Hz。

5）阻抗电压 U_k（又称为短路电压）。将变压器二次侧短路，一次侧施加电压并慢慢升高电压，直到二次侧产生的短路电流等于二次侧的额定电流 I_{2N} 时，一次侧所加的电压称为阻抗电压 U_k，用相对额定电压的百分比表示：

$$U_k\% = \frac{U_k}{U_{1N}} \times 100\%$$

6）空载电流 I_0。当变压器二次侧开路，一次侧加额定电压 U_{1N} 时，流过一次绕组的电流为空载电流 I_0，用相对于额定电流的百分数表示：

$$I_0\% = \frac{I_0}{I_{1N}} \times 100\%$$

空载电流的大小主要取决于变压器容量、磁路结构、硅钢片质量等因素，它一般为额定电流的 3%～8%。

7）空载损耗 p_0，指变压器二次侧开路，一次侧加额定电压 U_{1N} 时变压器的损耗，它近似等于变压器的铁损。空载损耗可以通过空载实验测得。

8）负载损耗 p_k，指变压器一、二次绕组通过额定电流时，在绕组的电阻中所消耗的功率。负载损耗可以通过短路实验测得。

9）变压器的效率，指变压器的输出功率与输入功率之比。变压器的功率损耗包括铁心的铁损和绕组上的铜损两部分。由于变压器的功率损耗很小，所以变压器的效率一般都很高，大、中型变压器的效率一般都在95%以上。

 **技能训练**

1. 技能训练的内容

三相变压器的空载实验和短路实验，测定三相变压器的变比和参数；三相变压器的负载实验，测取三相变压器的运行特性。

2. 技能训练的要求

1）正确使用测试仪表。

2）正确测试电压及电流等相关数据并进行数据分析。

3. 设备器材

1）电机与电气控制实验台	1台
2）三相心式变压器	1台
3）交流电流表、电压表	各3块
4）单相功率表	2块
5）三相可调电阻器	1台

4. 技能训练的步骤

（1）三相变压器电压比的测定

按照图1-34接好电路，被测变压器为三相三绕组心式变压器，额定容量 $S_N = 152/152/152V \cdot A$，$U_N = 220/63.6/55V$，$I_N = 0.4/1.38/1.6A$，YdY 联结。实验时只用高、低压两个绕组，低压绕组接电源，高压绕组开路。将三相交流电源调到输出电压为零的位置。开启控制屏上电源总开关，按下"开"

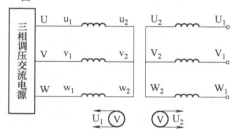

图1-34 三相变压器电压比实验接线

按钮，电源接通后，调节外施电压 $U = 0.5U_N = 27.5V$，测取高、低压绕组的线电压 U_{U1U2}、U_{V1V2}、U_{W1W2}、U_{u1u2}、U_{v1v2}、U_{w1w2}，填入表1-9中。

表1-9 三相变压器电压比实验数据

高压绕组线电压/V		低压绕组线电压/V		电压比(k)	
				各相电压比	平均值
U_{U1U2}		U_{u1u2}		k_U	
U_{V1V2}		U_{v1v2}		k_V	
U_{W1W2}		U_{w1w2}		k_W	

（2）三相变压器的空载实验

1）将三相交流电源的调压旋钮调到输出电压为零的位置，在断电的条件下，按图1-35接线。变压器低压绕组接电源，高压绕组开路。

2）接通三相交流电源，调节电压，使变压器的空载电压 $U_0 = 1.2U_N$。逐次降低电源电压，在 $(1.2 \sim 0.2)U_N$ 范围内，测取变压器三相线电压、线电流和功率。

3）测取数据时，其中 $U_0 = U_N$ 的点必测，且在其附近多测几组。共取数据 8～9 组填入表 1-10 中。

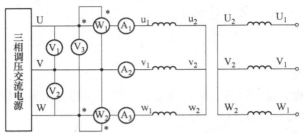

图 1-35 三相变压器空载实验接线图

表 1-10 三相变压器空载实验数据

室温_____°C

序号	实 验 数 据								计 算 数 据			
	U_0/V			I_0/A			p_0/W		U_0/V	I_0/A	p_0/W	$\cos\varphi_0$
	U_{u1v1}	U_{v1w1}	U_{w1u1}	I_{u0}	I_{v0}	I_{w0}	p_{01}	p_{02}				

4）空载实验数据分析：

①计算电压比。由空载实验测变压器的一、二次电压的数据，计算出电压比，然后取其平均值作为变压器的电压比。

②绘出空载特性曲线 $U_0 = f(I_0)$、$p_0 = f(U_0)$、$\cos\varphi_0 = f(U_0)$。

表 1-10 中的 $U_0 = \dfrac{U_{u1} + U_{v1} + U_{w1}}{3}$，$I_0 = \dfrac{I_u + I_v + I_w}{3}$，$p_0 = p_{01} + p_{02}$，$\cos\varphi_0 = \dfrac{p_0}{\sqrt{3} U_0 I_0}$。

（3）三相变压器短路实验

1）将三相交流电源的输出电压调至零值。按下"关"按钮，在断电的条件下按图 1-36 接线。变压器高压绕组接电源，低压绕组直接短路。

2）按下"开"按钮，接通三相交流电源，缓慢增大电源电压，使变压器的短路电流 $I_{kL} = 1.1 I_N$。逐次降低电源电压，在 $(1.1 \sim 0.2) I_N$ 范围内，测取变压器的三相输入电压、电流及功率。

3）测取数据时，其中 $I_{kL} = I_N$ 点必测，共取数据 5～6 组，填入表 1-11 中。实验时记下周围环境温度（单位为℃），作为绕组的实际温度。

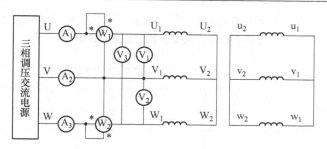

图 1-36　三相变压器短路实验接线图

表 1-11　三相变压器空载实验数据

室温＿＿＿＿＿＿℃

序号	实　验　数　据									计　算　数　据			
	U_k/V			I_k/A			p_k/W			U_k/V	I_k/A	p_k/W	$\cos\varphi_k$
	U_{U1V1}	U_{V1W1}	U_{W1U1}	I_{Uk}	I_{Vk}	I_{Wk}	p_{k1}	p_{k2}					

4）短路实验数据分析。绘出短路特性曲线 $U_k = f(I_k)$、$p_k = f(I_k)$、$\cos\varphi_k = f(U_k)$。表 1-10 中的 $U_k = \dfrac{U_{U1U2} + U_{V1V2} + U_{W1W2}}{3}$，$I_k = \dfrac{I_{Uk} + I_{Vk} + I_{Wk}}{3}$，$p_k = p_{k1} + p_{k2}$，$\cos\varphi_k = \dfrac{p_k}{\sqrt{3}U_k I_k}$。

（4）纯电阻负载实验

1）将电源电压调至零值，按图 1-37 接线。变压器低压绕组接电源，高压绕组经开关 S 接负载电阻 R_L，R_L 选用 1800Ω 变阻器共三只。将负载电阻 R_L 阻值调至最大，打开开关 S。

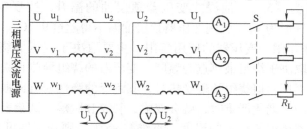

图 1-37　三相变压器负载实验接线图

2）接通三相交流电源，调节交流电压，使三相变压器的输入电压 $U_1 = U_N$。

3）在保持 $U_1 = U_{1N}$ 的条件下，合上开关 S，逐次增加负载电流，从空载到额定负载范围内，测取三相变压器输出线电压和相电流。

4）测取数据时，其中 $I_2 = 0$ 和 $I_2 = I_N$ 两点必测。共取数据 7～8 组记录于表 1-12 中。

表 1-12　三相变压器负载实验数据

$U_1 = U_{1N} = $ _____ V；$\cos\varphi_2 = 1$

序号	U_2/V				I_2/A			
	U_{U1V1}	U_{V1W1}	U_{W1U1}	U_2	I_U	I_V	I_W	I_2

5）变压器负载实验数据分析。根据实验数据绘出 $\cos\varphi = 1$ 时的特性曲线 $U_2 = f(I_2)$，由特性曲线计算出 $I_2 = I_{2N}$ 时的电压变化率，$\Delta U = \dfrac{U_{20} - U_2}{U_{20}} \times 100\%$。

5. 注意事项

在三相变压器实验中，应注意电压表、电流表和功率表的合理布置。做短路实验时操作要快，否则绕组发热会引起电阻变化。

 **知识拓展**

1. 变压器的正确使用

（1）变压器的使用要求

电力变压器的额定容量（铭牌容量）是指它在规定的环境温度条件下，户外安装时，在规定的使用年限（20 年）内所能连续输出的最大视在功率（单位为 kV·A）。

1）温度要求。根据有关规定，电力变压器正常使用的环境温度条件为：最高气温为 40°C，最高日平均气温为 30°C，最高年平均气温为 20°C，户外变压器最低气温为 –30°C，户内变压器最低气温为 –5°C。油浸式变压器顶层油的温升，按规定不得超过周围气温 55°C。如规定的最高气温为 40°C，则变压器顶层油温不得超过 95°C。

2）变压器的使用年限。变压器的使用年限，主要取决于变压器绕组绝缘的老化速度，而绝缘的老化速度又取决于绕组最热点的温度。变压器的绕组导体和铁心，一般可以长期经受较高的温升而不致损坏，但绕组长期受热时，其绝缘的弹性和机械强度会逐渐减弱，这就是绝缘的老化现象。绝缘老化严重时，就会变脆、裂纹和脱落。试验表明，在规定的环境温度条件下，如果变压器绕组最热点的温度一直维持 95°C，则变压器可持续安全运行 20 年；但如果变压器绕组温度升高到 120°C 时，则变压器只能运行 2 年。这说明其绕组温度对变压器的使用寿命有着极大的影响，而绕组的温度又与绕组通过的电流大小有直接的关系。

（2）变压器容量选择

变压器的容量如果选得过大，不仅造成电能浪费，而且影响电网电压；如果选得过小，造成用电设备电力不足，直至变压器烧毁。

1）只装有一台主变压器的容量选择。主变压器的额定容量 S_{NT} 应满足全部用电设备总的计算负荷 S_{30} 的需要，即

$$S_{NT} \geq S_{30} \tag{1-20}$$

2）装有两台主变压器的容量选择。每台主变压器的额定容量 S_{NT}，应同时满足以下两个条件：

①任一台变压器单独运行时，应能满足不小于总计算负荷60%的需要，即

$$S_{NT} \geq 0.6 S_{30} \tag{1-21}$$

②任一台变压器单独运行时，应能满足全部一、二级负荷 $S_{30(I+II)}$ 的需要，即

$$S_{NT} \geq S_{30(I+II)} \tag{1-22}$$

3）单台主变压器（低压为0.4kV）的容量上限。低压为0.4kV的单台主变压器容量，一般不宜大于1250kV·A。这一方面是受现在通用的低压断路器的断流能力及短路稳定度要求的限制；另一方面也是考虑到可以使变压器更接近于负荷中心，以减少低压配电系统的电能损耗和电压损耗。

此外，主变压器容量的确定，应适当考虑发展。主变压器的台数和容量的最后确定，应结合变电所主接线方案的选择，择优而定。

2. 变压器的维护与检查

防止事故的有效办法，就是经常做好维护工作和检查工作，预防发生事故。下面以油浸式电力变压器为例进行介绍。

（1）变压器运行中应检查的项目

①变压器"嗡嗡"的声音是否加大，有无新的音调发生。

②有无漏油、渗油现象，油位表所示的油位和油色是否正常。

③变压器的温度。

④变压器套管是否清洁，有无破损、裂纹和放电痕迹。

⑤变压器外壳的接地情况是否良好。

⑥油枕的集泥器内有无水和脏物。

⑦各种标示牌和相色的涂漆是否清楚。

⑧各部分的螺栓有无松动，变压器的引线接头处有无松动或腐蚀，是否有导电不良等现象。

（2）雷雨季节之前的检修

①用1000V绝缘电阻表测量绕组的绝缘电阻1min，所得的数值 R 应不小于60MΩ。

②检查引出线接头及铜、铝接头情况是否合格，若有接触不良或腐蚀，应进行修理。

③检查套管有无裂痕和放电痕迹，并清扫积污。

④清扫油箱、散热管，必要时应除锈涂漆。

⑤检查接地线是否完整，应没有腐蚀并可靠地连接。

⑥检查油位表是否正常，变压器如缺油应及时补充。

⑦用万用表测量每一分接头绕组的直流电阻，以检查接触情况和回路的完整性。

3. 变压器大修

电力变压器正常情况下，一般每10年才需大修一次。

（1）变压器大修项目

1）拆开变压器顶盖，取出心子。

2）检修铁心、绕组、引出线。

3）检修顶盖、油枕、防爆管、散热管、油阀、套管。

4）清扫外壳，必要时进行油漆。

5）滤油或换油。

6）测量绕组绝缘电阻，必要时干燥绝缘。

7）装配变压器。

8）按照"电气设备交接和预防性试验规程"的规定，对变压器进行测量和试验。

（2）变压器大修后的试验

1）变压器油的耐压试验。耐压试验就是确定变压器油的击穿电压，同时根据油样外貌检查有无机械混合物、水分和游离碳。凡经检修后的变压器，在出厂前必须做油压试验。要求在采用打泵压力试漏时，压力为 0.5～0.8MPa，持续时间为 12h，以不漏不渗为合格。在采用油柱压力试漏时，油柱高度不低于 2.5m，持续时间为 24h，也以不漏不渗为合格。若发现渗漏现象应进行修复，修复后，还必须做油压试验，直到不渗不漏为止。

2）变压器油的检化试验。新油和运行中的变压器油都需要做试验。按变压器运行规程规定，运行中的变压器油一年至少需要取样试验一次，其中 3～10kV 变压器的油只做耐压试验即可，20～35kV 变压器的油除做耐压试验外，还要做油的检化试验。

检化试验是确定变压器油的闪点、酸度、水分引起的反应和电气绝缘强度。同时根据油的外表确定油内有无机械混杂物、水分和游离碳。变压器油的检化试验比较复杂，一般由化验单位专业人员进行。油的耐压试验比较简单，一般电气技术人员均可掌握。

变压器油的检化试验就是提取油样对油的酸度、水分、闪点进行化验，并对变压器油的油质进行检查。

检查变压器油的颜色。普通新油是淡黄色，运行后呈浅红色。呈深暗色表明油质变坏不能使用。

检查透明度。将变压器油盛在直径为 30～40mm 的玻璃试管中观察，应当是透明的（在 -5℃ 以上时），如果透明度差，表示油中存在机械杂质和游离碳。

检查荧光。如果迎着光线看一个盛着新鲜变压器油的玻璃杯，两侧应呈现出乳绿或蓝紫反射光线，称为荧光。若变压器油的荧光很微弱或完全没有荧光，表示油中有杂质或分解物。

检查气味。质量好的变压器油应当没有气味，或只有一点煤油味。如油有焦味，表示油不干燥；如有酸味，表示油已严重老化。

3）变压器绝缘电阻的检测项目。绕组和铁心夹紧螺栓的绝缘电阻（采用 1000V 的绝缘电阻表）；测量电压比；对变压器主绝缘和瓷套管做交流耐压试验；空载时做绕组层间绝缘的耐压试验；测定绕组的直流电阻。

4）变压器大修后通电试验。测量空载电流和损失；测量短路损失和短路电压；确定绕组接线的联结组别；做定相试验。

（3）验收

变压器大修后，验收时须检查以下项目：

①实际检修项目和检修质量。

②大修后各项试验记录。

③大修技术报告书。

问题研讨

1）三相组式变压器和三相心式变压器的磁路各有什么特点？

2）变压器的额定值主要有哪些？各有什么意义？

3）查资料说明近年来变压器相关技术发展的主要趋势。

4）在实际应用中，变压器联结组别的作用是什么？查资料说明变压器有多少种联结组别？其中国家标准规定使用的有哪些？

5）变压器运行中的维护检查工作有哪些项目？

6）变压器大修有哪些项目？变压器大修后应做哪些试验？

7）如何正确使用变压器？如何选择变压器的容量？

习　题

一、填空题

1. 变压器是根据_____原理而制成的，它是将一种_____变换成_____相同的另一种或几种_____的_____。

2. 变压器具有_____、_____、_____和_____的作用。

3. 变压器的器身是变压器的_____组成部分，它主要由_____和_____构成，前者既是变压器的_____，又是变压器的_____；后者是变压器的_____。

4. 由于变压器运行时存在铁损，因此空载电流 I_0 严格地讲可分为_____电流和_____电流，但绝大部分是_____电流。

5. 变压器的主磁通 ϕ 取决于_____、_____和_____三种因素。

6. 变压器的损耗有_____和_____两类，前者称为_____损耗，后者称为_____损耗。变压器的效率是_____与_____之比；发生最高效率的条件是_____ = _____。

7. 引起变压器二次电压 U_2 变化的内因是_____，引起 U_2 变化的外因是_____和_____。

8. 变压器外特性的变化趋势是由_____决定的。在感性负载时，外特性曲线是_____；在容性负载时，外特性曲线是_____；一般情况变压器多为_____负载。

9. 自耦变压器的特点是一、二次绕组不仅_____，而且_____。自耦变压器若一次侧发生电气故障，直接波及_____，因此，应采用_____，且不能做_____使用。

10. 仪用互感器是电力系统中_____设备，它也是利用_____原理而工作的，主要可分为_____和_____两类。

11. 电流互感器一次侧的匝数 N_1 _____，与被测电路_____；二次侧匝数_____与_____。它的实际工作情况相当于_____运行的_____变压器。

12. 电压互感器二次侧的匝数 N_1 _____，与被测电路_____；二次侧匝数_____与_____。它的实际工作情况相当于_____运行的_____变压器。

13. 电流互感器在使用中，二次侧不得_____，否则_____将全部作为励磁电流，它使_____增加，_____加剧，在二次侧绕组中产生很高的_____，使绕组绝缘_____。

14. 电焊变压器为保证启弧容易，一般空载电压 U_{20} = _____，最高不超过_____ V；额定焊接时电压 U_2 约为_____V；一般短路电流 I_{2k} _____。

15. 电焊变压器应具有_____的外特性，为实现这一外特性，常采用增加变压器本身_____和_____等方法。

16. 三相变压器根据磁路不同可分为_____和_____两类，前者三相磁路_____，后者三相磁路_____。

17. 根据变压器一、二次绕组_____的相位关系，把变压器绕组的接法分成不同的组合，称为绕组的_____。

18. 一台变压器的联结组标号为Yd5，则高、低压绕组的_____电动势的相位差_____。

19. 三相变压器额定容量是指一次绕组加额定电压，温升不超过允许值时的_____功率，它等于二次绕组_____和_____乘积的_____倍。

20. 在同一瞬间，变压器一、二次绕组中，同时具有相同电动势方向的两个线端，称为_____或_____。

21. 三相变压器的联结组标号有_____种，其中我国规定的标准联结组是_____、_____、、_____、_____、_____共五种。

22. 变压器绕组制成后，一、二次绕组的同极性端是_____的，而联结组别却是_____的。

二、选择题

1. 单相变压器的一次电压 $U_1 \approx 4.44fN_1\Phi_m$，这里的 Φ_m 是指（　　）。

A. 主磁通　　　　　　　　B. 漏磁通　　　　　　　　C. 主磁通与漏磁通的合成

2. 三相变压器的额定容量 S_N =（　　）。

A. $3U_{1N}I_{1N} = 3U_{2N}I_{2N}$　　B. $\sqrt{3}U_{1N}I_{1N} = \sqrt{3}U_{2N}I_{2N}$　　C. $\sqrt{3}U_{1N}I_{1N}\cos\varphi_{1N}$

3. 当一台单相变压器二次侧外接一电容性负载时，其输出端电压 U_2（　　）。

A. 比空载电压 U_{20} 低　　B. 比空载电压 U_{20} 高　　C. 与空载电压 U_{20} 相等

4. 变压器的效率决定于（　　）的大小。

A. 铁损和铜损　　　　　　B. 负载　　　　　　　　　C. 铁损、铜损和负载

5. 当单相变压器一次侧加一定电压 U_1 时，其励磁电流 I_0 随着负载的增加而（　　）。

A. 基本不变　　　　　　　B. 增加　　　　　　　　　C. 减小

6. 变压器铁心采用相互绝缘的薄硅钢片叠成，主要目的是为了降低（　　）。

A. 铜损　　　　　　　　　B. 涡流损耗　　　　　　　C. 磁滞损耗

7. 电力变压器的器身浸入盛满变压器油的油箱中，其主要目的是（　　）。

A. 改善散热条件　　　　　B. 加强绝缘　　　　　　　C. 增大变压器容量

8. 影响变压器外特性的主要因素是（　　）。

A. 负载的功率因数　　　　B. 负载电流　　　　　　　C. 变压器一次绕组的输入电压

9. 变压器的负载系数是指（　　）。

A. I_2/I_{2N}　　　　　　　B. I_1/I_2　　　　　　　　C. I_2/I_1

10. 变压器空载运行时，功率因数一般在（　　）。

A. 0.8～1.0　　　　　　　B. 0.1～0.2　　　　　　　C. 0.3～0.6

11. 变压器空载运行时的空载电流 I_0 指的是（　　）。

A. 直流电流　　　　　　　B. 交流有功电流　　　　　C. 交流无功电流

12. 电压互感器在使用中，不允许（　　）。

A. 一次侧开路　　　　　　B. 二次侧开路　　　　　　C. 二次侧短路

13. 电流互感器在使用中，不允许（　　）。

A. 一次侧开路　　　　　　B. 二次侧开路　　　　　　C. 二次侧短路

14. 设计电焊变压器时，应使其具有（　　）的外特性。

A. 基本不变　　　　　　　B. 急剧上升　　　　　　　C. 急剧下降

15. 电焊变压器根据焊件和焊条要求，其焊接电流要求（　　）。

A. 可调　　　　　　　　　B. 不可调　　　　　　　　C. 最大电流

16. 电焊变压器的短路阻抗（　　）。

A. 很小　　　　　　　　　B. 不变　　　　　　　　　C. 很大

17. 三相变压器的一、二次绕组线电动势的相位关系决定于（　　　）。

A. 绕组的绕向

B. 绕组首、末端的标定

C. 绕组的绕向、始末端的标定和绕组的连接方式

18. 三相变压器的铁心若采用整块钢制成，其结果比采用硅钢片制成的变压器（　　　）。

A. 输出电压增大　　　　　　B. 输出电压降低　　　　　　C. 空载电流增加

19. 三相变压器工作时，主磁通 ϕ 由（　　　）决定。

A. 一次电压大小　　　　　　B. 负载大小　　　　　　C. 二次侧总电阻

20. 三相心式变压器的三相磁路之间是（　　　）的。

A. 彼此独立　　　　　　B. 彼此相关　　　　　　C. 既有独立又有相关

21. 当三相变压器采用 Yd 联结方式时，则联结组的标号一定是（　　　）。

A. 奇、偶数　　　　　　B. 偶数　　　　　　C. 奇数

三、判断题

1. 变压器顾名思义：当额定容量不变时，改变二次侧匝数只能改变二次电压。（　　　）

2. 当变压器一次侧加额定电压，二次侧功率因数 $\cos\varphi_2$ 为一常数时，$U_2 = f(I_2)$ 称为变压器的外特性。（　　　）

3. 三相变压器铭牌上所标注的 S_N 是指在额定电流输入下所对应的有功功率输出。（　　　）

4. 当电力变压器长期运行时，铜损较大，因此要设法降低铜损，对变压器运行才有利。（　　　）

5. 变压器空载电流 I_0 纯粹是为了建立主磁通 ϕ，称为励磁电流。（　　　）

6. 变压器最高效率出现在额定工作情况下。（　　　）

7. 单相变压器从空载运行到额定负载运行时，二次电流 I_2 是从 $I_0 \uparrow \to I_{2N}$，因此，变压器一次电流 I_1 也是从 $I_0 \uparrow \to I_{1N}$。（　　　）

8. 变压器一次电压不变，当二次电流增大时，则铁心中的主磁通 Φ_m 也随之增大。（　　　）

9. 变压器额定电压为 $U_{1N}/U_{2N} = 440/220V$，若作升压变压器使用，可在低压侧接440V电压，高压侧电压达880V。（　　　）

10. 一台进口变压器一次侧的额定电压为240V，额定频率为60Hz，现将这台变压器接在工业频率为50Hz、240V 的交流电网上运行，这时变压器磁路中的磁通将比原设计增大。（　　　）

11. 电流互感器在运行中，若需换接电流表，应先将电流表接线断开，然后接上新表。（　　　）

12. 自耦变压器可以作为安全变压器使用。（　　　）

13. 电流互感器相当于一台短路运行的升压变压器。（　　　）

14. 电流互感器的磁路一般设计得很饱和。（　　　）

15. 电焊变压器的电压变化率比普通变压器的电压变化率大很多。（　　　）

16. 可以利用相量图来判断三相变压器的联结组标号。（　　　）

17. 三相变压器一、二次侧的额定电压，分别指允许输入和输出的最大相电压的有效值。（　　　）

18. 三相变压器的电压比等于一、二次侧每相额定相电压之比。（　　　）

19. 当联结组标号不同的变压器并联运行时，电路中会出现涡流。（　　　）

四、计算题

1. 接在220V交流电源上的单相变压器，其二次绕组电压为110V，若二次绕组匝数350匝，求：（1）电压比；（2）一次绕组匝数 N_1。

2. 已知单相变压器的容量是 1.5kV·A，电压是220/110V。试求一、二次绕组的额定电流。如果二次绕组电流是13A，一次绕组电流约为多少？

3. 一台 D—50/10 型变压器，$U_{2N} = 400V$，求一、二次绕组的额定电流 I_{1N}、I_{2N}。

4. 一台 220/36V 的变压器，已知一次绕组匝数 $N_1 = 1100$ 匝。试求二次绕组匝数。若在二次绕组接一

盏 36V、100W 的白炽灯，问一次绕组电流为多少（忽略空载电流和漏阻抗压降）？

5. 一台单相变压器额定容量为 180kV·A，一、二次绕组的额定电压分别为 6000V、220V，求一、二次绕组的额定电流各为多大？这台变压器的二次绕组能否接入 150kW、功率因数为 0.75 的感性负载？

6. 一台单相变压器 $S_N = 10500$kV·A，$U_{1N}/U_{2N} = 35/6.6$kV，铁心截面积 $A_{Fe} = 1580$cm^2，铁心中最大磁通密度 $B_m = 1.415$T。试求：（1）一、二次绕组的匝数 N_1、N_2；（2）变压器的电压比 k。

7. 一台晶体管收音机的输出端要求最佳负载阻抗值为 450Ω，即可输出最大功率。现负载是阻抗为 8Ω 的扬声器，问：输出变压器应采用多大的电压比？

8. 如图 1-38 所示，变压器二次绕组电路中的负载为 $R_L = 8$Ω 的扬声器，已知信号源电压 $U_S = 15$V，内阻 $R_0 = 100$Ω，变压器一次绕组的匝数 $N_1 = 200$ 匝，二次绕组的匝数 $N_2 = 80$ 匝。（1）试求扬声器获得的功率和信号源发出的功率；（2）如要使扬声器获得最大功率，即达到阻抗匹配，试求变压器的电压比及扬声器获得的功率。

9. 已知某收音机输出变压器的 $N_1 = 600$ 匝，$N_2 = 300$ 匝，原接阻抗为 20Ω 的扬声器，现要改接成 5Ω 的扬声器，求变压器二次绕组的匝数 N_2。

10. 用电压比为 10000/100 的电压互感器，电流比为 100/5 的电流互感器扩大量程，其电压表的读数为 90V，电流表的读数为 2.5A，试求被测电路的电压、电流各为多少？

11. 在一台容量为 15kV·A 的自耦变压器中，已知 $U_1 = 220$V，$N_1 = 330$ 匝，如果要使输出电压为 $U_2 = 209$V，那么应该在绕组的什么地方抽出线头？满负载时，I_1、I_2 各为多少？绕组公共部分的电流为多少？

12. 图 1-39 所示为二次侧有三个绕组的电源变压器，试问该变压器能输出几种电压？

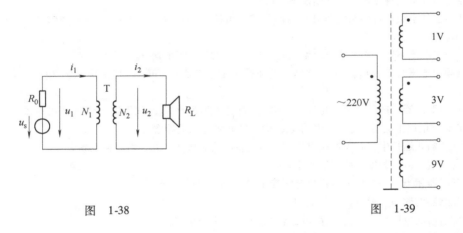

图 1-38　　　　　　　　　　　　　图 1-39

13. 变压器的铭牌上标明 220/36V、300V·A，电灯的规格有 36V、500W；36V、60W；12V、60W；220V、25W。问哪一种规格的电灯能接在此变压器的二次侧中使用？为什么？

14. 一台变压器额定电压 $U_{1N}/U_{2N} = 220/110$V，做极性实验如图 1-40 所示，将 X 与 x 连接在一起，在 A-X 端加 220V 电压，用电压表测 A-a 的电压，如果 A-a 为同极性端，则电压表读数为多少？若为异极性端电压表读数又是多少？

15. 一台单相变压器 $U_{1N}/U_{2N} = 220/110$V，但不知其线圈匝数。可在铁心上临时绕 $N = 100$ 匝的测量线圈，如图 1-41 所示。当高压侧加 50Hz 的额定电压时，测得测量线圈电压为 11V，试求：（1）高、低压线圈的匝数；（2）铁心中的磁通 Φ_m 是多少？

16. 用电压互感器电压比为 6000/100，电流互感器电流比为 100/5 扩大量程，其电压表的读数为 90V，电流表的读数为 4A。试求：（1）被测电路上电压 U_1 是多少？（2）被测电路上电流 I_1 是多少？

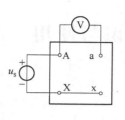

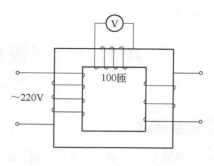

图 1-40   图 1-41

17. 有一台型号为 S9—630/10，联结组标号为 Yy0 的变压器，额定电压 $U_{1N}/U_{2N} = 10/0.4kV$，供照明用电。若接入白炽灯作负载（每盏 100W、220V），问三相总共可以接多少盏白炽灯而变压器不过载？

18. 一台 S0—5000/10 型变压器，$U_{1N}/U_{2N} = 10.5/6.3kV$，联结组标号为 Yd11。求一、二次绕组的额定电流 I_{1N}、I_{2N}。

19. 一台 Yd11 联结的三相变压器，各相电压的电压比 $k = 2$，如一次侧线电压为 380V，问二次侧线电压是多少？又如二次侧线电流为 173A 时，问一次侧线电流是多少？

20. 一台三相变压器，额定容量 $S_N = 5000kV \cdot A$，一次侧、二次侧的额定电压 $U_{1N}/U_{2N} = 10/6.3kV$，采用 YNd11 联结。试求：（1）一次侧、二次侧的额定电流；（2）一次侧、二次侧的额定相电压和相电流。

21. 一台三相变压器，额定容量 $S_N = 400kV \cdot A$，一次侧、二次侧的额定电压 $U_{1N}/U_{2N} = 10/0.4kV$，一次绕组为星形联结，二次绕组为三角形联结。试求：（1）一、二次侧的额定电流；（2）在额定工作情况下，一、二次绕组实际流过的电流；（3）已知一次侧每相绕组的匝数是 150 匝，问二次侧每相绕组的匝数应为多少？

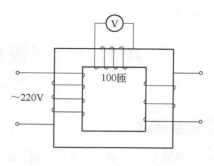

项目 2 交流电动机的认识与使用

项目内容

◆ 三相异步电动机的结构、运行原理与拆装。
◆ 三相异步电动机的运行特性。
◆ 三相异步电动机的机械特性、起动、调速和制动。
◆ 交流电动机的维护与检修。
◆ 单相异步电动机的结构和工作原理。
◆ 同步电动机的结构、工作原理、起动与调速。

知识目标

◆ 掌握三相交流异步电动机的结构。
◆ 理解三相交流异步电动机的工作原理和交流电动机铭牌数据。
◆ 掌握三相异步电动机定子绕组首、末端的测定方法。
◆ 掌握三相交流异步电动机的运行特性。
◆ 掌握三相交流异步电动机的起动、调速、制动的方法，理解其原理。
◆ 掌握三相交流异步电动机的选用、使用与维护方法。
◆ 掌握单相交流异步电动机的结构、工作原理、使用与维护方法。
◆ 掌握同步电动机的结构，理解其工作原理。掌握同步电动机的异步起动法和调速方法。

能力目标

◆ 能根据负载选择相应容量的异步电动机。
◆ 能根据实际情况选择异步电动机的起动、调速、反转及制动方法。
◆ 能够对三相、单相交流异步电动机进行故障检测与排除。

任务 2.1 三相异步电动机的认识与使用

任务描述

在工业生产中，所有运动的设备都需要用到电动机，传统机械制造设备一般由三相异步电动机来提供动力。三相异步电动机定子绕组的首、末端接错时，将会造成电动机起动困难、转速低、振动大、响声大、三相电流严重不平衡。因此，电动机绕组重绕或维修后绕组重接都必须进行首、末端测定，避免出现新的故障或损坏电动机。本任务学习三相异步电动机的结构、主要参数、运行原理和三相异步电动机定子绕组首、末端的测定方法。

任务目标

掌握三相异步电动机的结构、使用常识；理解三相异步电动机的运行原理、型号含义和额定值；理解三相异步电动机定子绕组首、末端的各种测定方法的原理，并能正确地测定；能正确地把三相异步电动机接入三相电源。

子任务 1 三相异步电动机的结构

实现机械能与电能相互转换的旋转机械称为电机。把机械能转化为电能的电机称为发电机；把电能转化为机械能的电机称为电动机。

现代各种机械都广泛应用电动机来拖动。电动机按电源的种类不同可分为交流电动机和直流电动机，交流电动机又分为异步电动机和同步电动机，其中笼型交流异步电动机由于结构简单、运行可靠、维护方便、价格便宜，是所有电动机中应用最广泛的一种。一般的机床、起重机、传送带、鼓风机、水泵以及各种农副产品加工等都普遍使用三相笼型交流异步电动机，只有在一些有特殊要求的场合才使用其他类型的电动机。

三相异步电动机的结构主要由定子和转子两大部分组成。固定不动的部分称为定子，旋转部分称为转子。转子装在定子腔内，定子与转子之间有一空气间隙，称为气隙。图 2-1 所示的是三相笼型异步电动机的外形及拆开后各个部件的形状。

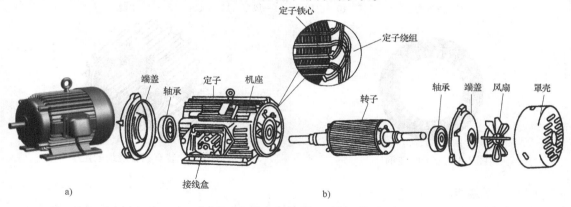

图 2-1 三相笼型异步电动机的外形及主要部件

a）外形 b）主要部件

1. 定子

定子主要由机座、定子铁心和定子绕组三部分组成。图 2-2 为三相笼型异步电动机的装配图。

（1）机座

三相异步电动机的机座起固定和支撑定子铁心和端盖、保护电动机的绕组和旋转部分的作用，一般用铸铁铸造而成。根据电动机防护方式、冷却方式和安装方式的不同，机座的形式也不同。风扇罩具有保护旋转风扇与外界物体的接触以及改变风扇的风向对电动机散热的作用。

（2）定子铁心

定子铁心是构成电动机磁路的一部分，用来固定定子绕组，一般由厚度为 0.5mm 的导

磁性能较好的硅钢片叠压而成，每层硅钢片之间都是绝缘的，以减小涡流。铁心内圆均匀分布与轴平行的定子槽，如图 2-3 所示，用来嵌放三相对称定子绕组。定子绕组是根据电动机的磁极对数和槽数按照一定规则排列与连接的。铁心外圆周面固定在机座内，如图 2-4 所示。

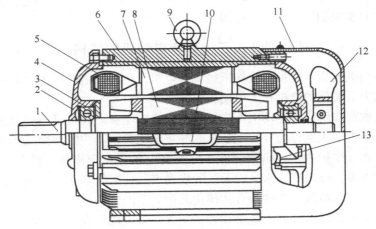

图 2-2　三相笼型异步电动机的装配图

1—转轴　2—弹簧片　3—轴承　4—端盖　5—定子绕组　6—机座　7—定子铁心
8—转子铁心　9—吊环　10—出线盒　11—风罩　12—风扇　13—轴承内盖

图 2-3　定子的硅钢片

图 2-4　装有三相绕组的定子

（3）定子绕组

定子绕组是电动机的电路部分，随三相交流电流的变化产生一定磁极数的旋转磁场。三相异步电动机的定子绕组是对称的，它由三个完全相同的绕组组成，每个绕组即为一相，三相绕组在铁心内圆周面上相差 120°电角度布置，三相绕组的首端分别用 U_1、V_1、W_1 表示，末端分别用 U_2、V_2、W_2 表示。三相绕组的六个出线端引至机座上的接线盒内与六个接线柱相连。三相定子绕组根据需要接成星形（用 Y 表示）或三角形（用 △ 表示）。为了便于改变接线，盒中接线柱的布置如图 2-5 所示，图 2-5a 为定子绕组的星形（Y形）联结；图 2-5b 为定子绕组的三角形（△形）联结。

目前我国生产的三相异步电动机，功率在 4kW 以下的定子绕组一般均采用星形联结；4kW 以上的一般采用三角形联结，以便于采用 Y-△降压起动。

定子绕组一般由铜漆包线绕制而成，电流从绕组电阻上通过时会产生铜损。

2. 转子

转子是电动机的旋转部分，主要由转子铁心、转子绕组和转轴等组成。

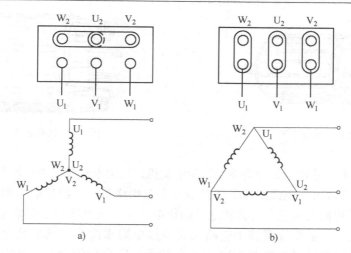

图2-5　三相异步电动机定子绕组的连接

a）星形联结　b）三角形联结

（1）转子铁心

转子铁心的作用和定子铁心相同，一方面作为电动机磁路的一部分，另一方面用来放置转子绕组。转子铁心在理论上可以用普通的硅钢制作，因为转子随定子绕组的旋转磁场同向旋转，转速略小于旋转磁场的转速，其内部磁通变化较小，由此引起的铁损较小，但一般中、小型异步电动机的转子铁心也是用厚度为0.5mm的硅钢片叠压而成，铁心外圆均匀分布与轴平行的槽，如图2-6所示，用来嵌放转子绕组。一般小型异步电动机转子铁心直接压装在转轴上。在实际中，笼型转子槽总是沿轴向扭斜了一个角度，其目的是削减定子、转子齿槽引起的齿谐波，以改善电动机的起动性能，降低电磁噪声。

（2）转子绕组

三相异步电动机的转子绕组分为笼型和绕线型两种，根据转子绕组的不同，三相异步电动机分为笼型异步电动机与绕线型异步电动机。

1）笼型转子绕组。笼型绕组是在转子铁心的每一个槽中插入一根铜条，在铜条两端各用一个铜环（称为端环或短路环）把导条连接起来，如图2-7所示。因为它的形状像笼子，所以称为笼型转子绕组。把具有笼型转子绕组的转子，称为笼型转子，如图2-8所示。

目前100kW以下的异步电动机，是采用铸铝的方法，把转子导条和端环、内风扇叶片用铝液一次浇铸而成，称为铸铝转子，如图2-9所示。笼型绕组因结构简单、制造方便、运行可靠，得到广泛应用。

图2-6　转子的硅钢片

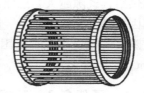

图2-7　笼型转子绕组

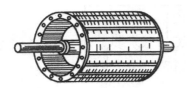

图2-8　笼型转子

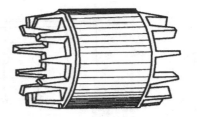

图2-9　铸铝的笼型转子

具有笼型转子的异步电动机称为笼型异步电动机，这类电动机的常见外形如图2-1a所示。

2）绕线型转子绕组。绕线型转子绕组是一个三相绕组，一般接成星形。三相转子绕组的引出线分别接到转轴上的三个与转轴绝缘的集电环上，集电环与电刷摩擦接触，再由电刷装置与外电路相连。一般绕线型转子电路通过串接电阻来改善电动机的起动性能或用来调速，绕线型转子绕组及其接线如图2-10所示。转子电路自行闭合，流过的电流为转子电路产生的感应电流，转子绕组中也会产生铜损。具有这种转子的异步电动机称为绕线转子异步电动机。

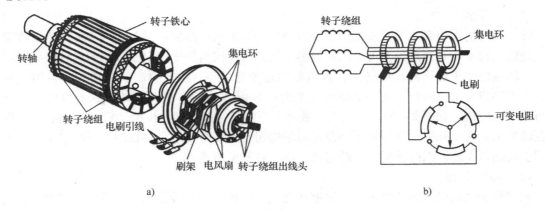

图2-10　绕线型转子

a）绕线型转子外形　b）绕线型转子串联电阻接线图

（3）转轴

三相异步电动机的转轴用中碳钢制成，其两端由轴承支撑，它用来输出机械转矩。

3. 气隙

气隙是指异步电动机的定子铁心内圆表面与转子铁心外圆表面之间的间隙。

异步电动机的气隙是均匀的。气隙大小对电动机的运行性能和参数影响较大，由于励磁电流由电网供给，气隙越大，磁路磁阻越大，励磁电流越大，而励磁电流属于无功电流，电动机的功率因数越低，效率越低。因此，异步电动机的气隙大小往往为机械条件所能允许达到的最小气隙，气隙过小，装配困难，容易出现扫膛。中、小型异步电动机的气隙一般为0.2～1.5mm。

子任务2　三相异步电动机的铭牌及主要技术参数

每台电动机的外壳上都附有一块铭牌，铭牌上主要标注了电动机的型号和主要技术数据，电动机在铭牌上规定的技术参数和工作条件下运行为额定运行。铭牌数据是正确选用和维修电动机的参数。电动机铭牌如图 2-11 所示。

三相异步电动机		
型号 Y132M—4	功率 7.5kW	频率 50Hz
电压 380V	电流 15.4A	接法 △
转速 1440r/min	绝缘等级　B	工作方式　连续
年　月　日	编号	××电机厂

图 2-11　三相异步电动机的铭牌

1. 型号

三相异步电动机的型号是为了便于各部门业务联系和简化技术文件对产品名称、规格、形式的叙述等而引用的一种代号，由汉语拼音字母、国际通用符号和阿拉伯数字三部分组成。如：Y132M—4 中的 Y 是产品代号，表示三相异步电动机；132M-4 是规格代号，132 表示中心高度为 132mm，M 表示中机座（短机座用 S 表示，长机座用 L 表示），4 表示 4 极。

各类型电动机的主要产品代号意义摘录于表 2-1 中。

表 2-1　三相异步电动机产品代号

产品名称	产品代号	代号汉字意义	产品名称	产品代号	代号汉字意义
异步电动机	Y	异	多速异步电动机	YD	异多
绕线转子异步电动机	YR	异绕	防爆型异步电动机	YB	异爆
高起动转矩异步电动机	YQ	异起	精密机床异步电动机	YJ	异精

2. 三相异步电动机的额值

1）额定功率 P_N，指电动机在额定状态下运行时，转子轴上输出的机械功率，单位为 kW 或 W。

2）额定电压 U_N，指电动机在额定运行的情况下，三相定子绕组应接的线电压值，单位为 V。一般规定电压波动不应超过额定值的 5%。

3）额定电流 I_N，指电动机在额定运行的情况下，输出功率达到额定值，流入定子绕组的线电流值，单位为 A。

三相异步电动机额定功率、电压、电流之间的关系为

$$P_N = \sqrt{3}U_N I_N \cos\varphi_N \eta_N \tag{2-1}$$

4）额定转速 n_N，指电动机在额定电压、额定频率和额定输出的情况下，电动机的转速，单位为 r/min。

5）额定频率 f_N。我国电网频率为 50Hz，故国内异步电动机频率均为 50Hz。

6）连接方式。电动机定子三相绕组有星形联结和三角形联结两种，前已叙述。

当铭牌标为 220VD/380VY 时，表明当电源电压为 220V 时，电动机定子绕组用三角形联结，而电源为 380V 时，电动机定子绕组用星形联结。两种方式都能保证每相定子绕组在额定电压下运行。

7）工作方式。为了适应不同的负载需要，按负载持续时间的不同，国家标准规定了电动机的三种工作方式：连续工作制、短时工作制和断续周期工作制。

S1 表示连续工作，允许在额定情况下连续长期运行，如水泵、通风机、机床等设备所用的异步电动机。

S2 表示短时工作，是指电动机工作时间短（在运行期间，电动机未达到允许温升）、停车时间长（足以使电动机冷却到接近周围环境的温度）的工作方式，如水坝闸门的启闭，机床中尾架、横梁的移动和夹紧等。

S3 表示断续工作，又称为重复短时工作，是指电动机运行与停车交替的工作方式，如吊车、起重机等。

工作方式为短时和断续的电动机若以连续方式工作时，必须相应减轻其负载，否则电动机将因过热而损坏。

8）温升及绝缘等级：温升是指电动机运行时绕组温度允许高出周围环境温度的数值。但允许高出的数值由该电动机绕组所用绝缘材料的耐热程度决定，绝缘材料的耐热程度称为绝缘等级，不同绝缘材料，其最高允许温升是不同的。按耐热程度不同，将电动机的绝缘等级分为 A、E、B、F、H、C 等几个等级，它们允许的最高温度见表2-2，其中最高允许温升是按环境温度为40℃计算出来的。

表2-2　绝缘材料温升限值

绝缘等级	A	E	B	F	H	C
最高允许温度/℃	105	120	130	155	180	>180

9）防护等级。"IP"和其后面的数字表示电动机外壳的防护等级。IP 表示国际防护等级，其后面的第一个数字代表防尘等级，其分 0～6 七个等级；其后面的第二个数字代表防水等级，共分 0～8 九个等级，数字越大，表示防护的能力越强。

铭牌上除上述数据外，还标有额定功率因数 $\cos\varphi_N$。异步电动机的 $\cos\varphi_N$ 随负载的变化而变化，满载时为 0.7～0.9，轻载时较低，空载时只有 0.2～0.3。实际使用时要根据负载的大小选择电动机的功率，防止"大马拉小车"。由于异步电动机的效率和功率因数都在额定负载附近达到最大值。因此，选用电动机时应使用电动机功率与负载相匹配。如果选得过小，电动机运行时过载，其温升过高，影响电动机的寿命甚至损坏电动机。但也不能选得太大，否则不仅电动机价格较高，而且电动机长期在低负载下运行，其效率和功率因数都较低，不经济。

子任务3　三相异步电动机的运转原理

1. 旋转磁场的产生

（1）两极旋转磁场的产生

如图2-12所示，设有三只同样的绕组放置在定子槽内，彼此相隔120°，组成了简单的定子三相对称绕组，以 U_1、V_1、W_1 表示绕组的始端，U_2、V_2、W_2 表示绕组的末端。当绕组接成星形时，其末端 U_2、V_2、W_2 连成一个中点，始端 U_1、V_1、W_1 与电源相接。图2-12a 为对称三相绕组，图2-12b 为星形联结。

如图 2-12b 所示，三相绕组有三相对称电流流过。假定电流的正方向由绕组的始端流向末端，流过三相绕组的电流分别为：$i_U = I_m \sin \omega t$ 通入 U_1—U_2 中，$i_V = I_m \sin\left(\omega t - \dfrac{2\pi}{3}\right)$ 通入 V_1—V_2 中，$i_W = I_m \sin\left(\omega t + \dfrac{2\pi}{3}\right)$ 通入 W_1—W_2 中。

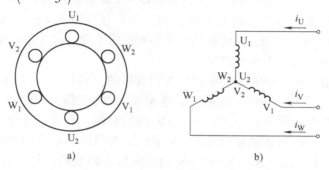

a)   b)

图 2-12　三相定子绕组的布置与连接

a）三相对称定子绕组　b）三相对称定子绕组的星形联结

由于电流随时间而变化，所以电流流过绕组产生的磁场分布情况也随时间而变化，几个瞬间磁场如图 2-13 所示。

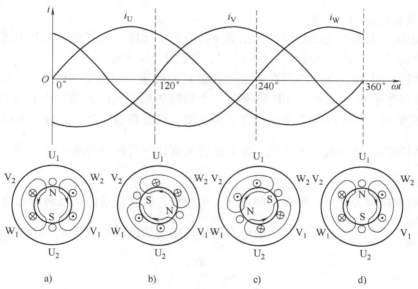

图 2-13　三相两极旋转磁场

a）$\omega t = 0°$　b）$\omega t = 120°$　c）$\omega t = 240°$　d）$\omega t = 360°$

当 $\omega t = 0°$ 瞬间，由三相对称电流波形看出，$i_U = 0$，U 相绕组中没有电流流过；i_V 为负，表示电流由 V 相绕组的末端流向始端（即 V_2 端为 $\otimes$，V_1 端为 $\odot$）；i_W 为正，表示电流由 W 相绕组的始端流向末端（即 W_1 端为 $\otimes$，W_2 端为 $\odot$）。这时三相电流所产生的合磁场方向，如图 2-13a 所示。

当 $\omega t = 120°$ 瞬间，i_U 为正，$i_V = 0$，i_W 为负，用同样方式可判得三相合成磁场顺相序方向旋转了 $120°$，如图 2-13b 所示。

当 $\omega t = 240°$ 瞬间，i_U 为负，i_V 为正 0，$i_W = 0$，合成磁场又顺相序方向旋转了 $120°$，如图 2-13c 所示。

当 $\omega t = 360°$ 瞬间，由图 2-13d 得，又旋转到 $\omega t = 0°$ 瞬间的情况，如图 2-13d 所示。

由此可见，三相绕组通入三相交流电流时，将产生旋转磁场。若满足两个对称条件（即绕组对称、电流对称），则此旋转磁场的大小便恒定不变（称为圆形旋转磁场），否则将产生椭圆形旋转磁场（磁场大小不恒定）。

由图 2-13 可看出，旋转磁场是沿顺时针方向旋转的，同 U→V→W 的顺序一致（这时 i_U 通入 U_1—U_2 线圈，i_V 通入 V_1—V_2 线圈，i_W 通入 W_1—W_2 线圈）。如果将定子绕组接到电源三根端线中的任意两根对调一下，例如将 V、W 两根对调，也就是说通入 V_1—V_2 线圈的电流是 i_W，而通入 W_1—W_2 线圈的电流是 i_V，则此时三个线圈中电流的相序是 U→W→V，因而旋转磁场的旋转方向就变为 U→W→V，即沿逆时针方向旋转，与未对调端线时的旋转方向相反。由此可知，旋转磁场的旋转方向总是与定子绕组中三相电流的相序一致。所以，只要将三相电源线中的任意两相与绕组端的连接顺序对调，就可改变旋转磁场的旋转方向。

以上分析的是每相绕组只有一个绕组的情况，产生的旋转磁场具有一对磁极，它在空间每秒的转数与通入定子绕组的交流电的频率 f_1 在数值上相等，即每秒 f_1 转，因而每分钟的转数为 $60f_1$（单位为 r/min）。

（2）四极旋转磁场的产生

如果每相绕组由两个线圈组成，三相绕组共有六个线圈，各线圈的位置互差 $60°$，并把两个互差 $90°$ 的线圈串联起来作为一个相绕组，如图 2-14a 所示。

通入三相交流电时，便产生两对磁极（四极）的磁场，如图 2-14b 所示。在图 2-14b 中绘出了 ωt 分别等于 $0°$、$120°$、$240°$ 和 $360°$ 几个瞬间各线圈的电流流向及合成磁场的方向。为了观察在交流电的一个周期内磁场旋转了多少度，可任意假定某一磁极，不难发现，在交流电的一个周期内磁场仅旋转了半周，即其旋转速度比一对磁极时减小了一半，即 $n_1 = \dfrac{60f_1}{2}$（单位为 r/min）。

如果线圈数量增为 9 个，即每相绕组有三个线圈，旋转磁场的磁极将增至为三对，而旋转速度应为 $\dfrac{60f_1}{3}$（单位为 r/min）。一般地，若旋转磁场的磁极对数为 p，则它的转速为

$$n_1 = \frac{60f_1}{p} \tag{2-2}$$

式中，n_1 为旋转磁场的转速，又称为电动机的同步转速；f_1 为定子绕组电流的频率（国产电动机的 $f_1 = 50\text{Hz}$）；p 是磁极对数。

2. 运行原理

图 2-15 是三相异步电动机的工作原理。

1）电生磁。定子三相绕组 U、V、W，通入三相交流电产生旋转磁场，其转向为逆时针方向，转速为 $n_1 = \dfrac{60f_1}{p}$。假定该瞬间定子旋转磁场方向向下。

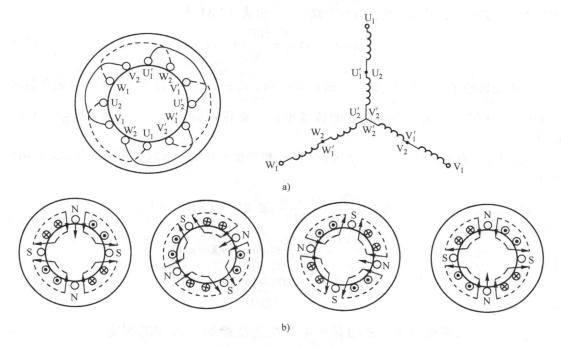

a)

b)

图 2-14　四极绕组及其旋转磁场

a）四极绕组的排列　b）四极旋转磁场

2）（动）磁生电。定子旋转磁场旋转切割转子绕组，在转子绕组中产生感应电动势和感应电流，其方向由"右手螺旋定则"判断，如图 2-15 所示。

3）电磁转矩。这时转子绕组感应电流在定子旋转磁场的作用下产生电磁力，其方向由"左手定则"判断，如图 2-15 所示。该力对转轴形成转矩（称为电磁转矩），并可见，它的方向与定子旋转磁场（即电流相序）一致，于是，电动机在电磁转矩的驱动下，以速度 n 顺着旋转磁场的方向旋转。

三相异步电动机的转速 n 恒小于定子旋转磁场的转速 n_1，只有这样，转子绕组与定子旋转磁场之间才有相对运动（转速差），

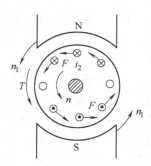

图 2-15　三相异步电动机的工作原理

转子绕组才能感应电动势和电流，从而产生电磁转矩。因而 $n < n_1$（有转速差）是异步电动机旋转的必要条件，异步的名称也由此而来。

3. 转差率

异步电动机的转速差（$n_1 - n$）与旋转磁场转速 n_1 的比称为转差率，用 s 表示为

$$s = \frac{n_1 - n}{n_1} \tag{2-3}$$

转差率是分析异步电动机运行的一个重要参数，它与负载情况有关。当转子尚未转动（如起动瞬间）时，$n = 0$，$s = 1$；当转子转速接近于同步转速（空载运行）时，$n \approx n_1$，$s \approx 0$。因此对异步电动机来说，s 在 0 ~ 1 范围内变化。异步电动机负载越大，转速越慢，转差

率越大；负载越小，转速越快，转差率就越小。由式（2-3）推得

$$n = (1-s)n_1 = \frac{60f_1}{p}(1-s) \tag{2-4}$$

当电动机的转速等于额定转速，即 $n_2 = n_N$ 时，$s_N = \dfrac{n_1 - n_N}{n_1}$。异步电动机带额定负载时，$s_N = 0.02 \sim 0.07$，可见异步电动机的转速很接近旋转磁场转速；空载时，$s_0 = 0.05\% \sim 0.5\%$。

例 2-1 一台额定转速 $n_N = 1450\text{r/min}$ 的三相异步电动机，试求它在额定负载运行时的转差率 s_N。

解： 由 $n_N \approx n_1 = \dfrac{60f_1}{p}$，得 $p \approx \dfrac{60f_1}{n_N} = \dfrac{60 \times 50}{1450} = 2.07$，取 $p = 2$，则

$$n_1 = \frac{60f_1}{p} = \frac{60 \times 50}{2}\text{r/min} = 1500\text{r/min}$$

$$s_N = \frac{n_1 - n_N}{n_1} = \frac{1500 - 1450}{1500} = 0.033$$

子任务 4　三相异步电动机的绕组始、末端的测定

1. 万用表或微安表判别方法

（1）万用表或微安表判别方法之一

1）首先用万用表电阻档判断出各相绕组的两个出线端，分清三相绕组各相的两个线头，并进行假设编号，假设编号为 U_1、U_2、V_1、V_2、W_1、W_2。

2）按图 2-16 所示接线。仔细观察万用表（微安档）或微安表指针摆动的方向，合上开关瞬间，若指针摆向大于 0 的一边，则接电池正极的线头与万用表（或微安表）负极所接的线头同为始端或末端。如指针反向摆动，则接电池正极的线头与万用表（或微安表）正极所接的线头同为始端或末端。

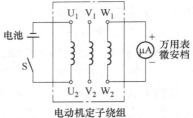

图 2-16　万用表或微安表判别方法之一

3）再将电池和开关接另一相绕组的两个线头，进行测试，就可正确判别各相绕组的始、末端。

（2）万用表或微安表判别方法之二

1）首先用万用表电阻档判断出各相绕组的两个出线端，分清三相绕组各相的两个线头，并进行假设编号，假设编号为 U_1、U_2、V_1、V_2 和 W_1、W_2。

2）按图 2-17 所示接线。用手转动电动机转子，如果万用表（微安档）指针不动，则证明假设的编号是正确的；若指针有偏转，说明其中有一相始、末端假设编号不对，应逐相对调重测，直至正确为止。

2. 绕组串电压表法

1）首先用万用表电阻档判断出各相绕组的两个出线端，分清三相绕组各相的两个线头，并进行假设编号，假设编号为 U_1、U_2、V_1、V_2 和 W_1、W_2。

2）按图2-18所示接线。把其中任意两相绕组串联后再与电压表或万用表的交流电压档连接（也可用白炽灯替代电压表或万用表），第三相绕组与36V低压交流电源接通。

3）判断始、末端。通电后，若电压表无读数（或灯不亮），说明连在一起的两个线头同为始端或末端；电压表有读数（或灯亮），说明连在一起的两个线头中一个是始端，另一个是末端；任定一端为已知始端，同法可测定第三相的始、末端。

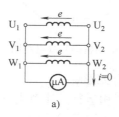 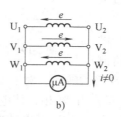 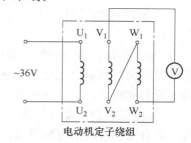

电动机定子绕组

图2-17　万用表或微安表判别方法之二
a）指针不动，始、末端假设正确　b）指针摆动，始、末端假设错误

图2-18　低压交流电源法判别绕组始、末端

技能训练

1. 技能训练的内容

三相异步电动机的认识与绕组始、末端的测定。

2. 技能训练的要求

1）正确地把三相异步电动机接入三相电源。

2）根据给定的电路图正确布线，使电动机正常工作。

3）正确使用交流电流表、交流电压表测量数据。

4）正确地测定三相异步电动机定子绕组的始、末端。

3. 设备器材

1）电机与电气控制实验台	1台
2）三相异步电动机	1台
3）交流电流表、电压表、万用表	各1块
4）转速表	1块
5）单刀开关	1个
6）电池	1块

4. 技能训练的步骤

1）观察电动机的结构，抄录电动机的铭牌数据，将有关数据填入表2-3中。

表2-3　三相异步电动机的铭牌数据

型号		功率		频率	
电压		电流		连接方式	
转速		绝缘等级		工作方式	

2）用手拨动电动机的转子，观察其转动情况是否良好。

3）测量电源电压，根据电源电压和电动机的铭牌数据确定电动机定子绕组应采用的连接方式。按图 2-19 所示连接电路，选择合适的电压表和电流表的量程，将电动机外壳接地。

4）合上电源开关 QS，观察三相异步电动机直接起动时的起动电流，将数据填入表 2-5 中，记住这时电动机的转动方向，并以这个转动方向为正转方向。

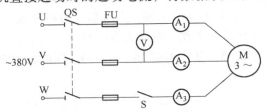

5）待电动机转速稳定后，测量电动机空载运行时的转速和线电流 I_U、I_V、I_W，填入表 2-5 中。

6）断掉电源，将电动机三根电源线中的任意两根对调，然后合上电源开关 QS，再测起动电流和空载电流、空载转速。观察电动机的转向，对上面各量有无影响。

图 2-19　三相异步电动机的实验电路图

7）在电动机稳定运行后断开开关 S，即断开 W 相，使电动机断相运行。注意电动机的运行声音有无异常。迅速测量其他两相的电流 I_U、I_V 及电动机转速，填入表 2-4 中。

表 2-4　三相异步电动机的起动和空载运行的测试数据

电源线电压 /V	电动机转向	起动电流 /A	空载转速 /(r/min)	空载电流/A			$s_0 = \dfrac{n_1 - n_0}{n_1}$	空载电流 额定电流
				I_U	I_V	I_W		
380	正转							
380	反转							

8）仍断开开关 S，以便观察电动机单相起动情况。具体做法是：先用手朝任一方向拨动电动机转轴，然后松手，在电动机尚未停转时接通电源，观察电动机的起动情况和转动方向，将情况填入表 2-5 中。

表 2-5　三相异步电动机的断相运行情况

电源线电压/V	电动机转速/(r/min)	电动机电流/A			电动机声响
		I_U	I_V	I_W	

9）分别按图 2-16 ~ 图 2-18 接线，测定三相异步电动机定子绕组的始、末端。

5. 注意事项

1）测量电动机的起动电流时，所选电流表的量程，应稍大于电动机额定电流的 7 倍，切不可按额定电流值选用。一般钳形电流表的量程档级较多，测量范围较宽，可选用钳形电流表进行起动电流的测量。

2）使用转速表时应注意：估计待测转速，选择好合适的量程，然后在表的转轴上套上橡胶顶尖，用双手将表拿稳，使表的转轴与电动机的转轴处在同一轴线上，缓缓地顶在电动机转轴的中心孔里，待指针稳定下来后即可读数。读数时表轴的橡胶顶尖仍应顶住电动机的转轴。第 Ⅰ、Ⅲ、Ⅴ 档读外圈刻度，分别乘以 10、100、1000；第 Ⅱ、Ⅳ 档读内圈刻度，分别乘以 10、100。

使用转速表时用力要恰当，如顶住转轴的压力太轻则读数可能不准；压力太重而表轴又顶偏时，则极易发生因转速表强烈颤动而脱手甩出的危险。

问题研讨

1）三相异步电动机由哪些部件构成？异步电动机有哪些主要优、缺点？

2）怎样区别电角度与机械角度？设电动机定子圆周分布有三对磁极，当机械角度为 360°时，相应的电角度为多少？当机械角度为 180°时，相应的电角度又是多少？

3）试比较异步电动机与变压器的主要异同。

4）三相异步电动机旋转磁场产生的条件是什么？旋转磁场有何特点？其转向取决于什么？其转速的大小与哪些因素有关？

5）在工厂里检修异步电动机时，常发现烧毁的仅是三相绕组中的某一相或某两相绕组，你能说明这是由于哪些原因造成的吗？可采用什么措施防止此类事故的发生？

6）在实验中，是否发现实验用的小型电动机的空载电流与额定电流的比值很大（大功率电动机的这一比值小些），即电动机的空载电流较接近满载时的电流，这是什么原因？这时电动机功率因数的大小如何？为什么从节约用电的要求来说，不宜用大功率电动机来拖动小功率负载？

7）如将三相电源线中的任意两相与绕组端的连接顺序对调，试画图分析旋转磁场的旋转方向。

8）若三相异步电动机的转子绕组开路，定子绕组接入三相电源后，能产生旋转磁场吗？电动机会转动吗？为什么？

9）测定三相异步电动机定子绕组的始、末端的方法有哪些？各是如何进行的？

任务 2.2　三相异步电动机的运行特性

 任务描述

三相异步电动机的定子和转子之间只有磁的耦合，没有电的直接联系，它是靠电磁感应作用，将能量从定子传递到转子，这一点和变压器完全相似。三相异步电动机的定子绕组相当于变压器的一次绕组，转子绕组则相当于变压器的二次绕组。因此分析变压器内部电磁关系的基本方法也同样适用于异步电动机。本任务将学习三相异步电动机的电磁关系和三相异步电动机的机械特性、运行特性。

任务目标

掌握三相异步电动机的转矩特性、机械特性和运行特性，了解影响电动机运行特性的因素，以便使电动机的工作达到最佳状态。

子任务 1　三相异步电动机中的感应电动势和感应电流

从三相异步电动机的结构可知，定子绕组和转子绕组是两个隔离的电路，由磁路把它们联系起来，这和变压器一、二次绕组之间通过磁路相互联系的情况相似，因此，定子电路中的电动势、电流与转子电路中的电动势、电流之间有着与变压器相类似的关系式。

1. 定子电路的电动势 E_1

定子电路相当于变压器的一次绕组，但每相绕组分布在不同的槽中，其中的感应电动势并非同相，故每相定子绕组感应电动势的有效值为

$$E_1 = 4.44 K_1 f_1 \Phi_{\mathrm{m}} N_1$$

（2-5）

式中，E_1 为电动机定子绕组感应电动势；K_1 为定子绕组系数，与电动机结构及定子绕组导体感应电动势在时间上的差别有关，$K_1 < 1$；f_1 为定子绕组三相交流电的频率（即电源频率）；Φ_m 为旋转磁场的每极主磁通的最大值；N_1 为定子绕组匝数。

若忽略定子绕组的电阻和漏磁通，则可认为定子电路上的电动势的有效值近似等于外加电源电压的有效值，即

$$U_1 \approx E_1 = 4.44 K_1 f_1 \Phi_m N_1 \tag{2-6}$$

可见，当外加电压不变时，定子电路的感应电动势基本不变，旋转磁场的每极磁通 Φ_m 也基本不变。

2. 转子电路的电动势 E_2

同定子绕组相似，转子绕组的感应电动势为

$$E_2 = 4.44 K_2 f_2 \Phi_m N_2 \tag{2-7}$$

式中，E_2 为电动机转子绕组感应电动势；K_2 为转子绕组系数，与电动机结构及转子绕组导体感应电动势在时间上的差别有关，$K_2 < 1$；Φ_m 为旋转磁场的每极主磁通的最大值；N_2 为定子绕组匝数；f_2 为转子绕组感应电动势的频率。

在转子静止不动的情况下定子绕组通入三相交流电，这时 $n = 0$，$s = 1$。转子电路相当于变压器的二次绕组，在转子绕组中产生感应电动势的频率 f_2 与定子外接电源的频率 f_1 相等。因此，转子电路静止时的感应电动势的有效值为

$$E_{20} = 4.44 K_2 f_1 \Phi_m N_2 \tag{2-8}$$

电动机运行起来以后，随着转速的升高，转子导体与旋转磁场的转速差 $(n_1 - n)$ 逐渐减小，转差率也逐渐减小，相当于转子导体静止不动，旋转磁场相对于转子的转速 $(n_1 - n)$ 逐渐降低，因此转子绕组中感应电动势的频率 f_2 随之降低，且有

$$f_2 = p \frac{n_1 - n}{60} = \frac{n_1 - n}{n_1} \frac{p n_1}{60} = s f_1 \tag{2-9}$$

这时转子绕组中的感应电动势的有效值也随之降低为

$$E_2 = 4.44 K_2 s f_1 \Phi_m N_2 = s E_{20} \tag{2-10}$$

可见转子电动势的有效值和频率都与转差率有关。电动机起动时，$s = 1$，$f_2 = f_1 = 50 \text{Hz}$，转子电动势 E_{20} 较高；电动机在额定工作情况下运行时，$s = 0.01 \sim 0.08$，$f_2 = 0.4 \sim 4.0 \text{Hz}$，转子电流的频率很低，转子电动势也很低。

3. 转子电路的电流 I_2 和功率因数 $\cos\varphi_2$

转子电路除了有电阻 R_2 之外，还存在漏磁电感 L_2 和漏磁感抗 X_2。由于转子电路的频率 f_2 随转差率 s 变化，因此漏磁感抗 $X_2 = 2\pi f_2 L_2$ 也随 s 变化。设 $n = 0$ 时的感抗为 X_{20}，则

$$X_2 = 2\pi f_2 L_2 = 2\pi s f_1 L_2 = s X_{20} \tag{2-11}$$

转子电流为

$$I_2 = \frac{s E_{20}}{\sqrt{R_2^2 + (s X_{20})^2}} \tag{2-12}$$

可见转子电路的电流 I_2 随转差率 s 的增大而增大，在 $s = 1$，即转子静止时，I_2 最大。由于转子电路中存在着感抗，因此 I_2 与 E_2 存在一个相位差 φ_2，转子电路的功率因数为

$$\cos\varphi_2 = \frac{R_2}{|Z_2|} = \frac{R_2}{\sqrt{R_2^2 + X_2^2}} = \frac{R_2}{\sqrt{R_2^2 + (s X_{20})^2}} \tag{2-13}$$

可见转子电路的功率因数 $\cos\varphi_2$ 随转差率 s 的增大而减小，在 $s=1$，即转子静止时，转子电路的功率因数 $\cos\varphi_2$ 最低。

转子电路的电流 I_2、功率因数 $\cos\varphi_2$ 与转差率 s 的关系可用图 2-20 的曲线表示。

4. 定子电路的电流 I_1

与变压器的电流变换原理相似，定子电路的电流 I_1 与转子电路的电流 I_2 的比值也近似等于常数。

由于转子电路的电流 I_2 随转差率 s 的增大而增大，当电动机空载运行时，s 接近于零，转子电流 I_2 也很小。但由于电动机的定子铁心与转子铁心之间有

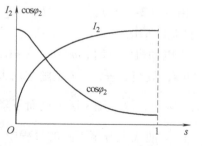

图 2-20 I_2、$\cos\varphi_2$ 与 s 的关系曲线

一很小的空气隙，磁阻很大，为了建立一定的磁场，电动机空载时定子电路的电流比变压器的空载电流大得多。当在异步电动机轴上加机械负载时，电动机因受到反向转矩而减速，使转差率 s 增大，转子电路电流 I_2 也增大，于是定子绕组从电源吸取的电流 I_1 也就增大。若所加负载过大，使电动机停止转动（又称堵转），即 $n=0$，$s=1$，则 I_2 达到最大值，I_1 也达到最大值，电动机从电源吸取的功率也就达到最大值。长时间堵转会使电动机过热而烧毁绕组，一旦发现电动机堵转，应立即切断电源，排除故障后再通电。

子任务2 三相异步电动机的机械特性

1. 三相异步电动机的电磁转矩

三相异步电动机的电磁转矩有三种表达方式，分别为物理表达式、参数表达式和实用表达式，下面先介绍前两种。

（1）电磁转矩的物理表达式

由三相异步电动机的工作原理可知，异步电动机的电磁转矩是由与转子电动势同相的转子电流（即转子电流的有功分量）和定子旋转磁场相互作用产生的，可见电磁转矩与转子电流有功分量（I_{2a}）及定子旋转磁场的每极磁通（Φ）成正比，即

$$T = c_T \Phi I_2 \cos\varphi_2 \tag{2-14}$$

式中，T 为电磁转矩；c_T 为计算转矩的结构常数；$\cos\varphi_2$ 为转子回路的功率因数。

需要说明的是，当磁通一定时，电磁转矩与转子电流有功分量 I_{2a} 成正比，而并非与转子电流 I_2 成正比。当转子电流大，若大的是转子电流无功分量，则此时的电磁转矩就不大，起动瞬间即是如此情况。

（2）电磁转矩的参数表达式

参数表达式表示电磁转矩与电动机的参数、电动机的转速（或转差率）之间的关系。分析和计算异步电动机的机械特性一般不用物理表达式，而采用参数表达式。

经推导可以求出电磁转矩与电动机参数之间的关系如下：

$$T = c_T' U_1^2 \frac{sR_2}{R_2^2 + (sX_{20})^2} \tag{2-15}$$

式中，c_T' 为电动机的结构常数；R_2 为转子绕组电阻；X_{20} 为转子不转时转子绕组的漏感抗。

由式（2-15）可知，$T \propto U_1^2$，当电源电压波动时，电磁转矩按 U_1^2 关系发生变化。由此可

见，异步电动机的运行状况对于电压有效值变动的反应非常灵敏，这是它的主要缺点之一。

2. 三相异步电动机的电磁转矩与转差率的关系

由式（2-15）可知，当 U_1、R_2、X_{20} 为定值时，电磁转矩 T 随转差率 s 的变化而变化，如图 2-21 所示。

当电动机空载时，$n \approx n_1$，$s \approx 0$，故 $T = 0$；当 s 尚小时，$(sX_{20})^2$ 很小，可略去不计，此时 $T \propto s$，故当 s 增大，T 也随之增大；当 s 大到一定值后，$(sX_{20})^2 \gg R_2$，R_2 可略去不计，此时 $T \propto \dfrac{1}{s}$，故 T 随 s 增大反而下降。

T—s 曲线上升至下降的过程中，必出现一个最大值，此即为最大转矩 $T_{\max}$，产生最大转矩时的转差率称为临界转差率，记为 s_c。可以求得产生最大电磁转矩时的临界转差率为

$$s_c = \frac{R_2}{X_{20}} \tag{2-16}$$

代入式（2-15）得

$$T_{\max} = c_T' \frac{U_1^2}{2X_{20}} \tag{2-17}$$

由式（2-16）和式（2-17）可知：$s_c \propto R_2$，而与 U_1 无关；$T_{\max} \propto U_1^2$，而与 R_2 无关。改变 R_2 能使 s_c 随之改变，例如增大 R_2，会使 T—s 曲线便向右移动，如图 2-22 所示。

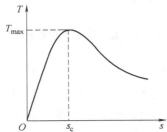

图 2-21　三相异步电动机的 T—s 的曲线

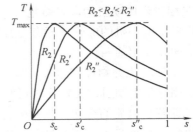

图 2-22　不同 R_2 时 T—s 的曲线

3. 三相异步电动机的机械特性

机械特性是指电动机在一定运行条件下（电源电压一定时），电动机的转速与转矩之间的关系，即 $n = f(T)$ 曲线。因为异步电动机的转速 n 与转差率 s 之间存在一定的关系，异步电动机的 T—s 之间的关系用 $n = f(T)$ 表示，即 n—T 曲线就是机械特性曲线。机械特性分为固有机械特性和人为机械特性两种。

（1）固有机械特性

异步电动机的固有机械特性是指在额定电压和额定频率下，定子、转子外接电阻为零时的 $n = f(T)$ 曲线。当 $U = U_N$，$f = f_N$ 时，固有机械特性曲线如图 2-23 所示。应注意曲线上的"两段四

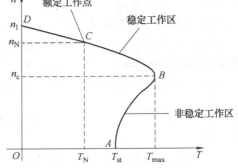

图 2-23　三相异步电动机固有的机械特性曲线

点"。

1）非稳定工作区。曲线的 AB 段为非稳定工作区（低速区）。此段的转差率 s 较大，随转速 n 的增大，转差率 s 减小，T 反而增大。根据转动物体的平衡条件分析，电动机不会在 AB 段的某点稳定运行，较小的转矩变化能引起转速较大的变化，所以 AB 段为不稳定工作区。

2）稳定工作区。曲线的 BD 段为稳定工作区（高速区）。此段的转差率 s 较小，曲线近似为直线，随转速 n 的增大，转差率 s 减小，转矩 T 也减小，通过电动机的起动过程和负载变化时的调整过程分析，BD 段为稳定工作区。BD 段比较平坦，当电动机负载有较大变化时，负载转速变化很小，三相异步电动机这种特性称为硬的机械特性，简称为硬特性。

3）曲线上四个特殊点（三个重要转矩）。

①起动点 A。电动机刚接入电网，尚未开始转动的瞬间，即转速 $n = 0$ 时，$s = 1$，电动机轴上产生的电磁转矩为电动机起动转矩 T_{st}（又称堵转转矩）。如果起动转矩小于负载转矩，即 $T_{st} < T_L$，则电动机不能起动。这时与堵转情况一样，电动机电流达到最大，容易过热。因此当发现电动机不能起动时，应立即切断电源停止起动，在减轻负载或排除故障后再重新起动。只有当起动转矩 T_{st} 大于负载转矩 T_L，即 $T_{st} > T_L$ 时，电动机才能起动。电动机的工作点会沿着 $n = f(T)$ 曲线从底部上升，电磁转矩 T 逐渐增大，转速越来越高，很快越过最大转矩 T_{max}，然后随着 n 的升高，T 又逐渐减小，直到 $T = T_L$ 时，电动机就以某一转速稳定运行。由此可见，只要异步电动机的起动转矩大于负载转矩，一经起动，便迅速进入机械特性的稳定工作区运行。

异步电动机的起动能力通常用起动转矩与额定转矩的比值 T_{st}/T_N 来表示，称为电动机的起动转矩倍数，并用 k_{st} 表示，即

$$k_{st} = \frac{T_{st}}{T_N} \tag{2-18}$$

式中，T_N 为电动机的额定转矩，它是电动机额定运行时的转矩，可由铭牌上的 P_N 和 n_N 求取。

$$T_N = 9550 \frac{P_N}{n_N} \tag{2-19}$$

式中，T_N 的单位为 N·m；P_N 的单位为 kW；n_N 的单位为 r/min。

k_{st} 是异步电动机的一项很重要的指标，对于起动能力不太大的三相笼型电动机，转动转矩系数 k_{st} 为 0.8 ~ 2.2；对于起重和冶金专用的三相笼型异步电动机，k_{st} 为 2.8 ~ 4.0。

②临界点 B。一般电动机的临界转差率为 0.1 ~ 0.2，在临界转差率 s_c 时，电动机产生最大电磁转矩 T_{max}，是电动机能够提供的极限转矩。只要电动机负载转矩不超过最大电磁转矩，电动机经过调节，仍能承受过载，在稳定工作区的接近临界点处稳速运行。当负载超过最大电磁转矩时，电动机就会堵转。堵转时电流最大，一般为额定值的 4 ~ 7 倍，如果通电时间过长会使电动机过热，甚至烧毁。因此，异步电动机在运行时应注意避免出现堵转，一旦出现堵转应立即切断电源，在卸掉过重的负载或排除故障以后再重新起动。

用过载系数 λ_m 来表示电动机承受过载的能力

$$\lambda_m = \frac{T_{max}}{T_N} \tag{2-20}$$

λ_m 是异步电动机的一个很重要的运行指标，一般 λ_m 为 1.8 ~ 2.2，起重和冶金专用的笼型异步电动机的 λ_m 还要大些。

③同步点 D。电动机在理想空载时，$T=0$，$n_0 \approx n_1$，$s=0$，实际电动机是不会在同步工作点运行的。

④额定点 C。BD 段是稳定运行区，即异步电动机稳定运行区域为 $0 < s < s_c$。为了使电动机能够适应在短时间过载而不停转，电动机必须留有一定的过载能力，额定运行点不宜靠近临界点，一般 s_N 为 $0.02 \sim 0.06$。在额定工作点运行时，电动机输出额定功率和额定转矩，电流为额定电流。电动机在额定功率及以下能长期安全运行，如果超载运行，短时间是允许的，而长时间超载运行，容易使电动机过热甚至烧坏电动机。

利用电动机的技术数据求得电动机的电磁转矩，即为电磁转矩的实用表达式。电动机的电磁转矩实用表达式为

$$T = \frac{2T_{max}}{\dfrac{s}{s_c} + \dfrac{s_c}{s}} \tag{2-21}$$

式中，$T_{max} = \lambda_m T_N$；$s_c = s_N(\lambda_m + \sqrt{\lambda_m^2 - 1})$。

（2）人为机械特性

人为机械特性是指人为地改变电源的参数或电动机的参数而得到的机械特性。

1）降低定子电压时的人为机械特性。当定子电压 U_1 降低时，T（包括 T_{st} 和 T_{max}）与 U_1^2 成正比减小，s_c、n_1 与 U_1 无关而保持不变，所以可得 U_1 下降后的人为机械特性如图 2-24 所示。由图可见，降低电压后的人为机械特性，其线性段的斜率变大，即特性变软，T_{st} 和 T_{max} 均按 U_1^2 关系减小，即电动机的起动转矩倍数和过载能力均显著下降。如果电动机在额定负载下运行，U_1 降低后将导致 n 下降，s 增大，转子电动势 $E_2 = sE_{20}$ 增大，转子电流增大，从而引起定子电流增大，导致电动机过载。长期欠电压过载运行，必然使电动机过热，电动机的使用寿命缩短。另外电压下降过多，可能出现最大转矩小于负载转矩，这时电动机停转。

2）转子电路串接对称电阻时的人为机械特性。对绕线转子异步电动机，当转子电路的电阻在一定范围内增加时，可以增大电动机的起动转矩，如图 2-25 所示。当所串接的电阻（见图中的 R_{st3}）使其 $s_c = 1$ 时，对应的起动转矩达到最大转矩，如果再增大转子电阻，起动转矩反而会减小。另外转子串接对称电阻后，其机械特性线性段的斜率增大，特性变软。

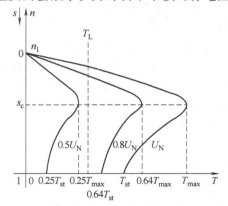

图 2-24 降低电源电压的人为机械特性曲线

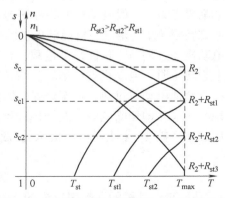

图 2-25 转子串接电阻的人为机械特性曲线

例2-2 已知某三相异步电动机额定功率 $P_N = 4\text{kW}$，额定转速 $n_N = 1440\text{r/min}$，过载能力 λ_m 为2.2，起动能力 k_{st} 为1.8。试求额定转矩 T_N、起动转矩 T_{st}、最大转矩 T_{max}。

解：额定转矩为：$T_N = 9550 \dfrac{P_N}{n_N} = 9550 \times \dfrac{4}{1440} \text{N} \cdot \text{m} = 26.5 \text{N} \cdot \text{m}$

起动转矩为：$T_{st} = 1.8 T_N = 1.8 \times 26.5 \text{N} \cdot \text{m} = 47.7 \text{N} \cdot \text{m}$

最大转矩为：$T_{max} = 2.2 T_N = 2.2 \times 26.5 \text{N} \cdot \text{m} = 58.3 \text{N} \cdot \text{m}$

子任务3 三相异步电动机的工作特性

三相异步电动机的工作特性是指在额定电压和额定频率下运行时，电动机的转速、输出的转矩、定子电流、功率因数、效率与输出功率之间的关系曲线。工作运行特性可以通过电动机直接加负载实验得到。

1. 转速特性 $n = f(P_2)$

转速特性是指电动机的转速随输出功率的变化曲线。空载时，$P_2 = 0$，转速接近同步转速，随负载增大，转速略有降低，转速特性是一条稍向下倾斜的曲线。因转速变化很小，可以看作一条直线，如图2-26所示。

2. 转矩特性 $T = f(P_2)$

转矩特性是指电动机输出的转矩随输出功率的变化曲线。异步电动机输出的转矩为

$$T = \frac{P_2}{\omega} = \frac{P_2}{\dfrac{2\pi n}{60}} = \frac{60 P_2}{2\pi n} \tag{2-22}$$

空载时，$P_2 = 0$，$T = 0$；负载时，随输出功率的增加，转速略有下降，故由式（2-22）可知，转矩上升的速度略快于输出功率的增加，所以转矩特性曲线为一条过零稍向上翘的曲线，如图2-27所示。

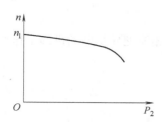

图2-26 异步电动机的转速特性曲线

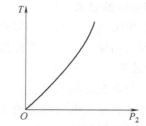

图2-27 异步电动机的转矩特性曲线

3. 定子电流特性 $I_1 = f(P_2)$

异步电动机定子电流 I_1 随负载的增大而增大，其原理与变压器一次电流随负载的增大而增大相似，但空载电流 I_{10} 比变压器大得多，为额定电流的 20% ~ 40%。特性曲线如图2-28所示。

4. 定子功率因数特性 $\cos\varphi_1 = f(P_2)$

三相异步电动机运行时需要从电网吸收感性无功功率来建立磁场，所以，异步电动机负载性质呈感性，功率因数小于1。空载时，定子电流主要是无功励磁电流，因此功率因数很

低，通常不超过 0.2。负载运行时，随负载的增大，输出的功率增大，定子电流的有功分量明显大于无功分量的增加，所以功率因数随负载的增大而提高。一般电动机在额定负载时功率因数为 0.7 ~ 0.9。特性曲线如图 2-28 所示。

5. 效率特性 $\eta = f(P_2)$

电动机的效率是指输出功率占输入功率的百分比，即

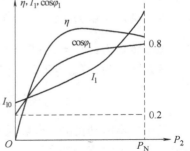

$$\eta = \frac{P_2}{P_1} \times 100\% = \frac{P_2}{\sqrt{3}U_L I_L \cos\varphi_1} \times 100\%$$

$$= \frac{P_2}{P_2 + p_{Cu} + p_{Fe} + p_{mec}} \times 100\% \qquad (2\text{-}23)$$

式中，p_{Cu} 为铜损；p_{Fe} 为铁损；p_{mec} 为机械损耗。

电动机空载时，$P_2 = 0$，$\eta = 0$。带负载运行时，铁损不变，但铜损与负载电流的二次方成正比，只要可变损耗仍小于不变损耗，随着负载的增大，电动机损耗的增加仍小于输出功率的增加，所以 η 逐渐增大；当可变损耗大于不变损耗时，电动机损耗增加的速度大于输出功率的增加，所以效率会逐渐降低。一般电动机的效率在 $(0.7 \sim 1.0)P_N$ 时效率最大，最大效率在 74% ~ 94% 之间。特性曲线如图 2-28 所示。

图 2-28　异步电动机的运行特性曲线

由图 2-28 可见，三相异步电动机在其额定负载的 70% ~ 100% 时运行，其功率因数和效率都比较高，因此应合理选用电动机的额定功率，使它运行在满载或接近满载的状态，尽量避免或减少轻载和空载运行的时间。

技能训练

1. 技能训练的内容

测定三相异步电动机的转差率，由三相异步电动机的负载实验测试工作特性。

2. 技能训练的要求

1）掌握用荧光灯法测转差率的方法。

2）掌握三相异步电动机的负载实验的方法，测取三相笼型异步电动机的工作特性。

3. 设备器材

1）电机与电气控制实验台	1 台
2）导轨、测速发电机及转速表	1 套
3）校正直流测功机	1 台
4）三相笼型异步电动机	1 台
5）交流电压表、电流表	各 1 块
6）功率表、功率因数表	各 1 块
7）直流电压表、电流表	各 1 块
8）三相可调电阻器	1 个

4. 技能训练的步骤

（1）用荧光灯法测定三相异步电动机的转差率

荧光灯是一种闪光灯，当接到 50Hz 电源上时，灯光每秒闪烁 100 次，人的视觉暂留时间约为 0.1s，故用肉眼观察时荧光灯是一直发亮的，可利用荧光灯这一特性来测量电机的

转差率。

1）三相笼型异步电动机（$U_N = 220V$，三角形联结），极数 $2p = 4$。直接与测速发电机同轴连接，在三相笼型异步电动机和测速发电机联轴器上用黑胶布包一圈，再用四张白纸条（宽度约为 $3mm$），均匀地黏在黑胶布上。

2）由于电动机的同步转速为 $n_1 = \dfrac{60f_1}{p} = \dfrac{60 \times 50}{2} r/min = 1500 r/min$，而荧光灯闪烁为 100 次/s，即荧光灯闪烁一次，电动机转动 1/4 圈。由于电动机轴上均匀黏有四张白纸条，故电动机以同步转速转动时，人眼观察图案是静止不动的。

3）开启电源，打开控制屏上的荧光灯开关，调节调压器升高电动机电压，观察电动机转向，如转向不对，应停机调整相序。转向正确后，升压至 220V，使电动机起动运行，记录此时电动机的转速。

4）因三相笼型异步电动机转速总是低于同步转速，故灯光每闪烁一次图案逆电动机旋转方向落后一个角度，用肉眼观察图案逆电动机旋转方向缓慢移动。

5）按住控制屏报警记录"复位"键，手松开之后开始观察图案后移的圈数，计数时间可设定得短一些（一般取 30s）。将观察到的数据填入表 2-6 中。

由此可得电动机的转差率为

$$s = \frac{\Delta n}{n_1} = \frac{60N/t}{60f_1/p} = \frac{pN}{tf_1} \tag{2-24}$$

式中，t 为计数时间，单位为 s；N 为 t 秒内图案转过的圈数；f_1 为电源频率，50Hz。

6）停机。将调压器调至零位，关断电源开关。

7）将计算出的转差率与由实际观测到的转速算出的转差率比较。

表 2-6 三相异步电动机转差率的测定

$N/$圈	t/s	s	$n/(r/min)$

（2）三相异步电动机的负载实验

1）按图 2-29 接线，同轴连接负载电动机。图中 R_f 的阻值为 1800Ω（由 900Ω + 900Ω 获得），R_L 的阻值为 2250Ω（由 900Ω + 900Ω + 900Ω // 900Ω 获得）。

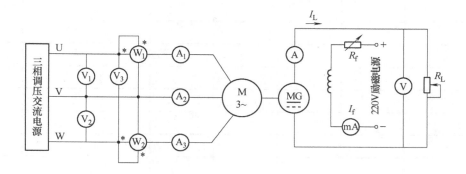

图 2-29 三相笼型异步电动机负载实验的接线图

2）合上交流电源，调节调压器使之逐渐升压至额定电压并保持不变。

3）合上校正过的直流电动机的励磁电源，调节励磁电流至校正值（50mA 或 100mA）并保持不变。

4）调节负载电阻 R_L（注：先调节 $900\Omega + 900\Omega$ 电阻，调至零值后用导线短接，再调节 $900\Omega / \! / 900\Omega$ 电阻），使异步电动机的定子电流逐渐上升，直至电流上升到 1.25 倍额定电流。从这负载开始，逐渐减小负载直至空载，在这范围内读取异步电动机的定子电流、输入功率、转速、直流电动机的负载电流 I_L 等数据。

5）共取数据 8~9 组填入表 2-7 中。

表 2-7　三相异步电动机负载实验数据表

$U_{1p} = U_{1N} = 220V$（三角形联结），$I_f =$ ____ mA

序号	I_{1L}/A				P_1/W			I_L/A	$T/(N \cdot m)$	$n/(r/min)$
	I_U	I_V	I_W	I_{1L}	P_I	P_{II}	P_1			

6）做 P_1、I_1、η、s、$\cos\varphi_1$ 与 P_2 关系的工作特性曲线。由负载实验数据计算工作特性，填入表 2-8 中。

表 2-8　三相异步电动机工作特性数据表

$U_1 = 220V$（三角形联结），$I_f =$ ____ mA

序号	电动机输入		电动机输出		计　算　值			
	I_{1p}/A	P_1/W	$T/N \cdot m$	$n/(r/min)$	P_2/W	$s(\%)$	$\eta(\%)$	$\cos\varphi_1$

表 2-7、表 2-8 中各物理量的计算公式为：$I_{1p} = \dfrac{I_{1L}}{\sqrt{3}} = \dfrac{I_U + I_V + I_W}{3\sqrt{3}}$；$P_1 = P_I + P_{II}$；$s =$

$\dfrac{1500 - n}{1500} \times 100\%$；$\cos\varphi_1 = \dfrac{P_1}{3U_{1p}I_{1p}}$；$P_2 = 0.105nT_2$，$\eta = \dfrac{P_2}{P_1} \times 100\%$

式中，I_{1p} 为定子绕组的相电流，单位为 A；U_{1p} 为定子绕组相电压，单位为 V；s 为转差率；η 为效率。

5. 注意事项

同任务 2.1 中技能训练中的注意事项。

问题研讨

1）异步电动机转子静止与转子旋转时，转子电路的各物理量和参数（包括转子电流、电抗、频率、电动势和功率因数）将如何变化？

2）三相异步电动机的机械负载增加时，为什么定子电流也会相应增加？

3）三相异步电动机的工作特性与机械特性有何区别？两者的作用分别是什么？

4）异步电动机的效率是怎样确定的？输入功率和输出功率是如何计算的？

任务 2.3　三相异步电动机的起动、反转、调速与制动

任务描述

生产机械的工作过程中运动的变化离不开对电动机的控制。电动机的工作过程分为三个阶段：起动、运行和停止。起动阶段要求有全压起动和降压起动控制；运行阶段要求有正反转和调速控制；停止阶段要求有自然停止和制动控制。本任务研究三相异步电动机的起动、调速、反转与制动方法。

任务目标

理解三相异步电动机的起动、调速、反转和制动的原理；掌握三相异步电动机的起动、反转、调速和制动方法及各自适用的场合。

相关知识

子任务 1　三相异步电动机的起动

电动机接上电源，转速由零开始运行，直至稳定运行状态的过程称为起动。对电动机起动的要求是：起动电流要小，以减小对电网的冲击；起动转矩要大，以加速起动过程，缩短起动时间。

电动机起动时的瞬间电流称为起动电流。异步电动机在起动的最初瞬间，$n = 0$，$s = 1$，旋转磁场与转子的相对转速最大，因而转子的感应电动势最大。假定额定转差率为 $s_N = 0.05$，那么刚起动时转子的电动势可由式 $E_2 = s_N E_{20}$ 求出，$E_{20} = E_2/s_N = E_2/0.05 = 20E_2$，这说明，刚起动时的感应电动势是额定转速时转子电动势的 20 倍。这样大的电动势加在闭合

的转子绕组上，将产生一个很大的电流 I_{2st}，即

$$I_{2st} = \frac{E_{20}}{\sqrt{R_2^2 + (X_{20})^2}} = \frac{20E_2}{\sqrt{R_2^2 + (X_{20})^2}} \qquad (2\text{-}25)$$

实际上 I_{2st} 达不到转子额定电流的 20 倍，这是因为刚起动时，转子电流的频率 $f_2 = f_1$，这时转子的感抗也达到最大值 X_{20}。起动时转子电流达到最大值，这样大的转子电流反映到定子绕组，定子电流随转子电流改变而相应变化，所以起动时定子电流也达到最大值。一般电动机的起动电流可达额定电流值的 4～7 倍。起动电流是表示电动机起动性能的重要指标之一。

由转矩 $T = c_T \Phi I_2 \cos\varphi_2$ 可知，笼型异步电动机的起动电流较大，由于起动时定子绕组阻抗压降变大，电源电压为定值，则感应电动势将减小，主磁通 Φ_m 将减小；转子电路的功率因数很低，故起动转矩并不大，它只有额定转矩的 0.8～2.2 倍，所以笼型异步电动机的起动性能较差。如果起动转矩过小，则带负载起动就很困难，即使可以起动，也势必造成起动时间过长，使电动机发热。

上述这样大的起动电流，一方面使电源和电路上产生很大的压降，影响其他用电设备的正常运行，如使电灯亮度减弱、电动机的转速下降、欠电压继电保护装置动作而将正在运行的电气设备断电等；另一方面电流很大对频繁起动的电动机，会引起电动机发热。故常采取一些措施来减小起动电流，增大起动转矩。

电力拖动系统对三相异步电动机起动性能的要求主要有：

1）起动转矩大小要适中，能快速地起动电动机，缩短起动时间，保证生产机械能够正常起动即可。如果起动转矩过大，会产对电动机产生过大的冲击，影响电动机的寿命；如果起动转矩小，会使电动机起动时间拖长，既影响生产效率又会使电动机温度升高，如果小于负载转矩，电动机根本不能起动。

2）起动电流要小，以减小起动电流对电网的冲击。

3）起动设备应力求结构简单、造价低和操作方便。

4）力求降低起动过程的能量损耗。

对于功率和结构不同的异步电动机，考虑到性质和大小不同的负载，以及电网的容量，解决起动电流大、转矩小的问题，要采取不同的起动方式。下面对笼型异步电动机和绕线转子异步电动机常用的几种起动方法进行讨论。

1. 三相笼型异步电动机的起动

三相笼型异步电动机的起动方法有直接起动（全压起动）和减压起动。

（1）直接起动

把电动机三相定子绕组直接加上额定电压的起动叫直接起动。此方法起动最简单，投资少，起动时间短，起动可靠，但起动电流大。是否可以采用直接起动，取决于电动机的功率及起动频繁的程度。

直接起动一般只用于小功率的电动机（如 7.5kW 以下电动机），对功率较大的电动机，电源容量又较大，若电动机起动电流倍数 K_I、功率和电网容量满足以下经验公式：

$$K_I = \frac{I_{st}}{I_N} \leqslant \frac{1}{4}\left[3 + \frac{\text{电源容量}(kV \cdot A)}{\text{电动机的功率}(kW)}\right] \qquad (2\text{-}26)$$

则电动机可采用直接起动方法，否则应采用降压起动。

（2）减压起动

当电动机功率较大，不允许采用全压直接起动时，应采用减压起动。有时为了减小或限制起动时对机械设备的冲击，即便允许直接起动的电动机，也往往采用减压起动。减压起动的目的是为了限制起动电流，起动时，通过起动设备使加到电动机上的电压小于额定电压，待电动机的转速上升到一定数值时，再给电动机加上额定电压运行。减压起动虽然限制了起动电流，但是由于起动转矩和电压的二次方成正比，因此减压起动时，电动机的起动转矩也减小，所以减压起动多用于空载或轻载起动。

三相笼型感应电动机减压起动方法有：丫-△减压起动、自耦变压器减压起动、延边三角形减压起动等。

1）丫-△减压起动。丫-△减压起动只适用于定子绕组为三角形联结，且每相绕组都有两个引出端子的三相笼型异步电动机，其原理接线图如图 2-30 所示。

起动前先将 S 合向"起动"位置，定子绕组接成星形联结，然后合上电源开关 QS 进行起动，此时定子每相绕组所加电压为额定电压的 $1/\sqrt{3}$，从而实现了减压起动。待转速上升至一定值后，迅速将 S 扳至"运行"位置，恢复定子绕组为三角形联结，使电动机每相绕组在全压下运行。

由三相交流电路知识可推得：星形联结起动时电流为三角形联结直接起动时电流的 $\frac{1}{3}$，

其起动转矩也为三角形联结直接起动时转矩的 $\frac{1}{3}$。

丫-△减压起动的设备简单、成本低、操作方便、动作可靠、使用寿命长。目前，4 ~ 100kW 异步电动机均设计成 380V 的三角形联结，此起动方法得到了广泛应用。

2）自耦变压器减压起动。对功率较大的三相笼型异步电动机常采用自耦变压器减压起动，其原理接线图如图 2-31 所示。

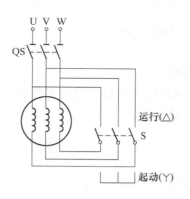

图 2-30　丫-△减压起动接线图

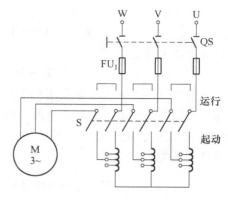

图 2-31　自耦变压器减压起动

起动前先将 S 合向"起动"位置，然后合上电源开关 QS，这时自耦变压器的一次绕组加全电压，抽头的二次绕组电压加在电动机定子绕组上，电动机便在低电压下起动。待转速上升至一定值，迅速将 S 切换到"运行"位置，切除自耦变压器，电动机就在全电压下运行。

用这种方法起动，电网供给的起动电流是直接起动时电流的 $\dfrac{1}{k^2}$（k 为自耦变压器的电压比），起动转矩也为直接起动时转矩的 $\dfrac{1}{k^2}$。

采用自耦变压器减压起动时，起动电流和起动转矩都降低到直接起动时的 $1/k^2$，起动用的自耦变压器有 QJ_2 和 QJ_3 两个系列，QJ_2 三个抽头比（抽头比即 $1/k$）分别为 73%、64%、55%；QJ_3 型的三个抽头比分别为 80%、60%、40%。

这种起动方法对定子绕组采用星形或三角形联结的电动机都适用，可以获得较大的起动转矩，根据需要选用自耦变压器二次侧的抽头，但是设备体积大。这种方法常用于 10kW 以上的三相异步电动机。

减压起动在限制起动电流的同时起动转矩也受到限制，因此它只适用于在轻载或空载情况下起动。

例 2-3　已知一台三相笼型异步电动机，$P_N = 75\text{kW}$，三角形联结运行，$U_N = 380\text{V}$，$I_N = 126\text{A}$，$n_N = 1480\text{r/min}$，$I_{st}/I_N = 5$，$T_{st}/T_N = 1.9$，负载转矩 $T_L = 100\text{N·m}$，现要求电动机起动时 $T_{st} \geqslant 1.1 T_L$，$I_{st} < 240\text{A}$。问：（1）电动机能否直接起动？（2）电动机能否采用 $\curlyvee$-$\triangle$ 减压起动？（3）若采用 3 个抽头的自耦变压器减压起动，则应选用 50%、60%、80% 中的哪个抽头？

解：（1）一般来说，7.5kW 以上的电动机不能采用直接起动，但可以进行如下计算：
电动机的额定转矩为

$$T_N = 9550 \frac{P_N}{n_N} = 9550 \times \frac{75}{1480}\text{N·m} = 483.95\text{N·m}$$

直接起动时的起动转矩为

$$T_{st} = 1.9 \times T_N = 1.9 \times 483.95\text{N·m} = 919.5\text{N·m}$$

则

$$T_{st} > 1.1 T_L = 1.1 \times 100\text{N·m} = 110\text{N·m}$$

直接起动电流为

$$I_{st} = 5 I_N = 5 \times 126\text{A} = 630\text{A}$$

直接起动电流远大于本题要求的 240A。因此，本题的起动转矩虽然满足要求，但起动电流却大于供电系统要求的最大电流，所以不能采用直接起动。

（2）采用 $\curlyvee$-$\triangle$ 减压起动方式：
起动转矩为

$$T_{st\curlyvee} = \frac{1}{3} T_{st} = \frac{1}{3} \times 919.5\text{N·m} = 306.5\text{N·m} > 1.1 T_L = 110\text{N·m}$$

起动电流为

$$I_{st\curlyvee} = \frac{1}{3} I_{st} = \frac{1}{3} \times 630\text{A} = 210\text{A} < 240\text{A}$$

起动转矩和起动电流都满足要求，故可以采用 $\curlyvee$-$\triangle$ 减压起动。

（3）采用自耦变压器减压起动：
在 50% 抽头时起动转矩和起动电流分别为

$$T_{st1} = \frac{1}{k^2} T_{st} = 0.5^2 \times 919.5 N \cdot m = 229.88 N \cdot m$$

$$I_{st1} = \frac{1}{k^2} I_{st} = 0.5^2 \times 630 A = 157.5 A$$

在 60% 抽头时起动转矩和起动电流分别为

$$T_{st2} = 0.6^2 T_{st} = 0.6^2 \times 919.5 N \cdot m = 331.02 N \cdot m$$

$$I_{st2} = 0.6^2 I_{st} = 0.6^2 \times 630 A = 226.8 A$$

在 80% 抽头时起动转矩和起动电流分别为

$$T_{st3} = 0.8^2 T_{st} = 0.8^2 \times 919.5 N \cdot m = 588.48 N \cdot m$$

$$I_{st3} = 0.8^2 I_{st} = 0.8^2 \times 630 A = 403.2 A$$

从以上计算结果可以看出，80% 抽头的起动电流大于起动要求，60% 抽头的起动电流较大，故选用 50% 的抽头较为合适。

2. 三相绕线转子异步电动机的起动

三相笼型异步电动机转子由于结构原因，无法外串电阻起动，只能在定子中采用降低电源电压起动，但通过以上分析不论采用哪种减压起动方法，在降低起动电流的同时也使得起动转矩减少得更多，所以三相笼型异步电动机只能用于空载或轻载起动。在生产实际中，对于一些重载下起动的生产机械（如起重机、皮带运输机、球磨机等），或需要频繁起动的电力拖动系统中，三相笼型异步电动机就无能为力了。

三相绕线转子异步电动机，若转子回路中通过电刷和集电环串入适当的电阻起动，既能减小起动电流，又能增大起动转矩，这种起动方法适用于大、中功率异步电动机的重载起动。三相绕线转子异步电动机起动分为转子串电阻起动和转子串频敏变阻器起动。

（1）转子串电阻起动

为了在整个起动过程中得到较大的起动转矩，并使起动过程比较平滑，应在转子回路中串入多级对称电阻。起动时，随着转速的升高逐级切除起动电阻。图 2-32 为三相绕线转子异步电动机转子串接对称电阻分级起动的接线图和起动时的机械特性。

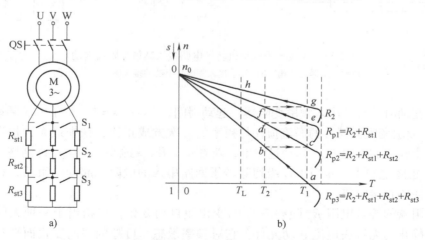

a)　　　　　　　　　　　　　b)

图 2-32　三相绕线式异步电动机转子串接电阻分级起动

a）接线图　b）机械特性

起动开始时，开关 QS 闭合，S_1、S_2、S_3 断开，起动电阻全部串入转子回路中，转子每相电阻 $R_{p3} = R_2 + R_{st1} + R_{st2} + R_{st3}$，对应的机械特性如图 2-32b 中曲线 R_{p3}。起动瞬间，转速 $n = 0$，电磁转矩 $T = T_1$（称为最大加速转矩），因 T_1 大于负载转矩 T_L，于是电动机从 a 点沿曲线 R_{p3} 开始加速。随着 n 的上升，T 逐渐减小，当减小到 T_2 时（对应于 b 点），开关 S_3 闭合，切除 R_{st3}，切换电阻时的转矩值 T_2 称为切换转矩。切除 R_{st3} 后，转子每相电阻变为 $R_{p2} = R_2 + R_{st1} + R_{st2}$，对应的机械特性变为曲线 R_{p2}。切换瞬间，转速 n 不突变，电动机的运行点由 $b \rightarrow c$ 点，T 由 T_2 跃升为 T_1。依此类推，最后在 f 点开关 S_1 闭合，切除 R_{st1}，转子绕组直接短路，电动机运行点由 $f \rightarrow g$ 点后沿固有特性加速到负载点 h，稳定运行，起动结束。在起动过程中，一般取最大加速转矩 $T_1 = (0.7 \sim 0.85)T_{max}$，切换转矩 $T_2 = (1.1 \sim 1.2)T_L$。

（2）转子串频敏变阻器起动

绕线转子异步电动机采用转子串接电阻起动时，若想起动平稳，则必须采用较多的起动级数，这必然导致起动设备复杂化。为了解决这个问题，可以采用频敏变阻器起动。频敏变阻器是一个铁损很大的三相电抗器，从结构上看，它像是一个没有二次绕组的心式三相变压器，绕组接成星形，绕组三个始端通过电刷和集电环与转子绕组串联，如图 2-33 所示。频敏变阻器的铁心是用多片厚度为 $30 \sim 50$mm 的钢板或铁板叠成，比变压器铁心的每片硅钢片厚 100 倍左右，以增大频敏变阻器中的涡流和铁损，从而使频敏变阻器的等效电阻 R_p 增大，起动电流减小。

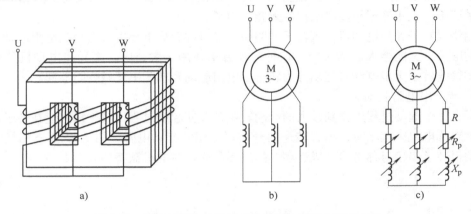

图 2-33　绕线转子电动机转子电路接入频敏变阻器起动
a）频敏变阻器的结构　b）转子接入频敏变阻器的接线图　c）等效图

电动机起动时，转子串入频敏变阻器，起动瞬间，$n = 0$，$s = 1$，转子电流频率 $f_2 = sf_1 = f_1$（最大），频敏变阻器铁心的涡流损耗与频率的二次方成正比，铁损最大，相当于转子回路中串入一个较大的电阻 R_p。起动过程中，随着 n 上升，s 减小，$f_2 = sf_1$ 逐渐减小，铁损逐渐减小，R_p 也随之减小，相当于逐级切除转子回路串入的电阻。起动结束后，切除频敏变阻器，转子回路直接短路。

频敏变阻器的等效电阻 R_p 随频率 f_2 的变化而自动变化，它相当于一种无触头的变阻器，是一种静止的无触头电磁起动元件，它对频率敏感，可随频率的变化而自动改变电阻值，便于实现自动控制，能获得接近恒转矩的机械特性，减少电流和机械冲击。它能自动、无级地减小电阻，实现无级平滑起动，使起动过程平稳、快速。它具有结构简单、材料加工要求低、造价低廉、坚固耐用、便于维护等优点。但频敏变阻器是一种感性元件，因而功率因数低（$\cos\varphi_2$ 为 0.5~0.75），与转子串接电阻起动相比，起动转矩小。由于频敏变阻器的存在，最大转矩比转子串电阻时小，故它适用于要求频繁起动的生产机械。

子任务2 三相异步电动机的反转

前面讲过，只要把从电源接到定子的三根端线，任意对调两根，磁场的旋转方向就会改变，电动机的旋转方向就随之改变。

特别注意：改变电动机的旋转方向，一般应在停车之后再换接。如果电动机正在高速旋转时突然将电源反接，不但冲击强烈，而且电流较大，如无防范措施，很容易发生事故。

子任务3 三相异步电动机的调速

调速是指在负载不变的情况下，通过改变电动机的参数来改变电动机的转速。为了提高产品质量及生产效率，对电动机的调速性能提出了越来越高的要求，希望调速范围大且能平滑地调节。因此，研究三相异步电动机调速问题具有重要的现实意义。

由三相异步电动机的转速公式 $n = \dfrac{60f_1}{p}(1-s)$ 可知，三相异步电动机的调速可分为：变极调速，即改变定子绕组的磁极对数 p 调速；变频调速，即改变供电电源的频率 f_1 调速；变转差率调速，方法有绕线转子异步电动机转子串电阻调速、串级调速和改变定子电压调速。

1. 变极调速

变极调速时，保持电源的频率不变，改变定子绕组的极对数，就改变了同步转速，从而改变了转子的转速。利用这种方法调速时，定子绕组要特殊设计，与普通电动机的绕组不同，要求绕组可用改变外部接线的办法来改变极对数。由于电动机的极对数一般总是成整数倍改变，所以变极调速不可能做到转速平滑调节，是一种有级调速方法。目前我国生产的有单绕组双速、三速和四速异步电动机。

变极调速方法只用于笼型异步电动机，因为在定子绕组变极的同时，转子极数也应相应改变，这样才能产生恒定的转矩。笼型转子极数能随定子极数的改变而自动地改变，但绕线式转子却不能。改变定子极数通常成倍地改变较方便，如2极变为4极，4极变为8极，只用形式相同的一套绕组进行换接即可。

改变定子绕组线圈端部的连接方式，实质就是使每相绕组中的半相绕组改变电流方向（半相绕组反接），从而实现变极。如图2-34所示，把U相绕组分成两半：线圈 U_{11}、U_{12} 和 U_{21}、U_{22}，图2-34a所示为两线圈串联，得 $p=2$；图2-34b所示是两线圈并联，得 $p=1$。

目前，在我国多极电动机定子绕组连接方式常用的有三种，如图2-35所示。从星形改成双星形，写作丫/丫丫，星形联结低速，双星形联结高速；从三角形改成双星形，写作△/丫丫，三角形联结低速，双星形联结高速；由星形联结改接成反向串联的星形联结。这三种连接可使电动机极对数减少一半。

需注意的是，上述图中在改变定子绕组接线的同时，将 V、W 两相的出线端进行了对调。这是因为在电动机定子的圆周上，电角度是机械角度的 p（磁极对数），当磁极对数改变时，必然引起三相绕组的空间相序发生变化。例如，当 $p=1$ 时，U、V、W 三相绕组的空间分布依次为0°、120°、240°电角度。而当磁极对数变为 $p=2$ 时，空间分布依次是：U 相为0°，V 相为 $120° \times 2 = 240°$，W 相为 $240° \times 2 = 480°$（相当于120°），这说明变极后绕组的相序改变了。所以，为了保证变极调速前后电动机的转向不变，在改变定子绕组接线的同时，必须将 U、V、W 三相中任意两相出线端对调。变极调速也有非整数倍变极的，其绕组接法较为复杂。

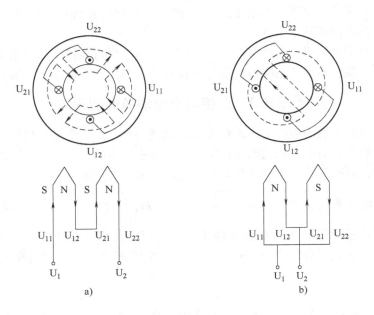

图 2-34　改变极对数的方法

a）两线圈串联　b）两线圈并联

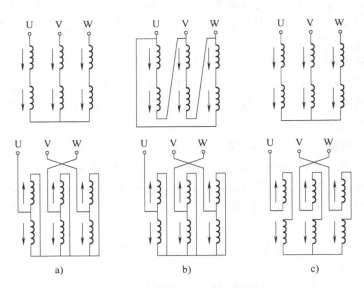

图 2-35　双速电动机常用的变极接线方式

a）$\curlyvee/\curlyvee\curlyvee$ （2p/p）　b）$\triangle/\curlyvee\curlyvee$ （2p/p）　c）顺串$\curlyvee$/反串$\curlyvee$ （2p/p）

变极调速时，因为Ｙ／ＹＹ、△／ＹＹ和顺串Ｙ／反串Ｙ变极使定子绕组有不同的接线方式，所以允许的负载类型也不相同。

1）Ｙ／ＹＹ变极调速。从星形联结变成双星形联结后，磁极数减小一半，转速增加一倍，功率增大一倍，而转矩基本上保持不变，属于恒转矩调速方式，适用于拖动起重机、电梯、运输带等恒转矩负载的调速。

2）△／ＹＹ变极调速。从三角形联结变成双星形联结后，磁极数减半，转速增加一倍，转矩近似减小一半，功率近似保持不变（只增加 15%），因而近似为恒功率调速方式，适用车床切削等恒功率负载的调速。如粗车时，进刀量大，转速低；精车时，进刀量小，转速高。但两者的功率是近似不变的。

3）顺串Ｙ／反串Ｙ变极调速。同理可以分析，顺串Ｙ／反串Ｙ联结方式的变极调速也属于恒功率调速。

变极调速具有操作简单、成本低、效率高、机械特性硬等优点，而且采用不同的接线方式既可用于恒转矩调速，也可适用于恒功率调速。但它是一种有级调速，因而适用于对调速要求不高且不需要平滑调速的场合。

2. 变频调速

变频调速是通过改变电动机的电源频率实现速度调节的。改变电源的频率，可以平滑地调节同步转速 n_1，从而使用电动机获得平滑调速。

电动机正常运行时，三相异步电动机的每相电压 $U_1 \approx E_1 = 4.44 K_1 f_1 \Phi_m N_1$，若电源电压 U_1 不变，当降低电源频率 f_1 调速时，则磁通 Φ_m 将增加，将使铁心过饱和，从而导致励磁电流和铁损的大量增加，电动机温升过高等；而当 f_1 增大时，Φ_m 将减小，电磁转矩及最大转矩减小，电动机的过载能力下降，这些都是不允许的。因此在变频调速的同时，为保证磁通 Φ_m 不变，就必须在改变频率的同时改变电源电压。一般认为在任何类型的负载下变频调速时，若能保持电动机的过载能力不变，则电动机的运行性能较为理想。

额定频率称为基频，变频调速时，可以从基频向上调，也可以从基频向下调。

（1）从基频向下变频调速

降低电源频率时，必须同时降低电源电压。保持 U_1/f_1 为常数，则 Φ_m 为常数，这是恒转矩调速方式。若忽略定子电阻 R_1，降低电源频率 f_1 调速的人为机械特性特点为：同步转速 n_1 与 f_1 成正比，最大转矩 T_{max} 不变，转速降落 Δn 为常数，其特性斜率不变（与固有机械特性平行），机械特性较硬，在一定静差率的要求下，调速范围宽，而且稳定性好，由于频率可以连续调节，因此变频调速为无级调速，平滑性好，效率较高。

（2）从基频向上调变频调速

升高电源电压（$U_1 > U_N$）是不允许的。因此，升高频率向上调速时，只能保持电压为 U_N 不变，频率越高，磁通 Φ_m 越低，这种方法是一种降低磁通的方法。保持 U_N 不变调速，近似为恒功率调速方式。

（3）变频电源

异步电动机变频调速的电源是一种能调压的变频装置，现有的交流供电电源都是恒压恒频的，所以只有通过变频装置才能获得变压变频电源，目前多采用变频器。

变频器的作用是将直流电源（可由交流经整流获得）变成频率可调的交流电（称为交-直-交变频器）或是将交流电源直接转换成频率可调的交流电（交-交变频器），以供给交流负载。

交-交变频器将工频交流电变换成所需频率的交流电，不经中间环节，也称为直接变频器。

变频调速平滑性好、调速范围广、效率高、机械特性硬，只要控制端电压随频率变化的规律，可以适应不同负载特性的要求，是异步电动机尤其是笼型异步电动机调速发展的方向。变频调速在很多领域获得了广泛应用，如轧钢机、工业水泵、鼓风机、起重机、纺织机等方面。其主要缺点是系统较复杂，成本较高。

3. 改变转差率调速

变转差率调速是在不改变同步转速 n_1 条件下的调速，包括改变电压调速，绕线转子电动机转子串电阻调速和串级调速。这些调速方法的共同特点是在调速过程中都产生较大的转差率。前两种调速方法是把转差的功率消耗在转子电路中，很不经济，而串级调速则能把转差的功率加以吸收或大部分反馈给电网，提高了经济性能。

（1）改变定子电压调速

改变定子电压调速的方法适用于笼型异步电动机。对于转子电阻大、机械特性曲线较软的笼型异步电动机，如加在定子绕组上的电压发生改变，则负载转矩对应于不同的电源电压可获得不同的工作点，电动机调压调速的机械特性曲线如图 2-36 所示。该方法的调速范围较宽，缺点是电压较低时机械特性变得更软，负载较小的变化会引起很大的转速变化。可采用带速度负反馈的控制系统来解决该问题，现在多采用晶闸管交流调压电路来实现。

（2）转子串电阻调速

转子串电阻调速只适用于绕线转子异步电动机。绕线转子异步电动机的特性曲线如图 2-37 所示，转子串电阻时最大转矩不变，临界转差率增大，所串的电阻越大，运行特性曲线的斜率越大。若带恒定负载时，原来运行在特性曲线的 a_1 点，转速为 n'；转子串电阻 R_{sp1} 后，电动机就运行于 a_2 点，转速由 n' 降低为 n''；串电阻 R_{sp2} 后，电动机就运行于 a_3 点，转速降低为 n'''。

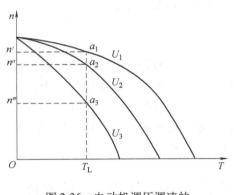

图 2-36　电动机调压调速的
机械特性

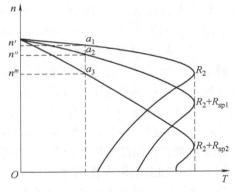

图 2-37　绕线式电动机的转子串
电阻调速的机械特性

子任务 4　三相异步电动机的制动

三相异步电动机运行于电动状态时，电磁转矩与转速的方向相同，是驱动性质的。运行于制动状态时，电磁转矩和转速的方向相反，是制动转矩。制动可以使电动机快速停车，或者使位能性负载（如起重机下放重物、运输工具在下坡运行时）获得稳定的下降速度。异步电动机的制动方法有机械制动和电气制动。

1. 三相异步电动机的机械制动

机械制动是利用机械装置，在定子绕组切断电源时，同时在电动机转轴上施加机械阻力矩，使电动机迅速停转的方法，如利用电磁铁制成的电磁抱闸来实现，电动机起动时电磁抱闸线圈同时通电，电磁铁吸合，使抱闸打开；电动机断电时电磁抱闸线圈同时断电，电磁铁释放，在复位弹簧作用下，抱闸把电动机转轴紧紧抱住，实现制动。起重机械采用这种方法制动不但提高了生产效率，还可以防止在工作过程中因突然断电使重物滑下而造成的事故。洗衣机的脱水装置也是采用抱闸制动的。机械抱闸闸皮容易磨损，长期使用会使制动转矩减小，且机械故障率较高。

2. 三相异步电动机的电气制动

电气制动是在电动机转子导体内产生反向电磁转矩来制动，使电动机迅速停转的方法。电气制动通常可分为能耗制动、反接制动和回馈制动等。

（1）能耗制动

三相异步电动机能耗制动接线如图 2-38a 所示。制动方法是在切断电源开关 QS_1 的同时闭合开关 QS_2，在定子两相绕组间通入直流电流，于是定子绕组产生一个恒定磁场，转子因惯性而旋转切割该恒定磁场，在转子绕组产生感应电动势和电流。由图 2-38b 可判得，转子

的载流导体与恒定磁场相互作用产生电磁转矩，其方向与转子转向相反，起制动作用，因此转速迅速下降，当转速下降至零时，转子感应电动势和电流也降为零，制动过程结束。制动期间，运转部分的动能转变为电能消耗在转子回路的电阻上，故称为能耗制动。

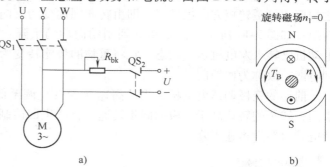

图 2-38　三相异步电动机的能耗制动
a）接线图　b）制动原理

对笼型异步电动机，可调节直流电流的大小来控制制动转矩的大小；对绕线转子异步电动机，还可采用转子串电阻的方法来增大初始制动转矩。

能耗制动的优点是制动力强，制动较平稳，停车准确，消耗电能少；缺点是需要专门的直流电源。能耗制动广泛应用于要求平稳、准确停车的场合，也可用于起重类机械上，用来限制重物的下降速度，使重物匀速下降。

（2）反接制动

三相异步电动机反接制动接线如图 2-39a 所示。制动时将电源开关 QS 由"运转"位置切换到"制

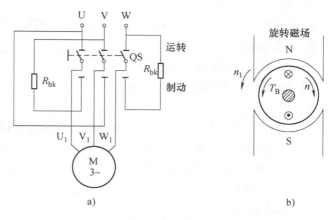

图 2-39　三相异步电动机的反接制动
a）接线图　b）制动原理

动"位置，把它的任意两相电源接线对调。由于电压相序相反，所以定子旋转磁场方向也相反，而转子由于惯性仍继续按原方向旋转，这时转矩方向与电动机的旋转方向相反，如图2-39b 所示，成为制动转矩。

若制动的目的仅为停车，则在转速接近于零时，可利用某种控制电器将电源自动切除，否则电动机将会反转。由于反接制动时，转子以 $(n+n_1)$ 的速度切割旋转磁场，因而定子及转子绕组中的电流较正常运行时大十几倍，为保护电动机不致过热而烧毁，为了限制制动电流和增大制动转矩，笼型异步电动机反接制动时应在定子电路中串入电阻限流，绕线转子异步电动机可在转子回路串入制动电阻。

反接制动不需要另加直流设备，比较简单，且制动转矩较大，停机迅速，但机械冲击和耗能也较大，会影响加工的精度，所以使用范围受到一定限制，通常用于起动不频繁、功率小于 10kW 的中、小型机床及辅助性的电力拖动中。

（3）回馈制动

回馈制动发生在电动机转速 n 大于定子旋转磁场转速 n_1 的时候，如当起重机下放重物时，重物拖动转子，使转速 $n>n_1$，这时转子绕组切割定子旋转磁场方向与原电动状态相反，则转子绕组感应电动势和电流方向也随之相反，电磁转矩方向也反了，即由转向同向变为反向，成为制动转矩，如图 2-40 所示，使重物受到制动而均匀下降。实际上这台电动机已转入发电机运行状态，它将重物的势能转变为电能而回馈到电网，故称为回馈制动。

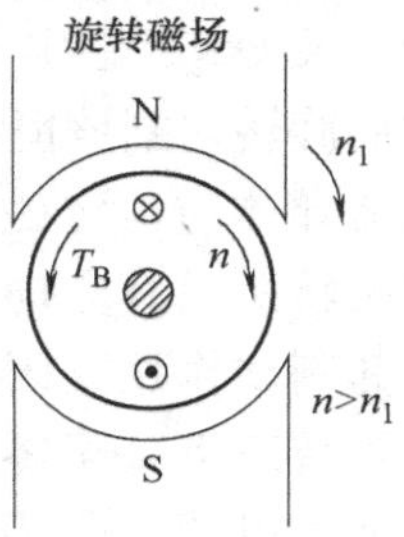

前述的变极调速电动机，当从高速（少极）调至低速（多极）瞬间，转子的转速高于多极的同步转速，就产生回馈制动作用，迫使电动机转速迅速下降。

图 2-40　三相异步电动机的回馈制动

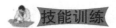　**技能训练**

1. 技能训练的内容

三相异步电动机的起动、反转、调速与制动实验。

2. 技能训练的要求

掌握三相异步电动机的各种起动、反转、调速和制动的设备及方法。

3. 设备器材

1）电机与电气控制实验台	1 台
2）导轨、测速发电机及转速表	1 套
3）校正直流测功机	1 台
4）三相笼型电动机、绕线转子电动机、双速电动机	各 1 台
5）交流电压表、交流电流表	各 1 块
6）直流电压表、直流电流表	各 1 块
7）三相自耦变压器	1 台
8）起动电阻箱	1 台
9）调速电阻箱	1 台

4. 技能训练的步骤

（1）三相异步电动机的起动实验

1）三相异步电动机丫-△减压起动。按图 2-41 接线，线接好后把调压器退到零位，三刀双掷开关合向右边（星形联结）。合上电源开关，逐渐调节调压器使升压至电动机额定电压 220V，打开电源开关，待电动机停转。合上电源开关，观察起动瞬间电流，然后把 S 合向左边，使电动机（三角形联结）正常运行，整个起动过程结束。观察起动瞬间电流表的显示值以与其他起动方法做定性比较。

2）自耦变压器减压起动。按图 2-42 接线，电动机绕组为三角形联结。三相调压器退到零位，开关 S 合向左边。合上电源开关，调节调压器使输出电压达电动机额定电压 220V，断开电源开关，待电动机停转。开关 S 合向右边，合上电源开关，使电动机经自耦变压器减压起动（自耦变压器抽头输出电压分别为电源电压的 40%、60% 和 80%）并经一定时间再把 S 合向左边，使电动机按额定电压正常运行，整个起动过程结束。观察起动瞬间电流。

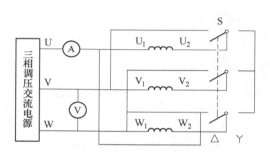

图 2-41 三相异步电动机丫-△减压起动接线图

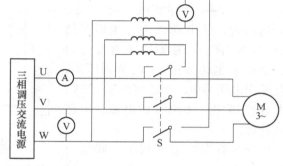

图 2-42 三相笼型异步电动机自耦变压器减压起动

3）绕线转子异步电动机转子绕组串入可变电阻器起动。三相异步电动机的定子绕组采用星形联结，按图 2-43 接线。

转子每相串入起动电阻箱。调压器退到零位。接通交流电源，调节输出电压（观察电动机转向应符合要求），在定子电压为 220V，转子绕组分别串入不同电阻值时，测取定子电流，数据填入表2-9 中。

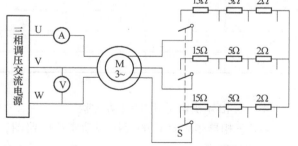

图 2-43 三相绕线异步电动机转子绕组串电阻起动

（2）三相异步电动机的反转实验

接换三相电源两根线，观察三相异步电动机的旋转方向。

表 2-9 三相绕线转子异步电动机转子串电阻起动数据表

R_{st}/Ω	0	2	5	15
I_{st}/A				

（3）三相异步电动机的调速实验

1）三相绕线转子异步电动机转子绕组串入可变电阻器调速。按图 2-43 所示接好电路，同轴连接校正直流电动机作为绕线转子异步电动机 M 的负载。电路接好后，将 M 的转子附加电阻调至最大。合上电源开关，电动机空载起动，保持调压器的输出电压为电动机额定电压 220V，转子附加电阻调至零。调节校正电动机的励磁电流 I_f 为校正值（100mA 或 50mA），再调节直流发电机负载电流，使电动机输出功率接近额定功率并保持这输出转矩 T_2 不变，改变转子附加电阻（每相附加电阻分别为 0Ω、2Ω、5Ω、15Ω），测相应的转速填入表 2-10 中。

表 2-10　三相绕线转子异步电动机转子串调速电阻调速数据表

R_p/Ω	0	2	5	15
$n/(\mathrm{r/min})$				

2）三相笼型异步电动机变极调速。按图 2-44 所示连线，把开关 S 合向右边，使电动机为三角形联结（四极电动机）。接通交流电源（合控制屏上起动按钮），调节调压器，使输出电压为电动机额定电压 220V，并保持恒定，读出各相电流、电压及转速。

把 S 合向左边（双星形联结），

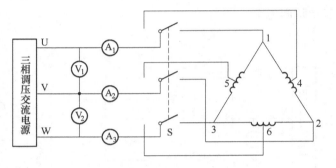

图 2-44　三相笼型双速异步电动机（2/4 极）

并把右边三端点用导线短接。电动机空载起动，保持输入电压为额定电压，读出各相电流、电压及转速，将数据填入表 2-11 中。

表 2-11　三相笼型异步电动机变极调速数据表

	电流/A			电压/V		$n/(\mathrm{r/min})$
	I_U	I_V	I_W	U_{UV}	U_{VW}	
4 极						
2 极						

（4）三相异步电动机的制动实验

自拟三相异步电动机的反接制动实验电路图，并进行实验。

5. 注意事项

在上述各种实验中注意电动机的电压与连接方式对应，不能超过额定电压。

 知识拓展

1. 三相异步电动机的其他起动方法

（1）三相异步电动机的软起动

软起动是近几年来随着电子技术的发展而出现的新技术，起动时通过软起动器（一种

晶闸管调压装置）使电压从某一较低值逐渐上升至额定值，起动后再用旁路接触器 KM（电磁开关）使电动机投入正常运行，如图 2-45 所示。图中 FU₁ 是普通熔断器，FU₂ 是快速熔断器，保护软起动器。

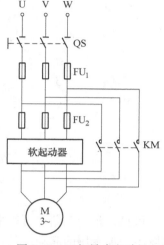

图 2-46 是不同起动方法下电动机电压和转矩的比较，图中对直接起动、丫-△减压起动与软起动三种起动方法进行了比较。图 2-46a 中所示软起动从额定电压的 10% ~60% 开始沿斜坡逐渐上升至全压，斜坡曲线除起点可调外，上升的时间也是可调的（如 0.5 ~60s），这样可以根据应用场合选择最合适的斜坡曲线；从图 2-46b 中则可以看出，在软起动过程中，电磁转矩的变化比较平稳，因而这种起动方式不仅降低了电网的负担，同时也减小了对机械设备的冲击，可延长机械设备的使用寿命。此外，软起动器一般还具有节能和保护功能，可将电动机电压调节至与实际负载相适应，使功率因数和效率得到改善，其内部的电子保护器能防止电动机因过载而发热。由于软起动器具有这些优点，所以它虽然出现的时间不长，却已在水泵、鼓风机、压缩机、传送带等设备中得到大量应用，并有取

图 2-45 三相异步电动机
软起动电路

代其他减压起动方法的趋势。但就目前为止，软起动器较其他起动设备价格高，随着科学技术的发展，成本将降低，会得到广泛应用。

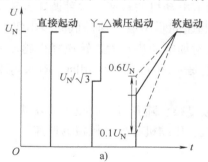
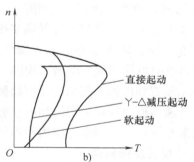

图 2-46 三相异步电动机在不同起动方法下电动机电压和转矩的比较

（2）定子串接电抗器或电阻的减压起动

在起动时，将电抗器或电阻接入定子电路；起动后，切除电抗器或电阻，进入正常运行。三相异步电动机定子边串入电抗器或电阻起动时，定子绕组实际所加电压降低，从而减小起动电流。但定子边串电阻起动时，能耗较大，实际应用不多。

（3）延边三角形减压起动

延边三角形减压起动接线图如图 2-47a 所示。电动机的每相绕组多引出一个抽头，起动时将定子绕组接成延边三角形，起动结束后正常运行时，将绕组接成三角形，如图 2-47b 所示。延边三角形可以看成一部分是星形联结，一部分是三角形联结，星形联结部分比例越大，起动时电压降得越多。当星形联结和三角形联结的抽头比为 1:1 时，电动机每相绕组的电压是 268V；抽头比为 1:2 时，每相绕组的电压为 290V。

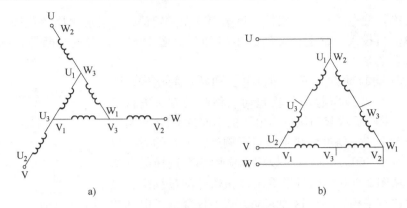

图 2-47　延边三角形减压起动原理接线图

a) 延边三角形减压起动　b) 三角形全压运行

可见，延边三角形可以采用不同的抽头比，满足不同的起动要求。这种起动方法的优点是既不增加专用的起动设备，又可提高起动转矩（丫-△减压起动虽然不增加起动设备，但起动转矩只有直接起动时的1/3），适用于电动机定子绕组有 9 个抽头的笼型异步电动机。

2. 三相异步电动机串级调速

串级调速就是在转子回路中不串接电阻，而是串接一个与转子电动势 e_2 同频率的附加电动势 e_{2d}，通过改变 e_{2d} 的大小和相位，就可以调节电动机的转速。这种调速方法适用于绕线转子异步电动机。串级调速有低同步串级调速和超同步串级调速。低同步串级调速是 e_{2d} 和 e_2 的相位相反，串入 e_{2d} 后，转速降低了，串入附加电动势越大，转速降得越多，e_{2d} 装置从转子回路吸收电能回馈到电网。超同步串级调速是 e_{2d} 和 e_2 的相位相同，串入 e_{2d} 后，转速升高了，e_{2d} 装置和电源一起向转子回路输入电能。

串级调速性能比较好，但附加电动势装置比较复杂。随着可控硅技术的发展，现已广泛应用于水泵和风机节能调速，应用于不可逆轧钢机、压缩机等生产机械的调速。

3. 倒拉反转反接制动

倒拉反转反接制动适用于绕线转子异步电动机拖动位能性负载的情况，它能够使重物获得稳定的下放速度。绕线转子异步电动机倒拉反转反接制动的过程和直流电动机相同。要实现倒拉反转反接制动，转子回路必须串接足够大的电阻，使工作点位于第四象限。这种制动目的主要是限制重物下放速度。

问题研讨

1）三相异步电动机的起动方法较多，应根据什么来选择合适的起动方法？

2）为什么笼型异步电动机起动电流很大，起动转矩并不大？

3）三相笼型异步电动机能否直接起动？主要考虑哪些条件？不能直接起动时，为什么可以采用减压起动？减压起动时，对起动转矩有什么要求？

4）试推导三相异步电动机丫-△减压起动时起动电流、起动转矩与直接起动时的关系。

5）为什么绕线转子异步电动机在转子回路中串入适当电阻既可减小起动电流，又可增大起动转矩？若将电阻串在定子电路中，是否可以起到同样的作用？为什么？

6）三相异步电动机在正常运行时，如转子突然卡住而不能转动，有何危险？为什么？

7）为什么说变极调速适用于笼型异步电动机，而对绕线转子异步电动机却不适用？

8）在变极调速时，为什么要改变定子绕组相序？在变频调速时，改变频率的同时还要改变电压使 $U_1/f_1 = $ 常数，这是为什么？

9）三相异步电动机能耗制动时，制动转矩与通入定子绕组的直流电流有何关系？转子回路电阻对制动开始时的制动转矩有何影响？

10）一台三相异步电动机拖动额定负载稳定运行，若电源电压突然下降了20%，此时电动机定子电流是增大还是减小？为什么？对电动机将造成什么影响？

11）生产设备在运行中哪些操作会涉及制动问题？三相异步电动机有哪几种制动方法？各有什么优、缺点？各适合于哪些场合？

12）三相绕线转子异步电动机转子串频敏变阻器起动，其机械特性有何特点？为什么？频敏变阻器的铁心与变压器的铁心有何区别？为什么？

任务 2.4　三相交流异步电动机的使用、维护与检修

任务描述

三相交流异步电动机应用广泛，选用电动机应以实用、合理、经济、安全为原则，根据拖动机械的需要和工作条件进行选择。对运行中的异步电动机进行实时监控与维护，是保证电动机稳定、可靠、经济地运行的重要措施。异步电动机在长期使用过程中，经常发生各种故障，影响正常的生产，为了提高生产效率，避免较大故障的发生，应定期或不定期对电动机进行检修。本任务学习三相交流异步电动机的使用、维护和检修等知识。

知识目标

了解三相交流异步电动机的选择原则，掌握电动机的使用维护方法，学会电动机的检测方法；能够对异步电动机的常见故障进行正确判断，并能够排除故障。

子任务 1　三相交流异步电动机的选择原则

1. 电动机类型的选择

三相交流异步电动机有笼型异步电动机和绕线型异步电动机两种类型。

三相笼型异步电动机结构简单、价格便宜、运行可靠、使用维护方便。如果没有特殊要求，应尽可能采用三相笼型异步电动机，例如水泵、风机、运输机、压缩机以及各种机床的主轴和辅助机构等，绝大部分都可用三相笼型异步电动机来拖动。

绕线型异步电动机起动转矩大、起动电流小，并可在一定范围内平滑调速，但结构复杂、价格较高、使用和维护不便，且故障率较高，所以只有在起动负载大和有一定调速要求，且不能采用三相笼型异步电动机拖动的场合，才选用绕线转子异步电动机，例如某些起重机、卷扬机、轧钢机、锻压机等，可选用绕线转子异步电动机来拖动。

在只有单相交流电源或功率很小的场合，如家用电器和医疗器械等，可采用单相异步电动机，其中电容分相式单相异步电动机能够进行正、反转控制，而罩极式电动机只能单方向运转。

在有特殊要求的场合，可选用特种异步电动机。例如要求直接带动低速机械工作时，可选用转矩电动机；要求在自动控制系统中作为执行元件来驱动控制对象时，可选用伺服电动机或步进电动机等；要直接带动机械做直线运动时，可选用直线异步电动机。特种异步电动机的结构、工作原理及应用将在后面的学习任务中做详细的讲解。

2. 容量（额定功率）**的选择**

电动机的额定功率是由生产机械所需的功率决定的。如果额定功率选得过大，出现"大马拉小车"的现象，不但设备投资造成浪费，电动机轻载运行时，功率因数和效率都很低，运行经济性差；如果功率选得过小，出现"小马拉大车"的现象，将引起过载甚至堵转，不仅不能保证生产机械的正常运行，还会使电动机温升过高超过允许值，过早损坏。

电动机的额定功率是和一定的工作制相对应的。在选用电动机的功率时，应考虑电动机的实际工作方式。电动机的基本工作制有"连续""短时""断续"三种。

（1）连续工作制（S1）

对于连续工作的生产机械如水泵、风机等，只要电动机的额定功率等于或稍大于生产机械所需的功率，电动机的温升就不会超过允许值。因此所选的电动机的额定功率为

$$P_N \geqslant \frac{P_L}{\eta_1 \eta_2} \tag{2-27}$$

式中，P_L 为生产机械的负载功率；η_1 为生产机械本身的效率；η_2 为电动机与生产机械之间的传动效率，直接连接时 $\eta_2 = 1$，带传动时 $\eta_2 = 0.95$。

（2）短时工作制（S2）

当电动机在恒定负载下按给定时间运行而未达到热稳定时即停机，使电动机再度冷却至与冷却介质温度之差在 2℃ 以内，这种工作制称为短时工作制。我国规定短时工作制的标准持续时间有 10min、30min、60min、90min 四种。专为短时工作制设计的电动机，其额定功率是和一定标准的持续时间相对应的。在规定的时间内，电动机以输出额定功率工作，其温升不会超过允许值。就某台电动机而言，它在短时工作时的额定功率大于连续工作时的额定功率。

短时工作制的电动机，输出功率的计算与连续工作制一样。如果实际的工作持续时间与标准持续时间不同，则应按略大于实际工作持续时间的标准持续时间来选择电动机；如果实际工作持续时间超过最大的标准持续时间（90min），则应选用连续工作制电动机；如果实际工作持续时间比最小的标准持续时间（10min）还短得多，这时也可以选用连续工作制电动机，但其功率则按过载系数 λ_m 来计算，短时运行电动机的额定功率可以是生产机械所要求功率的 $1/\lambda_m$ 倍，即

$$P_N \geqslant \frac{P_L}{\lambda_m \eta_1 \eta_2} \tag{2-28}$$

（3）断续工作制（S3）

断续工作制是一种周期性重复短时运行的工作方式，每一周期包括一段恒定运行时间 t_1 和一个间歇时间 t_2。标准的周期时间为 10min。工作时间与周期时间的比值称为负载持续率，通常用百分数表示。我国规定的标准持续率有 15%、25%、40% 和 60% 四种，如不加说明，则以 25% 为准。

专门用于断续工作的异步电动机为 YZ 系列和 YZR 系列，常用于吊车、桥式起重机等生产机械。选择这类电动机应考虑其负载持续率，同一型号的电动机，负载持续率越小，其额

定功率越大。

实际上，在很多场合下，电动机所带的负载是经常变化的。例如机床的加工工件，刀具和切削用量是经常变化的，因此用计算法来确定电动机的功率很困难，而且所得结果也很不准确。为此实际上常采用类比法，即通过调查研究，将各国同类的先进生产机械所选用的电动机功率进行类比和统计分析，寻找出电动机功率与生产机械主要参数之间的关系。

此外，还有一种选择电动机功率的办法称为试验法，是用一台同类型的或相近类型的生产机械进行试验，测出其所需的功率。也可将试验法与类比法结合起来进行选择。

3. 额定电压的选择

电动机的额定电压应根据使用场所的电源电压和电动机的功率来决定。一般三相电动机都选用 380V 额定电压，单相电动机都选用 220V 额定电压。所需功率大于 100kW 时，可根据当地电源情况和技术条件考虑选用 3kV、6kV 或 10kV 的高压电动机。

4. 额定转速的选择

电动机转速的选择，应根据生产机械的要求、设备的投资以及传动系统的可靠性来决定，同一类型、额定功率相同的电动机，高转速电动机比低转速电动机的体积小、质量小、效率高、成本低，因此选用高速电动机较为经济。但若生产机械要求低速时，选用高速电动机就要采用高传速比的变速装置，不但传动复杂，增加设备投资，而且传动效率低，工作可靠性差。所以选用电动机的转速应等于或略大于生产机械的转速，尽量不用减速装置，或者采用低传速比的减速装置。比较常用的同步转速为 1500r/min。许多场合，即使生产机械的转速很低，也可选用与它配合的低速电动机，虽然电动机贵一些，但可采用直接耦合传动，省去变速装置，降低投资，提高传动效率，总的技术经济指标上可能还是比较合理的。

5. 结构的选择

电动机的外形结构有开启式、防护式、封闭式和防爆式等几种，应根据电动机的工作环境进行选择。

1）开启式。在结构上无特殊防护装置，通风散热好，价格便宜，适用于干燥无灰尘的场所。

2）防护式。在机壳或端盖处有通风孔，一般可防雨、防溅及防止铁屑等杂物掉入电动机内部，但不能防尘、防潮，适用于灰尘不多且较干燥的场所。

3）封闭式。外壳严密封闭，能防止潮气和灰尘进入，适用于潮湿、多尘或含有酸性气体的场所。

4）防爆式。整个电动机（包含接线端）全部密封，适用于有爆炸性气体的场所，例如石油、化工企业及矿井中。

子任务 2　三相交流异步电动机起动前的准备和起动时的注意事项

1. 三相交流异步电动机起动前的准备

1）新安装或长期停用的电动机，在使用前应检查电动机的定子、转子绕组各相之间和绕组对地的绝缘电阻。要求每 1kV 工作电压（额定电压）绝缘电阻不得小于 1MΩ。额定电压 500V 以下的电动机采用 500V 绝缘电阻表测量，在常温下测得其绝缘电阻 ≥0.5MΩ；额定电压 500～3000V 的电动机采用 1000V 的绝缘电阻表；额定电压 3000V 以上的电动机采用 2500V 的绝缘电阻表。高电压电动机的绝缘电阻值以额定计算每 1kV 不得低于 1MΩ，否则应对定子绕组进行干燥处理。干燥时的温度不允许超过 120℃。

2）对新安装的电动机应检查接触螺栓、机座坚固螺栓、轴承螺帽是否拧紧；检查电动机装置，如带轮或联轴器是否完好。

3）检查电动机及起动设备的接地装置是否可靠和完整，接线是否正确，接触是否良好。

4）核对电动机铭牌上的型号、额定功率、额定电压、额定电流、额定频率、工作制式与实际是否相符，接线是否正确。

5）对绕线转子异步电动机，应检查集电环上的电刷和电刷的提升机构是否处于正常工作状态，电刷压力为 0.015 ~ 0.025MPa。

6）检查轴承是否有润滑油（脂）。对滑动轴承电动机，应达到规定的油位；对滚动轴承电动机，应达到规定的油量，以保证润滑。用手转动电动机的转轴看转动是否灵活。

7）对不可逆转的电动机，应注意检查运行方向是否与指示箭头方向一致。

2. 电动机起动时的注意事项

1）经上述准备和检查后，方可起动电动机。当合闸后，若电动机不转，应迅速果断地拉闸断电，以免烧坏电动机，并仔细查明原因，及时处理。

2）电动机起动后应空转一段时间，注意观察轴承温升，不得超过规定值，且应注意噪声、振动是否正常，若有不正常现象，应消除后再重新起动。

3）笼型电动机采用全压起动时，次数不宜过于频繁。绕线转子异步电动机起动前，应注意检查起动电阻是否接入。接通电源后，随着电动机转速的升高而逐渐切除起动电阻。

4）多台电动机由同一台变压器供电时，不能同时起动，应由大到小逐台起动，以免起动电流过大。

子任务 3　三相异步电动机运行中的监视与维护

投入运行的电动机应经常进行监视和维护，以了解其工作状态，并及时发现异常现象，将故障消除在萌芽之中。

1. 监视电源电压、频率的变化和电压的不平衡度

电源电压和频率过高或过低，三相电压的不平衡造成的电流不平衡，都可能引起电动机过热或出现其他不正常现象。通常，电源电压的波动值不应超过额定电压的 ±10%，任意两相电压之差不应超过 5%。为了监视电源电压，在电动机电源上最好装一只电压表和转换开关。频率（电压为额定）与额定值的偏差不超过 ±1%。

2. 监视电动机的运行电流

在正常情况下，电动机的运行电流不应超过铭牌上标出的额定电流。同时，还应注意三相电流是否平衡。通常，任意两相间的电流差不应大于额定电流的 10%。对于功率较大的电动机，应装设监视电流表监测；对于功率较小的电动机，应随时用钳形电流表测量。

3. 监视电动机的温升

电动机的温升不应超过其铭牌上标明的允许温升限度，检查电动机温升可用温度计测量。最简单的方法是用手背触及电动机外壳，如电动机烫手，则表明电动机过热，此时可在外壳上洒几滴水，如果水急剧汽化前有"嗞嗞"声，则表示电动机明显过热。

4. 检查电动机运行中的声音、振动和气味

对运行中的电动机应经常检查其外壳有无裂纹，螺钉是否有脱落或松动，电动机有无异响或振动等。监视时，要特别注意电动机有无冒烟和异味出现，若嗅到焦糊味或看到冒烟，必须立即停机检查处理。

5. 监视轴承工作情况

对轴承部位，要注意它的温度和响度。温度升高、响声异常则可能是轴承缺油或磨损。用联轴器传动的电动机，若中心校正不好，会在运行中发出响声，并伴随着发生振动。

6. 监视传动装置工作情况

电动机运行中应注意观察带轮或联轴器是否松动，传动带不应有打滑或跳动现象，若传动带太松，应进行调整，并防止传动带受潮。经常注意传动带与带轮结合处的连接。

在发生以下严重故障情况时，应立即停机处理：人身触电事故；电动机冒烟；电动机剧烈振动；电动机轴承剧烈发热；电动机转速突然下降，温度迅速升高。

子任务4 三相交流异步电动机的定期检修

为了延长电动机的使用寿命，除了上述监视和维护外，还要定期检修。定期检修分为定期小修（对电动机的一般清理和检查，不拆开电动机）和定期大修（全部拆开电动机）两种。

1. 电动机的定期小修

小修一般对电动机起动设备和其他装置不进行大的拆卸，仅为一般检修，每半年小修一次。定期小修的主要内容包括：

1）清理电动机外壳，除掉运行中积累的污垢。

2）测量电动机绝缘电阻，测后注意重新接好线，拧紧接线头螺钉。

3）检查电动机端盖，地脚螺钉是否紧固。

4）检查电动机接地线是否可靠。

5）检查电动机与负载机械间传动装置是否良好。

6）拆下轴承盖，检查润滑油是否变脏、干涸，及时加油和换油。处理完毕后，注意上好端盖及紧固螺钉。

7）检查电动机附属起动和保护设备是否完好。

8）检查电动机风扇是否损坏、松动。

9）电动机电源接线与绝缘是否良好。

小修要是发现问题，应及时处理，确保电动机的安全正常运行。

2. 电动机的定期大修

在正常情况下，电动机的大修周期为1~2年。电动机的定期大修应结合负载机械的大修进行。大修时，拆开电动机进行以下项目的检查修理。

1）检查电动机各部件有无机械损伤，若有则应进行相应修复。

2）对拆开的电动机和起动设备进行清理，清除所有油泥、污垢。清理中，注意观察绕组绝缘状况。若绝缘为暗褐或深棕色，说明绝缘已经老化，对这种绝缘要特别注意不要碰撞使它脱落。若发现有脱落应进行局部绝缘修复和刷漆。

3）拆下轴承，浸在柴油或汽油中彻底清洗。把轴承架与钢珠间残留的油脂及脏物洗掉后，用干净柴（汽）油清洗一遍。清洗后的轴承应转动灵活，不松动。若轴承表面粗糙，说明油脂不合格；若轴承表面变色（发蓝）则它已受热退火。应根据检查结果，对油脂或轴承进行更换，并消除故障原因（如清除油中砂、铁屑等杂物，正确安装电动机等）。

轴承安装时，加油应从一侧加入。油脂占轴承内容积的 1/3 ~ 2/3 即可。油加得太满会发热流出。润滑油可采用钙基润滑脂或钠基润滑脂。

4）检查定子绕组是否存在故障。使用绝缘电阻表测绕组的绝缘电阻，可判断绕组绝缘是否受潮或是否有短路。若有，应进行相应处理。

5）检查定、转子铁心有无磨损和变形，若观察到有磨损处或亮点，说明可能存在定、转子铁心相擦。应使用锉刀或刮刀把亮点刮低。若有变形应进行相应修复。

6）在进行以上各项修理、检查后，对电动机进行装配、安装。

7）安装完毕的电动机，应按照大修后的试验与检查要求内容和方法进行修理后检查。在各试验项目进行完毕，符合要求后，方可带负载运行。大修后的试验与检查内容主要包括：装配质量检查、绕组绝缘电阻测定、绕组直流电阻测定、定子绕组交流耐压试验、空载检查和空载电流的测定。

子任务5　三相交流异步电动机的常见故障及修理方法

（1）故障检查方法

电动机常见的故障可以归纳为机械故障［如负载过大、轴承损坏、转子扫膛（转子外圆与定子内壁摩擦）等］、电气故障（如绕组断路或短路等）。三相交流异步电动机的故障现象比较复杂，同一故障可能出现不同的现象，而同一现象又可能由不同的原因引起。在分析故障时要透过现象抓住本质，用理论知识和实践经验相结合，才能及时、准确地查出故障原因。

检查方法如下：

一般的检查顺序是先外部后内部、先机械后电气、先控制部分后机组部分。采用"问、看、闻、摸"的办法。

问：首先应详细询问故障发生的情况，尤其是故障发生前后的变化，如电压、电流等。

看：观察电动机外表有无异常情况，端盖、机壳有无裂痕，转轴有无转弯，转动是否灵活，必要时打开电动机观察绝缘漆是否变色，绕组有无烧坏的地方。

闻：也可用鼻子闻一闻有无特殊气味，辨别出是否有绝缘漆或定子绕组烧毁的焦烟味。

摸：用手触摸电动机外壳及端盖等部位，检查螺栓有无松动或局部过热（如机壳某部位或轴承室附近等）情况。

如果表面观察难以确定故障原因，可以使用仪表测量，以便做出科学、准确的判断。其步骤如下：

1）用绝缘电阻表分别测绕组相间绝缘电阻、对地绝缘电阻。

2）如果绝缘电阻符合要求，用电桥分别测量三相绕组的直流电阻是否平衡。

3）前两项符合要求即可通电，用钳形电流表分别测量三相电流，检查其三相电流是否平衡而且是否符合规定要求。

三相交流异步电动机绕组损坏大部分是由单相运行造成，即正常运行的电动机突然一相断电，而电动机仍在工作，由于电流过大，如不及时切断电源势必烧毁绕组。单相运行时，电动机声音极不正常，发现后应立即停车。造成一相断电的原因是多方面的，如一相电源线断路、一相熔断器熔断、开关一相接触失灵、接线头一相松动等。

此外，绕组短路故障也较多见，主要是绕组绝缘不同程度的损坏所致，如绕组对地短路、绕组相间短路和一相绕组本身的匝间短路等都将导致绕组不能正常工作。

　　当绕组与铁心间的绝缘（槽绝缘）损坏时，发生接地故障，由于电流很大，可能使接地点的绕组烧断或使熔丝熔断，继而造成单相运行。

　　相间绝缘损坏或电动机内部的金属杂物（金属碎屑、螺钉、焊锡豆等）都可导致相间短路，因此装配时一定要注意电动机内部的清洁。

　　一相绕组如有局部导线的绝缘漆损坏（如嵌线或整形时用力过大，或有金属杂物）可使线圈间造成短接，称为匝间短路，使绕组有效匝数减少，电流增大。

　　（2）三相交流异步电动机常见故障处理方法

　　电动机在运行过程中，因各种原因会发生各种故障，电动机的常见故障和处理方法见表 2-12。

表 2-12 三相电动机常见故障及修理方法

故障现象	原因分析	处理方法
不能起动或转速低	1. 电源电压过低 2. 熔断器熔断一相或其他连接处断开一相 3. 定子绕组断路 4. 线绕式转子内部或外部断路或接触不良 5. 笼型转子断条或脱焊 6. 定子绕组三角形联结的，误接成星形联结 7. 负载过大或机械卡住	1. 检查电源 2. 3. 〕用绝缘电阻表或万用表检查有无断路或接触不良 4. 5. 将电动机接在 15% ~ 30% 额定电压的三相电源上，测量三相电流，如电流随转子的位置变化，说明有断条或脱焊 6. 检查接线并改正 7. 检查负载及机械部件
三相电流不平衡	1. 定子绕组一相始、末两端接反 2. 电源不平衡 3. 定子绕组有线圈短路 4. 定子绕组匝数错误 5. 定子绕组部分线圈接线错误	1. 用低压单相交流电源、指示灯或电压表等确定绕组始、末端，重新接线 2. 检查电源 3. 检查有无局部过热 4. 测量绕组电阻 5. 检查接线并改正
过热	1. 过载 2. 电源电压太高 3. 定子铁心短路 4. 定子、转子相碰 5. 通风散热障碍 6. 环境温度过高 7. 定子绕组短路或接地 8. 接触不良 9. 断相运行 10. 绕组接线错误 11. 受潮 12. 起动过于频繁	1. 减载或更换电动机 2. 检查并设法限制电压波动 3. 检查铁心 4. 检查铁心、轴、轴承、端盖等 5. 检查风扇通风道等 6. 加强冷却或更换电动机 7. 检查绕组直流电阻、绝缘电阻 8. 检查各接触点 9. 检查电源及定子绕组的连续性 10. 照图样检查并改正 11. 烘干 12. 按规定频率起动
滑环火花大	1. 电刷牌号不符 2. 电刷压力过小或过大 3. 电刷与集电环接触不良 4. 集电环不平、不圆或不清洁	1. 更换电刷 2. 调整电刷压力（一般电动机为 150 ~ 250gf/cm²，牵引和起重电动机为 250 ~ 400gf/cm²） 3. 研磨、修理电刷和集电环 4. 修理集电环

（续）

故障现象	原因分析	处理方法
内部冒烟起火	1. 电刷下火花太大 2. 内部过热	1. 调整、修理电刷和集电环 2. 消除过热原因
振动和响声大	1. 地基不平，安装不好 2. 轴承缺陷或装配不良 3. 转动部分不平衡 4. 轴承或转子变形 5. 定子或转子绕组局部短路 6. 定子铁心压装不紧 7. 设计时，定子、转子槽数配合不妥	1. 检查地基和安装 2. 检查轴承 3. 必要时做静平衡或动平衡试验 4. 检查转子并校正 5. 拆开电动机，用表检查 6. 检查铁心并重新压紧 7. 不允许运行
外壳带电	1. 接地不良 2. 接线板损坏或污垢太多 3. 绕组绝缘损坏 4. 绕组受潮	1. 查找原因，予以改正 2. 更换或清理接线板 3. 查找绝缘损坏部位，修复并进行绝缘处理 4. 测量绕组绝缘电阻，如阻值太低，进行干燥或绝缘处理

技能训练

1. 技能训练的内容

三相异步电动机的故障分析与检修。

2. 技能训练的要求

1）能正确地对三相异步电动机进行实际检测。

2）初步具有判断及检修故障的能力。

3. 设备器材

1）电机与电气控制实验台　　　　　　　1 台

2）三相异步电动机　　　　　　　　　　1 台

3）绝缘电阻表　　　　　　　　　　　　1 块

4）交流电流表、万用表　　　　　　　　各 1 块

5）钳形电流表、转速表　　　　　　　　各 1 块

6）工具　　　　　　　　　　　　　　　1 套

4. 技能训练的步骤

1）未预设故障前，检测出电动机的有关数据，以便与后面故障状态的数据比较，找出其中的规律。将所观察正常电动机及运行中所检测的有关数据填入表 2-13 中。

表 2-13　正常电动机及运行中有关数据

铭牌额定值		电压_____V，电流_____A，转速_____r/min，功率_____kW，连接方式_____
实际检测	三相电源电压	U_{UV}_____V，U_{VW}_____V，U_{WU}_____V
	三相绕组电阻	R_U_____Ω，R_V_____Ω，R_W_____Ω
	绝缘电阻　对地绝缘	U 相对地电阻____MΩ，V 相对地电阻____MΩ，W 相对地电阻____MΩ
	绝缘电阻　相间绝缘	U-V 相间电阻____MΩ，V-W 相间电阻____MΩ，W-U 相间电阻____MΩ

（续）

实际检测	三相电流	空载	I_U _____ A，I_V _____ A，I_W _____ A		
		满载	I_U _____ A，I_V _____ A，I_W _____ A		
	转速	空载	_____ r/min	满载	_____ r/min

2）在接线盒中有6个接线端的电动机中，人为预设部分典型故障，观察其直观故障现象，用仪表检查，将情况填入表2-14中。

表2-14 故障电动机有关情况及数据

预设故障部位	直观故障现象	检 测 情 况			与正常值比较
		项 目	所用仪表	数 据	
运行前一相熔体熔断		空载电流	钳形电流表	I_U _____ A I_V _____ A I_W _____ A	
		三相绕组间电压	万用表的交流电压档	U_{UV} _____ V U_{VW} _____ V U_{WU} _____ V	
		转速	转速表	_____ r/min	
运行中一相熔体熔断		空载电流	钳形电流表	I_U _____ A I_V _____ A I_W _____ A	
		三相绕组间电压	万用表的交流电压档	U_{UV} _____ V U_{VW} _____ V U_{WU} _____ V	
		转速	转速表	_____ r/min	
一相绕组接反		空载电流	交流电流表	I_U _____ A I_V _____ A I_W _____ A	
		三相绕组间电压	万用表的交流电压档	U_{UV} _____ V U_{VW} _____ V U_{WU} _____ V	
		转速	转速表	_____ r/min	
一相绕组碰壳（在接线盒中设置）		空载电流	交流电流表	I_U _____ A I_V _____ A I_W _____ A	
		三相绕组间电压	万用表的交流电压档	U_{UV} _____ V U_{VW} _____ V U_{WU} _____ V	
		转速	转速表	_____ r/min	

（续）

预设故障部位	直观故障现象	检 测 情 况			与正常值比较
		项　目	所用仪表	数　据	
将三角形联结改接成星形		负载电流	钳形电流表	I_U _____ A I_V _____ A I_W _____ A	
		负载转速	转速表	_____ r/min	
		空载电流	交流电流表	I_U _____ A I_V _____ A I_W _____ A	
		空载转速	转速表	_____ r/min	
将星形联结改接成三角形		负载电流	钳形电流表	I_U _____ A I_V _____ A I_W _____ A	
		负载转速	转速表	_____ r/min	
		空载电流	交流电流表	I_U _____ A I_V _____ A I_W _____ A	
		空载转速	转速表	_____ r/min	

5. 注意事项

1）注意操作安全。

2）绝缘电阻表、转速表、钳形电流表的使用（前面的技能训练已说明）。

问题研讨

1）异步电动机的选择原则是什么？怎样选择电动机？

2）异步电动机运行前应做哪些检查？运行中做哪些维护？

3）为什么说温升是综合反映电动机运行状况的参数？怎样测定运行中异步电动机各主要部件的温升？

4）怎样检查异步电动机的故障？

5）发生哪些严重故障情况时，电动机应立即停机？

6）异步电动机定期小修和定期大修各需进行哪些项目？

7）绕组错接有哪些现象？常用哪些方法进行检查？

8）试述异步电动机在小修后和大修后及交接时各应进行哪些试验项目？试验内容是什么？

9）测量异步电动机绕组直流电阻的目的是什么？测量时应遵循哪些步骤和条件？

10）在工厂里检修异步电动机时，常发现烧毁的仅是三相绕组中的某一相或某二相绕组，你能说明这是由于哪些原因造成的吗？可采用什么措施防止此类事故的发生？

任务 2.5　单相异步电动机的认识与检修

任务描述

单相异步电动机是用单相交流电源供电的异步电动机。这种电动机结构简单、使用方便，只需单相电源。它不仅在工、农业生产各行业上用作微型机械的动力，而且家用电器也都用它来拖动，它是一种重要的微型电动机，其功率从几瓦到几百瓦。本任务学习单相异步电动机的结构、运行原理与使用；电风扇控制线路的分析；单相异步电动机的常见故障分析与排除。

任务目标

了解单相异步电动机的结构和检修常识；理解单相异步电动机的工作原理、起动方法；能正确地使用单相异步电动机，能绘制、分析电风扇的控制线路。

子任务 1　单相异步电动机的结构和运行原理

在只有单相交流电源或负载所需功率较小的场合，如电风扇、电冰箱、洗衣机、医疗器械及某些电动工具上，常采用单相异步电动机。

1. 单相异步电动机的结构

单相异步电动机的构造与三相笼型异步电动机相似，它的转子也是笼型，而定子绕组是单相的。单相异步电动机的结构如图 2-48 所示。

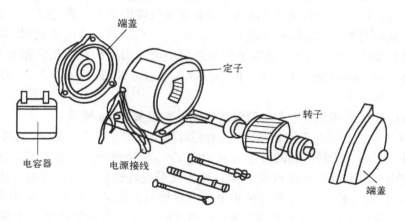

图 2-48　单相异步电动机的结构

2. 单相异步电动机的工作原理

当定子绕组通入单相交流电时，便产生一个交变的脉动磁通，这个磁通的轴线在空间是固定的，但可分解为两个等量、等速而反向的旋转磁通，如图 2-49 所示。

转子不动时，这两个旋转磁通与转子间的转差相等，分别产生两个等值而反向的电磁转矩，净转矩为零。也就是说，单相异步电动机的起动转矩为零，这是它的主要缺点之一。

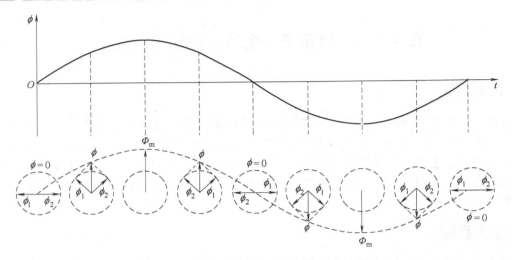

图 2-49　脉动磁通分解为两个旋转磁通的图示

如果用某种方法使转子旋转一下，如使它顺时针方向转一下，那么这两个旋转磁通与转子间的转差不相等，转子将会受到一个顺时针方向的净转矩而持续地旋转起来。

子任务 2　单相异步电动机的起动

1. 单相异步电动机旋转磁场的产生

从单相异步电动机的工作原理分析可知，单相异步电动机如果只有一套绕组，则没有起动转矩，无法自行起动，其根本原因是气隙中没有形成旋转磁场。因此，要解决单相异步电动机的工作问题，首先必须解决起动问题，那就要在气隙中建立一旋转磁场，要建立旋转磁场，定子必须安放两相参数相同的绕组 $U_1 - U_2$ 和 $V_1 - V_2$，且在空间相差 90°电角度，称为两相对称绕组，如图 2-50a 所示。若在该两相绕组中通以大小相等、相位相差 90°电角度的对称电流，即 $i_U = I_m \sin\omega t$ 通入 $U_1 - U_2$ 中，$i_V = I_m \sin(\omega t - 90°)$ 通入 $V_1 - V_2$ 中。两相对称电流波形如图 2-50b 所示。

两相对称电流在两相绕组中产生旋转磁场的过程如图 2-50a 所示。

从图 2-50 可见，如果在空间相差 90°的两相对称绕组中，通入互差 90°的两相交流电流，结果产生了旋转磁场。旋转磁场的转速为 $n = 60f_1/p$，旋转磁场的幅值不变，这样的旋转磁场与三相异步电动机旋转磁场的性质相同，称为圆形旋转磁场。用同样的方法可以分析得出，当工作绕组和起动绕组不对称或两相电流不对称时，如两相磁动势不相等，即 $I_U N_U \neq I_V N_V$，或两相电流之间的相位差不等于 90°电角度时，气隙中只能产生一个椭圆形旋转磁场，一个椭圆形磁场可以分解成两个大小不相等、转向相反、转速相同的圆形旋转磁场，如图 2-51 所示。

2. 分相式单相异步电动机

（1）电容分相式单相异步电动机

电容分相式单相异步电动机定子上有两个绕组：一个称为主绕组（或称为工作绕组），另一个为辅助绕组（或称为起动绕组），两绕组在空间相差 90°，如图 2-52 所示，起动绕组与电容器串联，起动时，利用电容器使起动绕组的电流在相位上比工作绕组的电流超前

90°。换言之，由于起动绕组串联了电容器，使得在单相电源作用下，在两绕组中形成了两相电流，在气隙中形成了旋转磁场，产生了起动转矩。

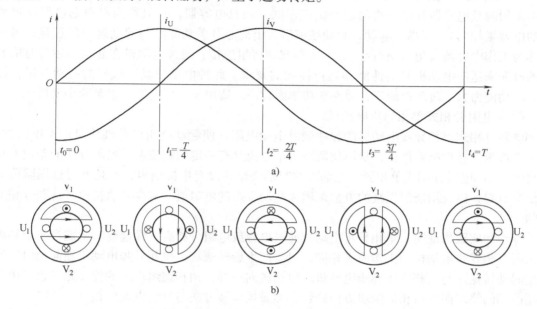

图2-50 互差90°的两相电流的旋转磁场

a）两相电流的波形   b）两相电流的旋转磁场

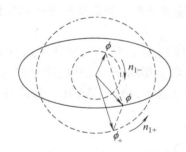

图2-51 椭圆形旋转磁场的分解图

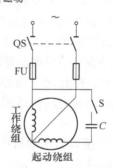

图2-52 电容分相式电动机接线图

如图2-52所示，起动时，工作绕组电路与起动绕组电路中的两只开关QS和S都要闭合，等到转速接近额定值时，起动绕组电路中的离心开关S自动断开，这时只留下工作绕组，电动机仍可继续带动负载运行。

电容分相式单相异步电动机可分为以下几类。

1）电容起动式单相异步电动机。起动绕组仅参与起动，当转速上升到70%～85%额定转速时，由离心开关将起动绕组从电源上切除。它适用于具有较高起动转矩的小型空气压缩机、电冰箱、磨粉机、水泵及满载起动的小型机械。

2）电容运行式单相异步电动机。这种电动机没有离心开关，起动绕组不但参与起动，也参与电动机的运行。电容运行式单相异步电动机实质上是一台两相电动机，这种电动机具有较高的功率因数和效率，体积小、质量小，适用于电风扇、洗衣机、通风机、录音机等各种空载或轻载起动的机械。

3）电容起动与运行式单相异步电动机（也称为单相双值电容式异步电动机）。这种电动机采用两只电容器并联后再与起动绕组串联。两只电容器，一只称为起动电容器（电容器的电容量较大），仅参与起动，起动结束后，由离心开关切除其与起动绕组的连接；另一只称为工作电容器（电容量较小），一直与起动绕组连接，通过电动机在起动与运行时电容量的改变来适应电动机起动性能和运行性能的要求。此种电动机具有较好的起动与运行性能，起动能力大，过载性能好，效率和功率因数高，适用于家用电器、水泵和小型机械。

（2）电阻分相式单相异步电动机

电阻分相式单相异步电动机的起动绕组串接电阻，使起动绕组电路性质呈近乎电阻性，而工作绕组呈感性电路性质，从而使两绕组中电流具有一定的相位差，电阻分相的相位差小于90°。实际电阻分相式单相异步电动机的起动绕组并没有串接电阻，而是通过选用阻值大的绕组材料，以及用绕组反绕的方法来增大起动绕组的电阻值，减少其感抗值，达到分相的目的。

理论和实践均证明，单相异步电动机通过电容或电阻分相后，在起动时就能产生旋转磁场，同三相异步电动机的工作原理相同，只要产生旋转磁场，单相异步电动机在起动时就能产生起动转矩。与三相交流异步电动机的磁场转向一样，两相绕组产生的旋转磁场也是由电流超前相的绕组向滞后相的绕组方向旋转，即磁场旋转方向与绕组电流的相序一致。

电阻分相式由于两绕组内的阻抗不等，因此两绕组中电流的大小也不相等。虽然在设计时可以适当选择两绕组的匝数，使两绕组上产生的磁动势幅值相等，但不可能使两绕组电流之间的相位差达到90°，一般可达到30°~40°。因此不能满足产生圆形旋转磁场的条件，只能产生椭圆形旋转磁场。

电阻起动异步电动机的起动绕组只允许起动时短时间工作，待电动机转速达到75%~80%额定转速时，由起动（离心）开关将起动绕组从电源上切断，由工作绕组单独工作。

单相电阻起动式电动机适用于具有中等起动转矩和过载能力的小型车床、鼓风机、医疗机械等。

3. 罩极式单相异步电动机

功率很小的单相异步电动机常利用罩极法来产生起动转矩。它的定子、转子铁心采用厚度为0.5mm的硅钢片叠压而成。单相绕组套在磁极上，极面的一边开有小凹槽，凹槽将每个磁极分成大、小两部分，较小的部分（约1/3）套有铜环，称为被罩部分；较大的部分未套铜环，称为未罩部分，如图2-53所示。

罩极式电动机的磁场具有移动的性质，这可用图2-54来说明。当单相绕组（工作绕组）的电流和磁通由零值增大时，在铜环中引起感应电流，它的磁通方向应与磁极磁通反向，致使磁极磁通穿过被罩部分的较疏，穿过未罩部分的较密，如图2-54a所示。

当工作绕组电流升到最大值附近时，电流及其磁通的变化率近似为零，这时铜环内不再有感应电流，也不再有反抗的磁通，铜环失去作用，此时磁极的磁通均匀分布于被罩和未罩两部分，如图2-54b所示。

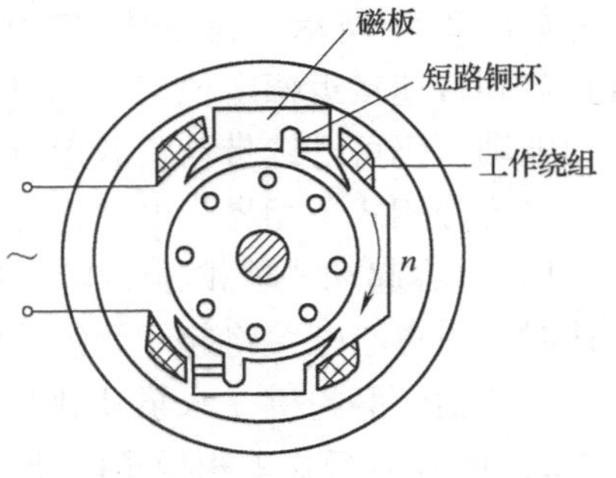

图2-53 罩极式单相异步
电动机的结构

当工作绕组电流从最大值下降时，铜环内又有感应电流，这时它的磁通应与磁极磁通同向，因而被罩部分磁通较密，未罩部分磁通较疏，如图 2-54c 所示。

由图 2-54 看出，罩极式磁极的磁通具有在空间移动的性质，由未罩部分移向被罩部分。当工作绕组电流为负值时，磁通的方向相反，但移动的方向不变，所以不论单相绕组中的电流方向如何变化，磁通总是从未罩部分移向被罩部分。这种持续移动的磁场，其作用与旋转磁场相似，也可以使转子获得起动转矩。

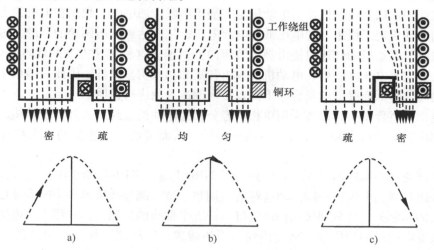

图 2-54   罩极式电动机的磁场移动原理
a）电流增加   b）电流不变   c）电流减小

要改变罩极式单相异步电动机的旋转方向，只能改变罩极的方向，这一般难以实现，所以单相罩极式异步电动机通常用于不需改变转向的电气设备中。

单相异步电动机的优点是可用于单相电源；缺点是效率、功率因数、过载能力都比较低，而且造价比同功率的三相异步电动机要高。因此单相异步电动机的功率一般在 1kW 以下。

子任务 3   单相异步电动机的反转

1. 电容分相式单相异步电动机的反转

在要求改变单相分相式异步电动机转向时，一般的方法是：将工作绕组（或者起动绕组）的两出线端对调，就会改变旋转磁场的转向，从而使电动机的转向得到改变。

如果要求电动机频繁正、反向转动，例如，家用洗衣机的搅拌用电动机，运行中一般30s 左右必须改变一次转向，此电动机一般用的是电容运转式单相电动机，其工作绕组、起动绕组做得完全一样，通过转换开关，将电容器分别与工作绕组、起动绕组串联，即可方便地实现电动机转向的改变，如图 2-55所示。

2. 电阻分相式单相异步电动机的反转

欲使电阻分相式单相异步电动机反转，只要将工作绕组（或起动绕组）的两个接线端对调即可。

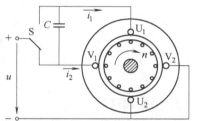

图 2-55   电容运转式单向
电动机的正、反转

子任务4　单相异步电动机的调速

单相异步电动机的调速方法有变极调速、降压调速（又分为串电抗器调速、串电容器调速、自耦变压器调速和串晶闸管调压调速）、抽头调速等。电风扇用电动机调速方法目前常用串电抗器法和抽头调速法。

1. 串电抗器调速法

串电抗器调速法是将电抗器与电动机定子绕组串联。通电时，利用在电抗器上产生的电压降使加到电动机定子绕组上的电压低于电源电压，从而达到减压调速的目的。因此用串电抗器调速法时，电动机的转速只能由额定转速向低调速。这种调速方法的优点是电路简单，操作方便；缺点是电压降低后，电动机的输出转矩和功率明显降低，因此只适用于转矩及功率都允许随转速降低而降低的场合。下面以吊扇调速为例进行说明。

吊扇电动机俗称吊头，多数采用单相电容分相式电动机、封闭式外转子结构。其结构特点是定子固定在电动机中间，外转子绕定子旋转，从而带动与之连接的扇头和外壳一起转动。

吊扇的调速采用调速器实现，其电路如图2-56a所示，图中起动绕组与电容器串联，然后与工作绕组并联到电源另一端，调速时通过调整电抗式调速线圈抽头来改变速度。调速旋钮控制开关的动触头，可分别接通调速电抗器的五个抽头的静触头，利用串入电抗器线圈匝数不同来改变电动机的端电压，从而得到不同的转速。若将调速旋钮置于"停"位置，电动机因绕组断电而停转。

图2-56b为吊扇电气接线示意图，黑色引出线所连接的是起动绕组，红色引出线连接的是工作绕组，绿色引出线连接的是起动绕组和工作绕组的公共端，它直接接到电源另一端。

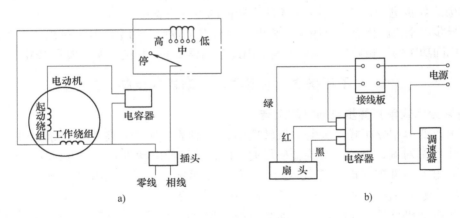

图2-56　吊扇电气原理图和接线图
a）电路　b）接线图

2. 抽头调速法

电容运转电动机在调速范围不大时，普遍采用定子绕组抽头调速。此时定子槽中嵌有工作绕组、起动绕组和调速绕组（又称中间绕组），通过改变调速绕组与工作绕组、起动绕组的连接方式，调节气隙磁场大小及椭圆度来实现调速的目的，如台扇调速。

台扇一般采用电容分相式电动机的抽头调速，实质上是电抗器与定子绕组制造在一起，通过改变定子绕组的接法实现调速。这种方法不用电抗器，仅在定子绕组中增加一个调速辅助绕组，称中间绕组或调速绕组。

台扇的电气接线如图 2-57a 所示，电动机主绕组（工作绕组）、辅助绕组（起动绕组）以及中间绕组（调速绕组）的接线如图 2-57b 所示。

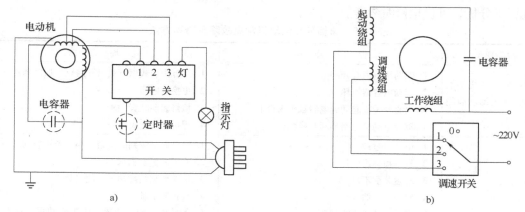

图 2-57　台扇电气图
a）接线图　b）绕组接线

台扇的控制由其控制板上的琴键调速开关配合摇头旋钮和定时旋钮完成。图 2-58 中，摇头旋钮旋至"STOP"位置时，通过旋钮拉紧摇头机构的钢丝，使摇头离合器分离，扇头定向送风；当摇头旋钮旋至"MOVE"位置时，通过旋钮放松钢丝，离合器啮合，扇头摇头送风。

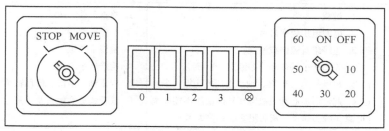

图 2-58　台扇控制面板

定时器旋钮的定时时间可在 10～60min 内选择，其定时由机械式时间继电器完成。若要定时，将旋钮旋至所选定的时刻处，台扇运行到规定的时刻，旋钮会自动回到"OFF"位置，从而切断电源，电动机停转；若将旋钮置于"ON"位置，则台扇连续运行。

琴键调速开关"0"位置为停转；"1～3"分别对应不同转速，"⊗"位置表示灯钮，按下此键，台扇支柱上的指示灯发光。

电动机绕组抽头调速与串电抗器调速比较，用绕组内部抽头调速不需电抗器，故节省材料、耗电量少，但绕组嵌线和接线比较复杂。

子任务 5　单相异步电动机的常见故障与处理方法

单相异步电动机的许多故障，如机械构件故障和绕组断线、短路等，无论在故障现象和处理方法上都和三相异步电动机相同。但由于单相异步电动机结构上的特殊性，它的故障也与三相异步电动机有所不同，如起动装置故障、辅助绕组故障、电容器故障及由于气隙过小引起的故障等。表 2-15 列出了单相异步电动机的常见故障，并对故障产生的原因和处理方法进行了分析，可供检修时参考。

表 2-15　单相异步电动机常见故障及修理方法

故障现象	原因分析	处理方法
通电后电动机不能起动，手工助动后能起动	1. 辅助绕组内有开路 2. 起动电容器损坏 3. 离心开关或起动继电器触头未合上 4. 罩极电动机短路环断开或脱焊	1. 用万用表或试灯找出开路点，加以修复 2. 更换电容器 3. 检修起动装置触头 4. 焊接或更换短路环
通电后电动机不能起动，手工助动后也不能起动	1. 电动机过载 2. 轴承损坏或卡住 3. 端盖装配不良 4. 转子轴弯曲 5. 定子、转子铁心相擦 6. 主绕组接线错误 7. 转子断条	1. 测负载电流判断负载大小，若过载则减载 2. 修理或更换轴承 3. 重新调整装配端盖，使之装正 4. 校正转子轴 5. 若系轴承松动造成，应更换轴承，否则应锉去相擦部位，校正转子轴线 6. 重新接线 7. 修理转子
	1. 电源断线 2. 进线线头松动 3. 主绕组内有断路 4. 主绕组内有短路，或因过热烧毁	1. 检查电源恢复供电 2. 重新接线 3. 用万用表或试灯找出断点并修复 4. 修复
电动机转速达不到额定值	1. 过载 2. 电源电压频率过低 3. 主绕组有短路或错误 4. 笼型转子端环和导条断裂 5. 机械故障（轴弯、轴承损坏或污垢过多） 6. 起动后离心开关故障使辅助绕组不能脱离电源（触头焊牢、灰屑阻塞或弹簧太紧）	1. 检查负载，减载 2. 调整电源 3. 检修主绕组 4. 检修转子 5. 校正轴，清洗、修理轴承 6. 修理或更换触头及弹簧
电动机起动后很快发热	1. 主绕组短路 2. 主绕组通地 3. 主、辅助绕组间短路 4. 起动后，辅助绕组无法断开，长期运行而发热烧毁 5. 主、辅助绕组相互间接错	1. 拆开电动机检查主绕组短路点，修复 2. 用绝缘电阻表或试灯找出接地点，垫好绝缘，刷绝缘漆，烘干 3. 查找短路点并修复 4. 检修离心开关或起动继电器，修复 5. 重新接线，更换烧毁的绕组
运行中电动机温升过高	1. 电源电压下降过多 2. 负载过重 3. 主绕组轻微短路 4. 轴承缺油或损坏	1. 提高电压 2. 减载 3. 修理主绕组 4. 清洗轴承并加油，更换轴承

（续）

故障现象	原　因　分　析	处　理　方　法
运行中电动机温升过高	5. 轴承装配不当 6. 定子、转子铁心相擦 7. 大修重绕后，绕组匝数或截面搞错	5. 重新装配轴承 6. 找出相擦原因，修复 7. 重新换绕组
电动机运行中冒烟，发出焦煳味	1. 绕组短路烧毁 2. 绝缘受潮严重，通电后绝缘被击穿烧毁 3. 绝缘老化脱落，造成烧毁	检查短路点和绝缘状况，根据检查结果进行局部或整体更换绕组
发热集中在轴承端盖部位	1. 新轴承装配不当，扭歪，卡住 2. 轴承内润滑油固结 3. 轴承损坏 4. 轴承与机壳不同心，转子转起来不灵活	1. 重新装配，调整 2. 清洗，换油 3. 更换轴承 4. 用木槌轻敲端盖，按对角顺序逐次上紧螺栓；拧紧过程中不断试轴承是否灵活，直至全部上紧
电动机运行中噪声大	1. 绕组短路或通地 2. 离心开关损坏 3. 转子导条松脱或断条 4. 轴承损坏或缺油 5. 轴承松动 6. 电动机端盖松动 7. 电动机轴向游隙过大 8. 有杂物落入电动机内 9. 定子、转子相擦	1. 查找故障点，修复 2. 修复或更换离心开关 3. 检查导条并修复 4. 更换轴承或加油 5. 重新装配或更换轴承 6. 紧固端盖螺钉 7. 轴向游隙应小于 0.4mm，过松则应加垫片 8. 拆开电动机，清除杂物 9. 进行相应修理
触摸电动机外壳有触电、麻手感	1. 绕组通地 2. 接线头通地 3. 电动机绝缘受潮漏电 4. 绕组绝缘老化而失效	1. 查出通地点，进行处理 2. 重新接线，处理其绝缘 3. 对电动机进行烘干 4. 更换绕组
电动机通电时，熔丝熔断	1. 绕组短路或接地 2. 引出线接地 3. 负载过大或由于卡住电动机不能转动	1. 找出故障点修复 2. 找出故障点修复 3. 负载过大应减载，卡住时应拆开电动机进行修理
单相运行的电动机反转	分相电容或分相电阻接错绕组	用万用表判断出起动绕组和工作绕组，重新接线，将分相电容或分相电阻串入工作绕组（起动绕组电阻大于工作绕组电阻）

 **技能训练**

1. 技能训练的内容

单相电容式异步电动机的检修。

2. 技能训练的要求

1）熟悉单相异步电动机的结构。

2）对所设定的单相电容式异步电动机的几种故障进行分析与排除。

3. 设备器材

1）常用电工组合工具　　　　　　　　　　　　　　1 套

2）调压器　　　　　　　　　　　　　　　　　　　　　　　1 台
3）失效的、击穿的、电容量远大于和远小于额定值的电容器　　各 1 个
4）绕组短路（匝间或对外壳）和断路的电扇电动机　　　　　各 1 台
5）万用表、绝缘电阻表、转速表　　　　　　　　　　　　　各 1 块
6）电烙铁　　　　　　　　　　　　　　　　　　　　　　　1 把

4. 技能训练的步骤

1）对电动机进行通电检查。测量空载电流；观察是否有异味，温升情况，是否有异常声音；测量转速。电动机连续运行 30min，观察其运行情况，将有关数据填入表 2-16 中。

表 2-16　单相异步电动机通电检查记录表

测量项目	空载电流/mA			空载温升/°C		转速/（r/min）
检测部位及状态	空载时间	冷态	热态	环境温度	实测温度	空载
检测结果						

2）按表 2-16 所列观测项目，指导教师在电动机上预先设定故障，让学生观察故障现象，测试相关数据并填入表 2-17 中。

表 2-17　电容运转电动机故障检修表

项目 拟设故障	电源电压	转速	转向	绕组电阻		电容器		故障现象
				工作绕组	起动绕组	电容量	漏电阻	
完全正常								
电容器失效								
电容量太大								
电容量太小								
工作绕组断								
起动绕组断								
工作绕组引出线对换								
输入电压太低								
加大负载								

问题研讨

1）单相异步电动机为什么不能自行起动？用外力扭动一下，它就转动起来，这是为什么？

2）单相电容起动异步电动机的起动原理是什么？

3）单相电容起动异步电动机与单相电容运行异步电动机有什么相同点和不同点？各有哪些优越性？

4）电容式单相异步电动机的电容器损坏后（短路或断路），电动机将出现什么后果？

5）三相异步电动机在断了一根电源线后，为何不能起动？而在运行中断了一根电源线却能继续运行，为什么？在实际工作中是否允许三相异步电动机工作在这种状态？为什么？

6）怎样改变单相电容式电动机的旋转方向？

7）怎样判定单相异步电动机的两个绕组？可实现正、反转的单相异步电动机的两个绕组有什么特点？

8）罩极式电动机中的短路环有什么作用？

任务 2.6　三相同步电机的认识

任务描述

转子的转速始终与定子旋转磁场的转速相同的交流电机称为同步电机。火力发电厂和水力发电站中的发电机一般都采用三相同步发电机；而同步电动机主要用于大功率、恒转速的电力驱动设备中。虽然同步电动机在工矿企业中的应用没有三相异步电动机那么广泛，但是由于它功率大、用电量大，对电网运行的功率因数有重要影响。作为一名电气技术人员，必须对它的结构特点、性能用途和使用方法有一定的了解。

本任务学习同步电动机的基本结构、基本工作原理，同步电动机的功角特性及 V 形曲线、起动方法、调速方法以及同步电动机的应用。

任务目标

了解三相交流同步电动机的结构、功角特性及 V 形曲线，理解三相同步电动机的基本原理。掌握同步电动机的异步起动法和调速的方法。

子任务 1　三相同步电机的种类与结构

1. 三相交流同步电机的种类

同步电机是交流电机的一种，其转速恒等于同步转速，即转子的转速始终与定子旋转磁场的转速 n_1 相同，因此而得名。

同步电机按照用途不同可分为同步发电机、同步电动机和同步调相机三大类。同步发电机的作用是将机械能转换为电能，是现代发电厂（站）的主要设备；同步电动机的作用是将电能转换为机械能；同步调相机实际上是一台空载运转的同步电动机，专用于调节电网的无功功率，改善电网的功率因数。

同步电机按结构形式可分为：旋转电枢式同步电机，在小功率同步电机中得到应用；旋转磁极式同步电机，应用比较广泛，并成为同步电机的基本结构形式；微型同步电机，由于它的同步运行特性较好，在控制领域中得到广泛应用。

同步发电机和同步电动机只是电机的两种运行方式，它们本身是可逆的。它们的区别在于有功功率的传递方向不同，同步发电机向电网输送有功功率，功率角为正值；同步电动机则从电网吸取有功功率，其功率角为负值。

（1）同步发电机

同步发电机有以下四种：

1）汽轮发电机。以汽轮机或燃气轮机等高速动力机械作为原动机，通常转速为 3000r/min 或 1500r/min。

2）水轮发电机。以水轮机作为原动机，发电机体积较大，转速较低，通常转速为 500～1500r/min。

3）柴（汽）油发电机。以柴（汽）油机作为原动机，功率较小，发电成本较高，转速 250～3000r/min，功率从几千瓦到数千千瓦。

4）中频发电机。频率范围为 100～10000Hz，功率为 2～1000kW。

（2）同步电动机

若交流电网的频率恒定，则同步电动机的转速也为恒定值，不受负载变动的影响，其机械特性如图 2-59 所示。同步电动机的功率因数可通过改变励磁电流来调节，励磁电流较大时，可以改善电网的功率因数。

（3）同步调相机

同步电动机不带机械负载，专门用于调节功率因数时称为调相机。它通过改变励磁电流来改善电网的功率因数。

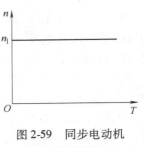

图 2-59　同步电动机的机械特性

2. 三相同步电动机的结构

三相同步电动机由定子、转子和气隙构成。定子的结构与三相交流异步电动机的定子完全一样，其绕组也可接成星形或三角形。

（1）定子

同步电动机的定子部分与三相异步电动机的定子基本相同，由定子铁心、定子绕组、端盖以及机座组成。定子铁心由硅钢片叠成，定子（电枢）绕组是三相对称交流绕组，端盖和机座主要用来防止灰尘和固定电动机。

（2）转子

由于旋转磁极式的同步电动机具有转子质量小、制造工艺较简单、通过电刷和集电环的电流较小等优点，大、中功率的同步电动机多采用旋转磁极式结构。同步电动机的转子根据其形状的不同可以分为凸极式转子和隐极式转子两大类。

凸极式转子的形状有明显的凸出的磁极，其周围的气隙和磁场不均匀，如图 2-60a 所示。极靴下的气隙较小，极间部分的气隙较大，励磁绕组为集中绕组，一般制成 4 极以上电动机，其转子粗而短，多用于要求低转速的场合。转子铁心主要由磁极、磁轭、绕组及转轴组成。直流的励磁电流通过电刷和集电环送入励磁（转子）绕组，使转子中产生稳定磁场。除励磁绕组外，凸极式同步电动机还装有阻尼绕组，类似于异步电动机的笼型绕组，用以减少转子转速的振荡，有时也作为起动绕组使用。为了便于起动，凸极式转子磁极的表面还装有用黄铜制成的导条，在磁极的两个端面分别用一个铜环将导条连接起来构成一个不完全的笼型起动绕组。

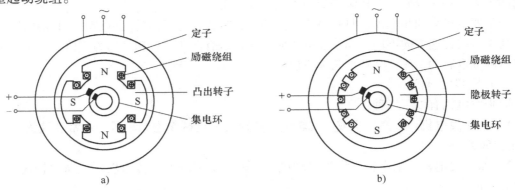

a)　　　　　　　　　　　b)

图 2-60　同步电动机的结构示意图

a）凸极式　b）隐极式

隐极式同步电动机的转子铁心一般采用高强度导磁性能好的合金钢制成，整个转子形成一个类似齿轮的形状，没有凸出的磁极，在转子圆周所开的小槽中嵌放绕组，如图2-60b所示。隐极式的转子做成圆柱形，转子上没有明显的凸出的磁极，气隙是均匀的，励磁绕组是分布绕组。一般制成2极或4极的电动机，其转子细而长，多用于要求高转速的场合。

一般来说，同步电动机的转子大多做成凸极式的，少数高速电动机才做成隐极式的；而由汽轮机驱动的同步发电机则大多都做成隐极式的转子。

（3）气隙

凸极式同步电机的定子、转子之间有一气隙，但气隙不均匀，极弧下的气隙较小，而极尖部分气隙较大，这样使气隙中的磁场沿定子内圆按正弦规律分布，当转子旋转时，在定子绕组中便可获得正弦感应电动势。

3. 三相同步电动机的励磁方式

1）直流励磁机励磁是采用一台并励或串励直流电动机，然后使两台电动机的轴相互对接，从而构成了一个内环系统的励磁方式。由于构成了一个闭环控制，这种励磁方式一般都有自动调节的功能。

2）整流励磁是将电网或其他的交流电源经过整流以后，送入电动机励磁绕组的。整流方式有可控整流方式，也有不可控整流方式，同样构成一个自动调节的闭环系统。目前无刷励磁系统在很多方面都有使用，有兴趣的读者可以查阅相关资料。

4. 三相同步电动机的铭牌数据

1）额定容量 S_N（或额定功率 P_N）：额定容量是指电动机的视在功率，包括有功功率和无功功率，单位是 kV·A；额定功率一般为有功功率，单位是 kW，对于电动机来说，这个功率是指机械功率，而对于发电机来讲，这个功率是指输出的有功功率。总之，这个功率必定是指电机的输出功率。

2）额定电压 U_N：指在电动机正常运行时加在电动机定子端口上的三相线电压，单位为 V 或 kV。

3）额定电流 I_N：指在电动机正常运行时，流过电动机定子三相对称绕组的线电流，单位为 A。

4）额定频率 f_N：指流过定子绕组交流电的频率，我国的标准市电频率为50Hz。

5）额定功率因数 $\cos\varphi_N$：指电动机在正常运行时的功率因数。一般来讲，同步发电机的额定功率因数为0.8。

6）额定转速 n_N：指电动机在正常运行时转子的转速，也就是同步速 n_1，单位为 r/min。

除此之外，还有一些电动机的铭牌上标有：额定效率 η_N、额定励磁电压 U_{fN}、额定励磁电流 I_{fN} 等参数。

5. 同步电动机的应用场合

由于同步电动机具有恒速特性，常用来拖动不需调速或要求保持恒速的生产机械，如空气压缩机、水压机等。

同步电动机构造复杂，价格较贵，而且起动不便，一般能采用异步电动机的场合，多不采用同步电动机。

同步电动机大多用于低速、大功率的电力拖动中，因为在低速和大功率时与异步电动机比较，同步电动机的优越性才更显著（低速异步电动机的功率因数低）。

子任务2　三相同步电机的工作原理

1. 三相同步电动机的工作原理

同步电动机工作时，定子的三相绕组中通入三相对称电流，转子的励磁绕组通入直流电流。

在定子三相对称绕组中通入三相交变电流时，将在气隙中产生旋转磁场。在转子励磁绕组中通入直流电流时，将产生极性恒定的静止磁场。若转子磁场的磁极对数与定子磁场的磁极对数相等，转子磁场因受定子磁场磁拉力作用而随定子旋转磁场同步旋转，即转子以等同于旋转磁场的速度、方向旋转，即 $n = n_1$，所以称为同步电动机，如图2-61所示。

定子旋转磁场与转子的速度为 $n_1 = \dfrac{60f_1}{p}$，它的大小只决定于

电源频率 f_1 的大小和定子、转子的磁极对数 p，不会因负载变化而改变，这是同步电动机的一个重要特性——恒速性。

同步电动机运行中，即使空载时，轴上也存在一定的阻力，因此转子的磁极轴线总要滞后于定子旋转磁场的磁极轴线一个很小的角度 θ，这个角度 θ 称为功率角或功角，如图2-61所示。负载增大时，θ 也变大，电磁转矩随之增大，电动机仍然保持同步工作状态。当然，负载若超过异性磁极的最大吸引力，转子就无法正常运转，将出现"失步"现象。

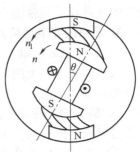

图2-61　同步电动机的工作原理

定子旋转磁场或转子的旋转方向决定于通入定子绕组的三相电流相序，改变其相序即可改变同步电动机的旋转方向。

2. 三相同步发电机的工作原理

同步电机作为发电机运行时，当励磁绕组通入直流电后，转子立即建立恒定磁场。用原动机驱动转子以同步转速 n_1 旋转时，定子三相对称绕组切割磁场而产生三相对称交流感应电动势，将原动机输入的机械能转换为电能，输出到用电设备。

子任务3　三相同步电动机的功角及矩角特性

同步电动机接在电网上运行时，当功率角 θ 变化时，电磁功率 P_{em} 和电磁转矩 T 也随之发生变化，因此，功率角 θ 是同步电动机的一个重要参数。在恒定励磁电流和恒定电网电压时，电磁功率 P_{em} 和电磁转矩 T 与功率角 θ 的正弦值成正比，把 $P_{em} = f(\theta)$ 的关系称为同步电动机的功角特性；把 $T = f(\theta)$ 的关系称为同步电动机的矩角特性。隐极式同步电动机 P_{em}、T 与 θ 的关系为

$$P_{em} = \frac{3E_0U}{X_C}\sin\theta \tag{2-29}$$

式中，E_0 为定子绕组的感应电动势；U 为定子绕组的相电压；X_C 为定子绕组的等效电抗，也称同步电抗。

将式（2-32）两边同除以角速度 ω，即可得到电磁转矩的表达式为

$$T = \frac{3E_0 U}{\omega X_C}\sin\theta \tag{2-30}$$

上式称为同步电动机的矩角特性。

功角特性和矩角特性的曲线如图 2-62 所示。

同步电动机额定运行时，θ_N 为 $20° \sim 30°$。当 $\theta_N = 90°$ 时，$P_N = P_{max}$，$T = T_{max}$，均达到了最大值；若同步电动机的负载转矩 T_L 大于最大电磁转矩 T_{max}（即使得 $\theta > 90°$）时，电动机便不能保持同步运行，即出现失步现象，同步电动机无法正常工作。常用过载能力来衡量失步状况。同步电动机的过载能力 λ_m 为

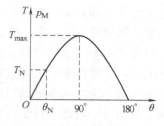

图 2-62　同步电动机的功角特性和矩角特性

$$\lambda_m = \frac{T_{max}}{T_N} = \frac{1}{\sin\theta_N} \tag{2-31}$$

由于 θ_N 为 $20° \sim 30°$。因此 λ_m 为 $2 \sim 3$，在过载能力范围内，电动机有足够的能力不致失步。

子任务 4　三相同步电动机的 V 形曲线及功率因数的调节

1. 同步电动机的 V 形曲线

同步电动机的 V 形曲线是指电网电压、频率恒定，电动机输出功率不变的条件下，定子输入电流 I_1 与转子励磁电流 I_f 之间的关系曲线，即 $I_1 = f(I_f)$，如图 2-63 所示。

当转子励磁电流 I_f 较小时，定子输入电流 I_1 中包含大量用于产生磁场的无功分量，功率因数是滞后的，称为欠励状态。当转子励磁电流 I_f 合适时，定子电流 I_1 全部用于产生电磁功率和电磁转矩，此时功率因数 $\cos\varphi = 1$，定子电流最小，称为正常励磁状态。而励磁电流 I_f 过大时，转子磁场过强，定子电流 I_1 中包含一些用于削弱磁场的分量，因此功率因数是超前的，此时称为过励状态。同步电动机欠励或过励越严重，定子电流就越大。

当电动机的负载增大时，在相同的励磁电流条件下，定子电流增大，对应的 V 形曲线向右上方移动。

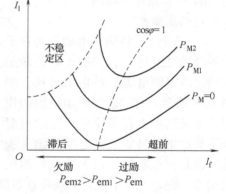

图 2-63　同步电动机的 V 形曲线

同步电动机负载不变，减小励磁电流时，由于转子磁场的削弱，对应的功率角 θ 则增大，过载能力降低。这样，在某一负载下，励磁电流减小到一定程度时，θ 大于 $90°$，隐极式同步电动机就不能同步运行。

2. 同步电动机的功率因数可调性

通常所说的电机（发电机和电动机），仅指有功功率而言，发电机向电网输出有功功率，电动动机从电网吸收有功功率。同步电动机可用来专门提供无功功率，以提高电网的功率因数。这种专供无功功率的同步电动机称为同步调相机或同步补偿机。

功率因数可调性，就是在一定负载下，调节直流励磁电流 I_f 时，可引起定子电流的相位和大小发生变化，即同步电动机的功率因数可以用控制励磁电流大小的办法来调节。负载

一定时电网供给电动机的有功电流 $I_1\cos\varphi$ 是一定的，调节 I_f 只是引起定子电路中无功电流的变化，因而定子电流 i_1 的大小和相位发生变化。调节 I_f 达到某一定值时，可使定子无功电流为零，即 $\cos\varphi=1$，这时电动机相当于一个纯电阻性负载，称为基准励磁状态。以此为基准，如果减小 I_f，定子电流将滞后于电压，它从电网中吸取滞后的无功电流，同步电动机就相当于一个电感性负载，称为欠励磁状态。如果调节 I_f 超过基准值，定子电流就超前于电压，它从电网中吸取导前的无功电流，这时同步电动机就相当于一个电容性负载，称为过励磁状态，这是同步电动机的一个很可贵的特性。为了利用这一特性改善电网的功率因数，同步电动机一般都运行于过励状态。有时同步电动机还可不带负载，专门用来吸取容性无功电流，以改善电网的功率因数，这样运行的同步电动机就是同步补偿机。

子任务 5　三相同步电动机的起动和调速

1. 同步电动机的起动

同步电动机的最大缺点是它没有起动转矩，原因是：起动时转子是静止的，旋转磁场的 N 极一会儿与转子的 S 极相遇，一会儿又与转子的 N 极相遇，以致在很短的时间内转子受到两个方向相反的转矩，使得平均转矩为零，所以转子转不起来。

同步电动机常用的起动方法有三种：辅助电动机起动法、变频起动法和异步起动法。

（1）异步起动法

异步起动法是在转子磁极表面装有阻尼绕组，以此来获得起动转矩。阻尼绕组与异步电动机的笼型绕组相似，只是它装在转子磁极的极靴上，有时把这个阻尼绕组称为起动绕组。图 2-64 为其原理接线图。

起动步骤如下。

1）合上 S，将同步电动机的转子上的励磁绕组与一个 $10R_f$（R_f 为转子上励磁绕组的电阻）的电阻短接，如图 2-64 所示。在励磁绕组串电阻的作用主要是削弱由转子绕组产生的对起动不利的单轴转矩。而起动时励磁绕组开路是很危险的，因为励磁绕组匝

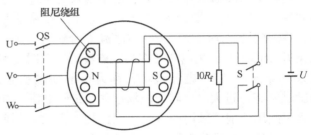

图 2-64　同步电动机异步起动法原理接线图

数很多，起动时定子旋转磁场将在该绕组中产生很高的电压，可能击穿该绕组的绝缘，且对人身不安全。

2）合上 QS，将同步电动机的定子绕组接通三相交流电源，这时定子旋转磁场在阻尼绕组中产生感应电动势和电流，这个电流与定子旋转磁场相互作用产生异步电磁转矩，同步电动机便当做异步电动机而起动。

3）当同步电动机的转速接近同步转速（约 $95\% n_1$）时，将附加电阻切除，励磁绕组改接至直流励磁电源上，转子磁极有了确定的极性，这时转子上增加一个频率很低的交变转矩，依靠定子旋转磁场与转子磁极之间的吸引力产生的同步转矩，将同步电动机牵入同步转速运行。

在同步电动机异步起动时，为了限制起动电流，和异步电动机的起动时一样，可以采用减压起动方法，通常采用自耦变压器或电抗器来减压，当电动机接近同步转速时再恢复全

压，然后才给予直流励磁，电动机即可牵入同步运行。

需要注意的是，同步电动机停止运行时，应先断开定子电源，再断开励磁电源，不然转子突然失磁，将在定子中产生很大的电流，在转子中产生很高的电压，会损坏电动机绝缘，影响人身安全。

（2）辅助电动机起动法

一般选用与同步电动机的极数相同，功率为同步电动机额定功率 5%～15% 的异步电动机作为辅助电动机。由该辅助电动机将同步电动机拖到近同步转速（$n \approx 95\% n_1$），然后给同步电动机加入励磁电流 I_f 并投入电网运行（自整步法将其投入电网），最后切除辅助电动机电源。

由于辅助电动机的功率较小，该方法只适用于空载或轻载起动。

（3）变频起动法

变频起动法是先将同步电动机定子电源频率 f_1 降低，并在转子上加以励磁，然后逐渐增加电源频率直到 $f_1 = f_{1N}$（额定频率）为止，于是同步电动机转子转速将随着定子旋转磁场的转速上升而同步上升，直到额定转速。采用该方法起动需要变频电源，并且励磁机必须是非同轴的，否则，由于同轴励磁机最初转速低，无法获得所需的励磁电压。

2. 同步电动机的调速

同步电动机始终以同步转速运行，没有转差，也没有转差功率，而同步电动机转子极对数又是固定的，不能有变极调速，因此，只能靠变频调速。在进行变频调速时同样考虑恒磁通的问题，所以同步电动机的变频调速也只是电压频率协调控制的变压变频调速。

在同步电动机的变压变频调速方法中，按照控制的方式可分为：他控变压变频调速和自控变压变频调速两类。

（1）他控变压变频调速系统

使用独立的变压变频装置给同步电动机供电的调速系统称为他控变压变频调速系统。变压变频装置与异步电动机的变压变频装置相同，分为交-直-交和交-交变频两大类。对于经常在高速运行的电力拖动场合，定子的变压变频方式常用交-直-交电流型变压变频器，其电动机侧变换器（即逆变器）比给异步电动机供电时更简单。对于运行于低速的同步电动机电力拖动系统，定子的变压变频方式常用交-交变压变频器（或称周波变换器），使用这样的调速方式可以省去庞大的机械传动装置。

（2）自控变压变频调速系统

自控变压变频调速是一种闭环调速系统。它利用检测装置，检测出转子磁极位置的信号，并用来控制变压变频装置换相，类似于直流电动机中电刷和换向器的作用，因此也称为无换向器电动机调速，或无刷直流电动机调速。但它不是一台直流电动机。

技能训练

1. 操作训练的内容

同步电动机的起动实验。

2. 操作训练的要求

进一步理解同步电动机的异步起动法的原理，连接同步电动机的异步起动法实验电路，测量异步起动后同步运行的电流和转速。

3. 设备器材

1）电机与电气控制实验台　　　　　1台
2）同步电动机（三角形联结）　　　1台
3）三相调压器　　　　　　　　　　1台
4）电源开关、双向开关　　　　　　各1个
5）变阻器　　　　　　　　　　　　2个
6）交流电压表、交流电流表　　　　各1只
7）直流电流表　　　　　　　　　　1只

4. 操作训练的步骤

1）按图2-65接线，检查各开关，并保证其应在断开位置。合上开关S到1-1′位置，将励磁回路接入电阻 R_{p2}，使 $R_{p2} = (5 \sim 10)R_f$，R_f 为励磁绕组的电阻。

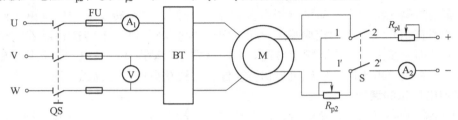

图2-65　同步电动机的异步起动实验接线图

2）合上开关QS，使同步电动机为星形联结，等到转速稳定后，再转向三角形联结。测量电动机定子电流和转速，将数据填入表2-18中。

3）合上开关S到2-2′位置，对电动机加上励磁电流，牵入同步。将测量的定子电流和转速填入表2-18中。

表2-18　同步电动机的异步起动数据表

测　试　量		I_U	I_V	I_W	$n/(\text{r/min})$
测量数据	异步起动后				
	同步运行				

5. 注意事项

在进行异步起动时，不要将电流表接入电路中，防止损坏电流表。等起动完成后，再进行测量。注意 R_{p1} 和 R_{p2} 的调节顺序。

问题研讨

1）三相同步电动机的结构与三相异步电动机有何异同点？

2）同步电动机的"同步"是什么意思？"失步"又是什么意思？

3）什么是同步电动机的V形曲线？

4）什么是同步电动机过励？什么是欠励？它与同步电动机功率因数有何关系？为什么？

5）同步电动机为什么不能自起动？通常采用什么方法起动？调速方法有哪些？

习　题

一、填空题

1. 三相异步电动机的定子主要是由 _____、_____ 和 _____ 构成。转子主要由 _____、_____ 构成。根据转子结构不同可分为 _____ 异步电动机和 _____ 异步电动机。

2. 三相异步电动机定子、转子之间的气隙 δ 一般为 _____ mm，气隙越小，空载电流 I_0 _____，可提高 _____。

3. 三相异步电动机旋转磁场产生的条件是 _____ 通入 _____；旋转磁场的转向取决于 _____；其转速大小与 _____ 成正比，与 _____ 成反比。

4. 三相异步电动机的转差率是指 _____ 与 _____ 之比。三相异步电动机转差率的范围在 _____，额定转差率的范围在 _____。三相异步电动机稳定运行时转差率的范围在 _____，不稳定运行时转差率的范围在 _____。

5. 三相异步电动机运行时，当 $s < 0$ 时为 _____ 状态，当 $s > 1$ 时为 _____ 状态。

6. 三相异步电动机的最大电磁转矩 T_{max} 与转子电阻 _____，临界转差率 s_c 与转子电阻 _____，起动转矩 T_{st} 与转子电阻 _____。

7. 三相绕线转子异步电动机在转子回路串入适当电阻后，其人为机械特性曲线的最大转矩 T_{max} _____，临界转差率 s_c _____，转子转速 _____，使机械特性曲线 _____。起动转矩 T_{st} _____。

8. 三相异步电动机的起动性能是 _____ 很大，一般 _____ I_N，而起动转矩却 _____。

9. 三相笼型异步电动机减压起动有 _____、_____、_____ 和 _____ 四种起动方法，但它们只适用于 _____ 起动。其中 _____ 起动只适用于正常工作为三角形联结的异步电动机，它的起动电流降为直接起动时的 _____ 倍，起动转矩降为直接起动时的 _____ 倍。

10. 三相绕线转子异步电动机的起动方法有 _____ 起动和 _____ 起动两种，既可增大 _____，又可减小 _____。

11. 三相异步电动机的调速方法有 _____ 调速、_____ 调速、_____ 和 _____ 调速，其中 _____ 调速适用于笼型异步电动机，_____ 调速和 _____ 调速适用于绕线转子异步电动机。

12. 三相异步电动机拖动恒转矩负载调速时，为保证主磁通和过载能力不变，则电压 U_1 和频率 f_1 _____ 调节。一般从基频向 _____ 调节。

13. 三相异步电动机电气制动有 _____ 制动、_____ 制动和 _____ 制动三种方法。但它们的共同特点是 _____。最经济的制动方法是 _____ 制动，最不经济的制动方法 _____ 制动。

14. 一台三相绕线转子异步电动机拖动恒转矩负载运行时，增大转子回路外串接电阻，电动机的转速 _____，过载能力 _____，电流 _____。

15. 单相异步电动机若只有一套绕组，通单相电流起动时，起动转矩为 _____，电动机 _____ 起动；若正在运行中，轻载时则 _____ 继续运行。

16. 单相异步电动机根据获得磁场方式的不同，可分为 _____ 和 _____ 两大类；电容分相式单相异步电动机又分为 _____、_____ 和 _____。

17. 单相异步电动机通以单相电流，产生一 _____ 磁场，它可以分解成 _____ 大小相等、_____ 相反、_____ 相同的两旋转磁场。

18. 如果一台三相异步电动机尚未运行就有一相断线，则电动机 _____ 起动；若轻载下正运行中有一相断线，则电动机 _____。

19. 同步补偿机实际上就是一台 _____ 运行的同步电动机，通常工作于 _____ 状态。

20. 同步电动机 _____ 起动，一般起动方法有 _____、_____ 和 _____ 三种。

21. 同步电动机可分为 _____、_____ 和 _____ 三类，但主要做 _____ 运行。

22. 同步电动机的 V 形曲线是指_____与_____的关系曲线，调节_____可以调节电网的功率因数。

23. 同步电机励磁状态可分为_____、_____和_____三种。同步电动机常采用_____励磁。同步补偿机相当于_____的同步电动机，专门用来调节_____，所以又称为同步调相机。

24. 常使同步电动机作电容性负载工作，起一定的_____，以改善电网的_____和_____。

25. 同步电动机异步起动时，其励磁绕组应该_____，否则，因励磁绕组匝数较多，将产生_____，造成_____。

26. 同步电动机与异步电动机相比，同步电动机主要特点是：转速与_____保持严格不变的关系，它的_____是可以调节的，因此广泛应用于_____的大容量生产机械的拖动上。

二、选择题

1. 三相异步电机在电动状态时，其转子转速 n 永远（　　）旋转磁场的转速。

A. 高于　　　　　　　　B. 低于　　　　　　　　C. 等于

2. 三相绕线转子异步电动机的转子绕组与定子绕组基本相同，因此，三相绕线转子异步电动机的转子绕组的末端连接为（　　）。

A. 三角形　　　　　　　B. 星形　　　　　　　　C. 延边三角形

3. 一台三相异步电机其铭牌上标明额定电压为 220/380V，其连接方式应是（　　）。

A. Y/△　　　　　　　　B. D/Y　　　　　　　　C. Y/Y

4. 若电源电压为 380V，而电动机每相绕组的额定电压是 220V，则应接成（　　）。

A. 三角形或星形均可　　B. 只能接成星形　　　　C. 只能接成三角形

5. 三相异步电动机带额定负载时，若电源电压超过额定电压 10%，则会引起电动机过热；若电源电压低于额定电压 10% 时，电动机将（　　）。

A. 不会出过热　　　　　B. 不一定出现过热　　　C. 肯定会出现过热

6. 为了增大三相异步电动机起动转矩，可采取的方法是（　　）。

A. 增大定子相电压　　　B. 增大定子相电阻　　　C. 适当增大转子回路电阻

7. 三相异步电动机若轴上所带负载越大，则转差率 s（　　）。

A. 越大　　　　　　　　B. 越小　　　　　　　　C. 基本不变

8. 一台三相八极异步电动机的电角度为（　　）。

A. 0°　　　　　　　　　B. 720°　　　　　　　　C. 1440°

9. 三相异步电动机转子与定子旋转磁场之间的相对速度是（　　）。

A. n_1　　　　　　　　B. $n_1 + n$　　　　　　　C. $n_1 - n$

10. 三相异步电动机的转差率 $s = 1$ 时，则说明电动机此时处于（　　）状态。

A. 静止　　　　　　　　B. 额定转速　　　　　　C. 同步转速

11. 三相异步电动机磁通 Φ 的大小取决于（　　）。

A. 负载的大小　　　　　B. 负载的性质　　　　　C. 外加电压的大小

12. 三相异步电动机在电动状态稳定运行时，转差率的范围是（　　）。

A. $0 < s < s_c$　　　　　B. $0 < s < 1$　　　　　　C. $s_c < s < 1$

13. 三相异步电动机当气隙增大时，（　　）增大。

A. 转子转速　　　　　　B. 输出功率　　　　　　C. 空载电流

14. 异步电动机起动转矩 T_{st} 等于最大转矩 T_{max} 的条件是（　　）。

A. $s = 1$　　　　　　　B. $s = s_N$　　　　　　　C. $s_c = 1$

15. 绕线转子异步电动机转子回路串入电阻后，其同步转速（　　）。

A. 增大　　　　　　　　B. 减小　　　　　　　　C. 不变

16. 三相绕线转子异步电动机采用转子串电阻起动，下面哪种说法是正确的。（　　）

A. 起动电流减小，起动转矩减小　　　　　B. 起动电流增大，起动转矩增大

C. 起动电流减小、起动转矩增大

17. 三相异步电动机的空载电流比同容量变压器大的原因是（　　　）。

A. 异步电动机是旋转的　　　　　　　　　B. 异步电动机有气隙

C. 异步电动机漏抗大

18. 一台三相六极异步电动机转子相对于定子的转速 $\Delta n = 20\text{r/min}$，此时转子电流的频率为（　　　）。

A. 1Hz　　　　　　　　　B. 3Hz　　　　　　　　　C. 50Hz

19. 一台三相异步电动机拖动额定负载稳定运行，若将电源电压下降10%，这时电磁转矩为（　　　）。

A. $T = T_N$　　　　　　　B. $T = 0.8T_N$　　　　　　C. $T = 0.9T_N$

20. 一台三相绕线转子异步电动机拖动恒转矩负载运行时，若采用转子回路串接电阻调速，那么运行在不同的转速时，对电动机的功率因数 $\cos\varphi_2$ 的描述是（　　　）。

A. 基本不变　　　　　　　　　　　　　　B. 转速越低，$\cos\varphi_2$ 越高

C. 转速越低，$\cos\varphi_2$ 越低

21. 一台三相异步电动机在额定负载下运行，若电源电压低于额定电压10%，则电动机将（　　　）。

A. 不会出现过热现象　　　　　　　　　　B. 肯定会出现过热现象

C. 不一定会出现过热现象

22. 为增大三相异步电动机的起动转矩，可以采用（　　　）。

A. 增加定子相电压　　　　　　　　　　　B. 适当增加定子相电阻

C. 适当增大转子回路电阻

23. 三相异步电动机能耗制动是利用（　　　）配合而完成的。

A. 交流电源和转子回路电阻　　　　　　　B. 直流电源和定子回路电阻

C. 直流电源和转子回路电阻

24. 三相绕线转子异步电动机在起动过程中，频敏变阻器的等效阻抗变化趋势是（　　　）。

A. 由小变大　　　　　　B. 由大变小　　　　　　C. 恒定不变

25. 三相异步电动机倒拉反接制动只适用于（　　　）。

A. 笼型三相异步电动机

B. 转子回路串接电阻的绕线转子异步电动机

C. 转子回路串接频敏变阻器的绕线转子异步电动机

26. 一台电动机定子绕组原为星形联结，两绕组承受380V电压，起动时误接为三角形联结，（　　　）承受380V电压，结果空载电流大于额定电流，绕组很快烧毁。

A. 一相　　　　　　　　　B. 两相　　　　　　　　　C. 三相

27. 单相异步电动机的定子绕组是单相的，转子绕组为笼型的，电容分相式单相异步电动机的定子绕组有两套绕组，一套是工作绕组，另一套是起动绕组，两套绕组在空间上相差（　　　）电角度。

A. 120°　　　　　　　　　B. 60°　　　　　　　　　C. 90°

28. 电容分相式单相异步电动机的电容起动是在起动绕组回路中串联一只适当的（　　　），再与工作绕组并联。

A. 电阻　　　　　　　　　B. 电容　　　　　　　　　C. 电抗

29. 单相异步电动机的电阻起动是在起动绕组回路中串联一只适当的（　　　），使工作绕组与起动绕组的电流在相位上相差一个电角度。

A. 电阻　　　　　　　　　B. 电容　　　　　　　　　C. 电抗

30. 单相凸极式罩极异步电动机，其磁极极靴的（　　　）处开有一个小槽，在开槽的这一小部分套装一个短路铜环，此铜环称为罩极绕组或起动绕组。

A. 1/3　　　　　　　　　B. 1/2　　　　　　　　　C. 1/5

31. 单相罩极式异步电动机正常运行时，气隙中的合成磁场是（　　）。

A. 脉振磁场　　　　　　　B. 圆形旋转磁场　　　　　　C. 椭圆形旋转磁场

32. 同步电动机是指转子转速与旋转磁场的转速（　　）的一种三相交流电动机。

A. 相等　　　　　　　　　B. 大于　　　　　　　　　　C. 小于

33. 同步补偿机用于向电网输送电感性或电容性的无功功率，用于（　　），以提高电网运行的经济性。

A. 提高电压　　　　　　　B. 增加电流　　　　　　　　C. 改善功率因数

34. 隐极式同步电动机指转子为圆柱形，一般极对数等于或小于（　　）的同步电动机。

A. 1　　　　　　　　　　B. 2　　　　　　　　　　　　C. 3

35. 同步电动机的起动方法有辅助起动法、变频起动法和（　　）起动法。

A. 串接电阻　　　　　　　B. 频敏变阻器　　　　　　　C. 异步

36. 处于过励状态的同步补偿机，是从电网吸收（　　）。

A. 电感性电流　　　　　　B. 电容性电流　　　　　　　C. 电阻性电流

37. 同步电动机电枢磁场与主极磁场之间的关系为（　　）。

A. 相反方向同步旋转　　　B. 相同方向同步旋转　　　　C. 不旋转

38. 同步电动机起动时转子转速必须达到同步转速的（　　）时，才具有牵入同步的能力。

A. 70%　　　　　　　　　B. 85%　　　　　　　　　　C. 95%

39. 同步电动机采用异步起动时，为避免励磁绕组产生感应电动势过高而烧坏绕组，一般应先在励磁绕组回路中串联（　　）倍 R_f 进行起动，然后再短接。

A. 3~5　　　　　　　　　B. 7~10　　　　　　　　　　C. 15~20

三、判断题

1. 三相异步电动机的输出功率就是电动机的额定功率。（　　）

2. 三相异步电动机运行，当转差率 $s = 0$ 时，电磁转矩 $T = 0$。（　　）

3. 三相异步电动机带重载与空载起动开始瞬间，其起动电流一样大。（　　）

4. 三相异步电动机起动瞬间，起动电流最大，则起转矩等于电动机的最大转矩。（　　）

5. 异步电动机正常工作时，定子、转子磁极数一定要相等。（　　）

6. 三相异步电动机旋转时，定子、转子频率总是相等的。（　　）

7. 笼型异步电动机转子绕组由安放在槽内的裸铜导体构成（也有采用铝浇铸），导体两端分别焊接在两个端环上。（　　）

8. 三相异步电动机的额定电流是指电动机在额定工作状态下，流过定子绕组的相电流。（　　）

9. 三相异步电动机的额定温升是指电动机额定运行时的额定温度。（　　）

10. 三相异步电动机旋转磁场产生的条件是三相对称绕组通以三相对称电流。（　　）

11. 三相异步电动机定子绕组不论采用哪种接线方式，都可以采用丫-△起动。（　　）

12. 三相异步电动机直接起动时，起动电流很大，起动转矩并不大。（　　）

13. 三相异步电动机为减小起动电流，增大起动转矩，都可以在转子回路中串接电阻来实现。（　　）

14. 三相笼型异步电动机采用丫-△起动，起动转矩只有直接起动时的1/3。（　　）

15. 三相绕线转子异步电动机起动时，可以采用在转子回路中串接起动电阻起动，它既可以减小起动电流，又可增大起动转矩。（　　）

16. 一般笼型异步电动机都可以采用延边三角形起动。（　　）

17. 为了提高三相异步电动机的起动转矩，可将电源电压提高到额定电压以上，从而获得较好的起动性能。（　　）

18. 绕线转子异步电动机在转子回路中串入电阻或频敏变阻器，用以限制起动电流，同时也限制了电动转矩。（　　）

19. 三相异步电动机变极调速主要适用于笼型异步电动机。(   )

20. 三相异步电动机都可以采用串级调速。(   )

21. 三相异步电动机倒拉反接制动一般适用于位能性负载。(   )

22. 三相异步电动机能耗制动时,气隙磁场是一旋转磁场。(   )

23. 三相异步电动机电源反接制动时,其电源两相相序应调接。(   )

24. 三相异步电动机一相断路时,相当于一台单相异步电动机,无起动转矩,不能自行起动。(   )

25. 单相异步电动机的体积比同功率的三相异步电动机大,但功率因数、效率、过载能力比同功率的三相异步电动机小。(   )

26. 单相双值电容异步电动机在起动时两电容并联,以增大电容值,达到起动的目的,起动结束后应将电容全部切除。(   )

27. 电阻分相起动和电容分相起动异步电动机都能在气隙中形成圆形旋转磁场。(   )

28. 电阻分相起动和电容分相起动异步电动机起动结束后,起动绕组和电容或电阻都要从电网中切除。(   )

29. 旋转磁极式同步电动机的三相绕组装在转子上,磁极装在定子上。(   )

30. 同步电动机作为同步补偿机使用时,若所接电网功率因数是感性的,为了提高功率因数,则该电机应处于过励状态。(   )

31. 同步电动机处于异步起动开始瞬时,其励磁绕组应该开路。(   )

32. 同步电动机的 V 形曲线是指当负载一定,输入电压和频率为额定值时,调节励磁电流而引起转速变化的曲线。(   )

四、计算题

1. 设电动机定子圆周分布有 3 对磁极,当机械角度为 360° 时,相应的电角度为多少?当机械角度为 180° 时,相应的电角度又是多少?

2. 一台三相六极异步电动机,接电源频率 50Hz。试问:它的旋转磁场在定子电流的一周期内转过多少空间角度?同步转速是多少?若满载时转子转速为 950r/min,空载时转子转速为 997r/min,试求额定转差率 s_N 和空载转差率 s_0。

3. 电源频率为 50Hz,当三相四极笼型异步电动机的负载由零值增加到额定值时,转差率由 0.5% 变到 4%,试求其转速变动范围。

4. 三相异步电动机在转速为 975r/min 时,测得其输出功率为 30kW,试求其转矩。若此时效率为 0.85,功率因数 $\cos\varphi = 0.82$,定子绕组为星形联结,电路线电压为 380V,试求输入的电功率及线电流。

5. 一台 Y160M1-2 型三相笼型异步电动机的 $P_N = 11kW$,$f_{1N} = 50Hz$,定子铜损 $p_{Cu1} = 360W$,转子铜损 $p_{Cu2} = 239W$,铁损 $p_{Fe} = 330W$,机械损耗和附加损耗 $p_0 = p_{mec} + p_{ad} = 340W$。试求:(1) 电磁功率 P_{em};(2) 输入功率 P_1;(3) 转速 n。

6. 一台三相六极异步电动机额定值为:$P_N = 128kW$、$U_N = 380V$、$f_{1N} = 50Hz$、$n_N = 950r/min$、$\cos\varphi_N = 0.88$,$p_{Cu1} + p_{Fe} = 1.1kW$。试求额定时:(1) 转差率 s_N;(2) 转子铜损 p_{Cu2};(3) 效率 η_N;(4) 定子电流 I_{1N};(5) 转子电流频率 f_2;(6) 电磁转矩 T。

7. 一台型号为 Y2-180L-6 的异步电动机 $P_N = 15kW$,$U_N = 380V$,$n_N = 970r/min$,过载能力 $\lambda_m = 2.1$,起动转矩倍数 $k_{st} = 2.0$。求:(1) 该电动机额定电磁转矩 T_N;(2) 最大电磁转矩 T_{max};(3) 起动转矩 T_{st}。

8. 一台星形联结的四极绕线转子异步电动机,$P_N = 150kW$、$U_N = 380V$,额定运行时转子铜损 $p_{Cu2} = 2.2kW$,机械损耗 $p_{mec} = 2.64kW$,附加损耗 $p_{ad} = 1kW$。求电动机额定运行时:(1) 电磁功率 P_{em};(2) 转差率 s_N;(3) 转速 n_N;(4) 电磁转矩 T;(5) 输出转矩 T_2。

9. 一台三相四极 50Hz 的异步电动机,转子每相绕组的电阻 $R_2 = 0.25\Omega$,电感 $L = 10mH$。试问转子转速下降到什么数值以下电动机便不能稳定运行而停止?

10. 一台三相笼型异步电动机,频率 $f_1 = 50Hz$,额定转速为 2880r/min,额定功率为 7.5kW,最大转矩为 50N·m。试求它的过载能力。

11. 一台三相异步电动机接到 50Hz 的交流电源上，其额定转速 $n_N = 1455r/min$，试求：（1）该电动机的极对数 p；（2）额定转差率 s_N；（3）额定转速运行时，转子电动势的频率。

12. 一台三相异步电动机，其额定数据如下：$P_N = 40kW$、$U_N = 380V$、$n_N = 1470r/min$，$\cos\varphi_N = 0.9$，$\eta_N = 0.9$，$\lambda_m = 2$，$k_{st} = 1.2$。试求：（1）额定电流；（2）额定转差率；（3）额定转矩、最大转矩、起动转矩。

13. 一台三相四极笼型异步电动机，技术数据为：$P_N = 5.5kW$，$U_N = 380V$，$I_N = 11.2A$，$n_N = 1442r/min$，$\lambda_m = 2.33$，三角形联结。试求出该电动机固有机械特性曲线上 4 个特殊点的值，并绘制该机械特性曲线。

14. 一台异步电动机定子绕组的额定电压为 380V，电源线电压为 380V。问能否采用丫-△减压起动？为什么？若能采丫-△减压起动，起动电流和起动转矩与直接（全压）起动时相比较有何改变？当负载为额定值的 1/2 及 1/3 时，可否在星形联结下起动（$k_{st} = 1.4$）？

15. Y200L-4 型异步电动机的起动转矩与额定转矩比值为 $k_{st} = 1.9$，试问在电压降低 30%（即电压为额定电压的 70%）、负载阻转矩为额定值 80% 的重载情况下，能否起动？为什么？满载时能否起动？为什么？

16. Y160L-6 型三相异步电动机的额定数据为：$P_N = 11kW$，$U_N = 380V$，$n_N = 970r/min$，$\cos\varphi_N = 0.87$，$\eta_N = 0.78$，$\lambda_m = 2$，$k_{st} = 2$，$I_{st}/I_N = 6.5$。试求：（1）同步转速、额定转差率、额定电流、额定转矩、额定输入功率、最大转矩、起动转矩和起动电流；（2）采用丫-△减压起动时的起动电流和起动转矩；当负载为额定转矩的 50% 和 70% 时，电动机能否采用丫-△减压起动？（3）如采用自耦变压器减压起动，而电动机的负载转矩为额定转矩的 80%，此时自耦变压器的电压比 k 是多少？电动机的起动电流和电源供给的起动电流各是多少？

17. 一台三相笼型异步电动机：$P_N = 40kW$，$U_N = 380V$，$n_N = 2930r/min$，$\eta_N = 0.9$，$\cos\varphi_N = 0.85$，起动电流倍数 $I_{st}/I_N = 5.5$，起动转矩倍数 $k_{st} = 1.2$，定子绕组采用三角形联结，供电变压器允许起动电流为 150A。试问：（1）当负载转矩 $T_L = 0.25T_N$ 时，能否采用丫-△减压起动？（2）当负载转矩 $T_L = 0.5T_N$ 时，能否采用丫-△减压起动？

18. 在笼型异步电动机的变频调速中，设在标准频率 $f_1 = 50Hz$ 时，电源电压为 $U_1 = 380V$；今将电源频率调到 $f_1' = 40Hz$，若要保持工作磁通 Φ 不变，这时电源电压相应地该调到多少？

项目3 直流电动机的认识与使用

项目内容

◆ 直流电动机的结构、运行原理及运行特性。
◆ 直流电动机的起动、反转、调速和制动。
◆ 直流电动机的维护与检修。

知识目标

◆ 熟悉直流电动机的结构、类型及铭牌数据，掌握直流电动机的工作原理及工作的可逆性。
◆ 理解直流电动机的运行特性，掌握常见起动方法的特点及应用范围。
◆ 了解直流电动机的调速指标，掌握直流电动机常见调速方法及优缺点。
◆ 掌握直流电动机的常见制动方法及优缺点。

能力目标

◆ 能分析小型直流电动机的工作原理。
◆ 能分析直流电动机的常见故障并能进行简单的维护。
◆ 能根据实际情况运用直流电动机的起动、调速、反转、制动的方法。

任务 3.1　直流电动机的认识

任务描述

直流电机包括直流发电机和直流电动机。将机械能转换为电能的是直流发电机，将电能转换为机械能的是直流电动机。与交流电机相比较，直流电机结构复杂，成本高，运行维护较困难。但直流电动机具有调速性能良好、起动转矩较大和过载能力较强等优点，在起动和调速要求较高的生产机械中，仍得到广泛的应用。本任务学习直流电动机的结构、分类、铭牌数据、工作原理、检测与拆装。

任务目标

掌握直流电动机的结构、使用常识；理解直流电动机的工作原理、铭牌数据的意义。

子任务 1　直流电动机的结构

直流电动机结构根据用途、环境等不同，种类多种多样，直流电动机主要由定子、转子和气隙组成。

1. 定子

直流电动机的定子主要由机座、主磁极、换向极、电刷装置和端盖组成。直流电动机的结构如图 3-1 所示，其剖面图如图 3-2 所示。

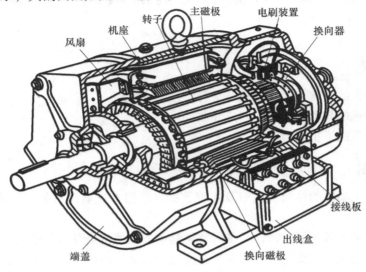

图 3-1　直流电动机的结构

（1）机座

机座是用来固定主磁极、换向极及端盖等部件并起支撑、保护作用的部件，机座也是磁路的一部分，称为定子磁轭。

机座通常由铸钢或钢板焊接而成，目前由薄钢板或硅钢片叠成的机座应用越来越多。

（2）主磁极

主磁极的作用是产生恒定的、有一定空间分布形状的气隙磁通，也是磁路的一部分。主磁极有永磁式和电磁式两种形式。永磁式主磁极主要用永久磁性材料加工而成；电磁式主磁极由主磁极铁心和放置在铁心上的励磁绕组构成。主磁极铁心分成极身和极靴，极靴的作用是使气隙磁通的空间分布均匀并减小气隙磁阻，同时极靴对励磁绕组也起支撑作用。为了减小涡流损耗，主磁极铁心用厚度为 1.0 ~ 1.5mm 的低碳钢板冲成一定形状，用铆钉把冲片铆紧，然后再固定在机座上。主磁极上的绕组是用来产生主磁通的，称为励磁绕组。当给励磁绕组通入直流电流时，各主磁极均产生一定极性，相邻两主磁极的极性是 N、S 交替出现的。主磁极的结构如图 3-3 所示。微型直流电动机一般采用永磁式主磁极；小型或中、大型直流电动机多数采用电磁式主磁极。主磁极固定在机座内圆上。

（3）换向极

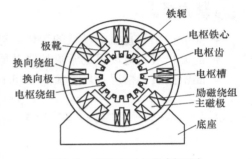

图 3-2　直流电动机的剖面图

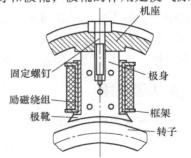

图 3-3　直流电动机的
主磁极结构

换向极的作用是用来改善直流电动机的换向性能。微型直流电动机一般不装换向极；一般电动机功率超过 1kW 的小型或中、大型直流电动机多数装设电磁式换向极。电磁式换向极由换向极铁心和换向极绕组构成，如图 3-4 所示。小型或中型直流电动机的换向极铁心一般由整块钢加工而成，而大型直流电动机换向极铁心一般由钢板叠成。换向极绕组主要用扁铜线或铜质漆包线通过模具绕制而成。换向极安装在相邻的两个主磁极之间。换向极绕组一般与电枢绕组串联。

（4）电刷装置

电刷装置是直流电动机的重要组成部分。通过该装置把电动机转子中的电流与外部静止电路相连或把外部电源与电动机转子相连。电刷装置与换向片一起完成机械整流，把外部电路中的直流变换为转子中的交流。电刷的结构如图 3-5 所示。

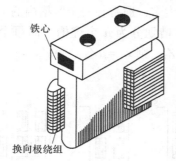

图 3-4 直流电动机的换向极结构

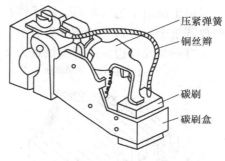

图 3-5 电刷的结构

（5）端盖

电动机中的端盖主要起支撑作用。端盖固定于机座上，其上放置轴承支撑直流电动机的转轴，使直流电动机能够旋转。

2. 转子

直流电动机的转子是电动机的转动部分，又称为电枢，由转子铁心、转子绕组、换向器、电动机转轴和轴承等部分组成。

（1）转子铁心

转子铁心主要用来嵌放转子绕组和作为直流电动机磁路的一部分。转子旋转时，转子铁心中磁通方向发生变化，易产生涡流与磁滞损耗。为了减少这部分损耗，转子铁心一般用厚度为 0.5mm、两边涂有绝缘漆的硅钢冲片叠压而成。为了嵌放转子绕组，外圆上开有均匀分布的槽，铁心较长时，为加强冷却，冲片上有轴向通风孔，转子铁心沿轴向分成数段，段与段之间留有通风道，转子铁心固定在转轴上。小型直流电动机的转子冲片形状和转子铁心装配图如图 3-6 所示。

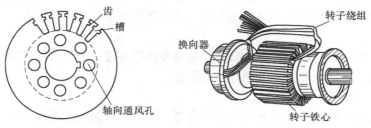

图 3-6 小型直流电动机的转子冲片形状和转子铁心装配图

（2）转子绕组

转子绕组是由带绝缘的导体绕制而成的。小型电动机常采用铜导线绕制；中型电动机常采用成形线圈。电动机中每一个线圈称为一个元件，多个元件有规律地连接起来形成转子绕组。绕制好的绕组或成形绕组放置在转子铁心上的槽内，放置在铁心槽内的直线部分在电动机运转时将产生感应电动势，即为元件的有效部分，称为元件边；在转子槽两端把有效部分连接起来的部分称为端接部分，端接部分仅起连接作用，在电动机运行过程中不产生感应电动势。为便于嵌线，每个元件的一个元件边放在转子铁心的某一个槽的上层（称为上层边），另一个元件边则放在转子铁心的另一个槽的下层（称为下层边），如图 3-7 所示。绘图时为了清楚，将上层边用实线表示，下层边用虚线表示。

直流电动机转子铁心上实际开出的槽称为实槽。直流电动机转子绕组往往由较多的元件构成，但由于制造工艺等原因，转子铁心开的槽数不能太多，通常在每个实槽内的上、下层并列嵌放若干个元件边，如图 3-8 所示，这样把每个实槽划分为 μ 个虚槽，而每个虚槽的上、下层有一个元件边，这样实槽数为 Z，总虚槽数为 Z_i，则 $Z_i = \mu Z$。

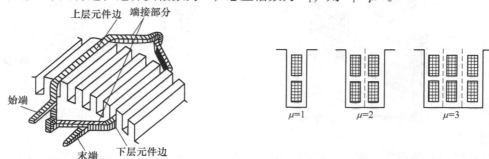

图 3-7　绕组元件边在槽中的位置　　　　　　图 3-8　实槽与虚槽

每个元件有两个元件边，而每一个换向片连接两个元件边，又因为每个虚槽里包含两个元件边，所以绕组的元件数 S、换向片数 K 和虚槽数 Z_i 三者应相等，即

$$S = K = Z_i = \mu Z \tag{3-1}$$

（3）换向器

换向器又称为整流子，对于发电机，换向器的作用是把电枢绕组中的交变电动势转变为直流电动势向外部输出直流电压；对于电动机，它是把外界供给的直流电流转变为绕组中的交变电流以使电动机旋转。换向器由换向片组合而成，是直流电动机的关键部件之一，也是最薄弱的部分。换向器采用导电性能好、硬度大、耐磨性能好的纯铜或铜合金制成，相邻的两换向片间以厚度为 0.6～1.2mm 的云母片作为绝缘。换向器固定在转轴的一端，换向片靠近电枢绕组一端的部分与绕组引出线相焊接。换向器的结构如图 3-9 所示。

（4）转轴

转轴是支撑换向器、转子铁心、端盖、轴承等部件并进行能量传递的重要零件，由转轴向外输出机械能。转轴一般用优质钢材加工而成。

（5）风扇

风扇是直流电动机运行时对电动机进行冷却，降低运行温度的部件。风扇一般用金属或塑料等机械强度较高的材料做成，其主要结构包括风扇扇叶和风扇支座。

3. 气隙

直流电动机定子、转子有相对运动，故定子、转子间留有一定的空气间隙。气隙的大小与直流电动机的功率有关。

图 3-9 换向器的结构

a）换向片 b）换向器

子任务 2 直流电动机的分类与铭牌数据

1. 直流电动机的分类

直流电动机的类型很多，分类方法也很多。若按励磁方式分类，可分为永磁式直流电动机和电磁式直流电动机。

（1）永磁式直流电动机

永磁式直流电动机的磁场是由磁性材料本身提供的，不需要绕组励磁，主要用于微型直流电动机或一些具有特殊要求的直流电动机，如电动剃须刀直流电动机。

（2）电磁式直流电动机

电磁式直流电动机又分为他励直流电动机和自励直流电动机。

1）他励直流电动机的励磁绕组和转子绕组分别由两个不同的电源供电，这两个电源的电压可以相同，也可以不同，其接线图如图 3-10a 所示。他励直流电动机具有较硬的机械特性，励磁电流与转子电流无关，不受转子回路的影响。这种励磁方式的直流电动机一般用于大型和精密直流电动机控制系统中。

2）自励直流电动机又分为并励直流电动机、串励直流电动机和复励直流电动机。

①并励直流电动机的励磁绕组和转子绕组由同一个电源供电，其接线图如图 3-10b 所示。并励直流电动机的特性与他励直流电动机的特性基本相同，但比他励直流电动机节省了一个电源。小、中型直流电动机多为并励。

②串励直流电动机的励磁绕组与转子回路串联，其接线图如图 3-10c 所示。串励直流电动机具有很大的起动转矩，常用于起动转矩要求很大且转速有较大变化的负载，如电瓶车、起货机、起锚机、电车、电传动机车等。但其机械特性很软，空载时有极高的转速，禁止其空载或轻载运行。

③复励直流电动机的励磁绕组分为两部分：一部分与转子绕组并联，是主要部分；另一部分与转子绕组串联，如图 3-10d 所示。

直流电动机若按结构形式分类，还可分为开启式、防护式、封闭式和防爆式；按功率大小分类，可分为小型、中型和大型。

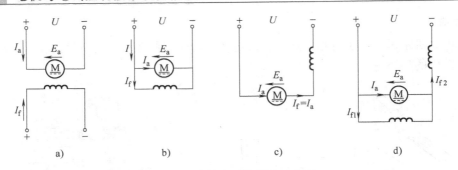

图 3-10　直流电动机的励磁方式

a) 他励　b) 并励　c) 串励　d) 复励

2. 直流电动机的铭牌数据

直流电动机制造厂在每台直流电动机机座的显著位置钉有一块标牌，如图 3-11 所示。这块标牌就是直流电动机的铭牌。铭牌上标明了型号、额定数据等与直流电动机有关的一些信息，供用户选择和使用直流电动机时参考。

直流电动机		
型号 Z4-132-2	额定转速 1510r/min	工作制 S1
额定功率 15kW	励磁方式 他励	绝缘等级 F
额定电压 440V	励磁电压 180V	重量 142kg
额定电流 39.3A	励磁电流 4A	出厂日期××××年××月
××××电机厂		

图 3-11　直流电动机的铭牌

（1）型号

直流电动机的型号一般用大写印刷体的汉语拼音字母和阿拉伯数字表示。其中汉语拼音字母是根据直流电动机的全名称选择有代表意义的汉字，再从该字的拼音中得到。其格式为：第一个字符用大写的汉语拼音表示产品系列代号；第二个字符用阿拉伯数字表示设计序号；第三个阿拉伯数字表示机座中心高；第四个阿拉伯数字表示转子铁心长度代号；第五个阿拉伯数字表示端盖的代号。例如型号为 Z4-180-31 的直流电动机，Z 是系列（即一般用途的直流电动机）代号；4 是设计序号；180 表示机座中心高度（单位为 mm）；31 中的 3 是转子铁心长度代号，1 是端盖的代号（1 为短端盖，2 为长端盖；若无此序号，则无长短之分）。

产品代号的含义为：Z 系列为一般用途直流电动机，如 Z2、Z3、Z4 等系列；ZJ 系列为精密机床用直流电动机；ZT 系列为广调速直流电动机；ZQ 系列为牵引直流电动机；ZH 系列为船用直流电动机；ZA 系列为防爆安全型直流电动机；ZKJ 系列为挖掘机用直流电动机；ZZJ 系列为冶金起重机用直流电动机。

（2）额定值

额定数据是表征直流电动机按要求长时间运行时允许的安全数据。直流电动机的额定数据主要如下：

1）额定功率 P_N，指在额定运行状态下，发电机向负载输出的电功率；或电动机轴上输出的机械功率，单位为 W 或 kW。

2）额定电压 U_N，指在额定运行状态下，发电机允许输出的最高电压；或加在电动机转子两端的电源电压，单位为 V。

3）额定电枢电流 I_{aN}，指电动机按规定的方式运行时，转子绕组允许流过的电流，单位为 A。

4）额定转速 n_N，指直流电动机在额定电压、额定电流和额定功率的情况下运行时，直流电动机所允许的旋转速度，单位为 r/min。

5）额定转矩 T_N，指直流电动机带额定负载运行时，输出的机械功率与转子额定角速度的比值，单位为 N·m。

6）额定效率，指直流电动机带额定负载运行时，输出的机械功率与输入的电功率之比。

7）额定励磁电流 I_{fN}，指直流电动机带额定负载运行时，励磁回路所允许的最大励磁电流，单位为 A。

（3）其他有关信息

其他信息包括：励磁方式、防护等级、绝缘等级、工作制、质量、出厂日期、出厂编号、生产单位等。

子任务3　直流电机的工作原理

1. 直流电动机工作原理

在直流电动机的转子绕组上加上直流电源，借助于换向器和电刷的作用，转子绕组中流过方向交变的电流，在定子产生的磁场中受电磁力，产生方向恒定不变的电磁转矩，使转子朝确定的方向连续旋转，这就是直流电动机的转动原理。可以用一个简单的模型来说明，如图3-12所示。

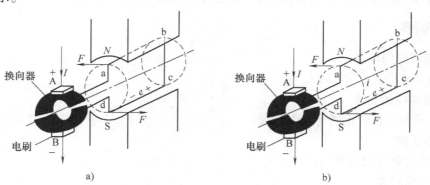

图3-12　直流电动机的转动原理
a）时刻一　b）时刻二

图3-12中，N 和 S 是一对固定的磁极，磁极之间有一个可以转动的线圈 abcd，线圈的两端分别接到相互绝缘的两个称为换向片的弧形铜片上，在换向片上放置固定不动而与换向片滑动接触的电刷 A 和 B，线圈 abcd 通过换向片、电刷与外电路接通。

此模型作为直流电动机运行时，电源加于电刷 A 和 B。例如将直流电源正极加于电刷

A，电源负极加于电刷 B，线圈 abcd 中流过电流，在导体 ab 中，电流由 a 流向 b；在导体 cd 中，电流由 c 流向 d。导体 ab 和 cd 均处于 N、S 极之间的磁场当中，受电磁力作用，导体、换向片随转轴一起转动，电磁力的方向即直流电动机转向可用左手定则确定，经判定该转向为逆时针。线圈逆时针旋转 180°，导体 cd 转到 N 极下，ab 转到 S 极下，如图 3-12 所示。由于电流仍从电刷 A 流入，使 cd 中的电流变为由 d 流向 c，而 ab 中的电流由 b 流向 a，从电刷 B 流出，用左手定则判断，转向仍是逆时针。即电磁力方向或直流电动机的转向可按左手定则判断。电磁力可用下式确定：

$$F = BlI \tag{3-2}$$

式中，F 为作用在线圈导体上的电磁力；B 为线圈导体所在位置的磁感应强度；l 为线圈导体在磁场中的长度；I 为线圈导体中的电流。

2. 直流电机的可逆原理

直流发电机和电动机工作原理模型的结构完全相同，但工作原理又不同。

1）直流发电机。当发电机带负载以后，就有电流流过负载，同时也流过绕组，其方向与感应电动势方向相同。根据电磁力定律，载流导体 ab 和 cd 在磁场中会受力的作用，形成的电磁转矩方向为顺时针方向，与转速方向相反。这意味着，电磁转矩阻碍发电机旋转，是制动转矩。

为此，原动机必须用足够大的拖动转矩来克服电磁转矩的制动作用，以维持发电机的稳定运行。此时发电机从原动机吸取机械能，转换成电能向负载输出。

2）直流电动机。当电动机旋转起来后，导体 ab 和 cd 切割磁力线，产生感应电动势，用右手定则判断出其方向与电流方向相反。这意味着，此电枢电动势是一反电动势，它阻碍电流流入电动机。

所以，直流电动机要正常工作，就必须施加直流电源以克服反电动势的阻碍作用，把电流送入电动机。此时电动机从直流电源吸取电能，转换成机械能输出。

技能训练

1. 技能训练的内容

直流电动机励磁方式接线练习。

2. 技能训练的要求

掌握直流电动机的接线与操作方法。

3. 设备器材

1）电机与电气控制实验台   1 台
2）绝缘电阻表   1 块
3）直流（他励、并励、串励、复励）电机   各 1 台
4）电工工具   1 套

4. 技能训练的步骤

1）观察直流电动机的结构，抄录电动机的铭牌数据，将有关数据填入表 3-1 中。

2）用手拨动电动机的转子，观察其转动情况是否良好。

3）电刷中线性位置的调整。按图 3-10 所示的各种励磁方式的直流电动机练习接线，并通电运行。

表 3-1　直流电动机的铭牌数据

型　　号		励磁方式	
额定功率		励磁电压	
额定电压		励磁电流	
额定电流		工作方式	
额定转速		温　　升	

5. 注意事项

直流电动机的励磁回路的接线必须牢固。

 问题研讨

1）直流电动机的转子铁心能否用铸钢制成？为什么？

2）直流电动机转子铁心冲片材料为什么用硅钢片而主磁极用薄钢板？

3）直流发电机与直流电动机的输出功率有什么不同？

4）直流电动机的换向极绕组和转子绕组是怎样连接的？

5）直流电动机按励磁方式如何分类？

6）什么是实槽？什么是虚槽？它们之间有什么关系？

7）用什么方法可以检查直流电动机转子绕组是否开路？

8）试比较直流电动机与三相异步电动机的工作原理有何不同。

任务 3.2　直流电动机的运行特性

任务描述

直流电动机的电动势、转矩和功率对于直流电动机的运行起着重要的作用。本任务学习直流电动机的电动势、转矩和功率及机械特性。

任务目标

理解直流电动机的电动势、转矩和功率的意义；掌握直流电动机的电动势平衡方程、机械特性；了解直流电动机的换向过程及改善换向的方法。

子任务 1　直流电动机的转子电动势、功率和转矩

1. 转子电动势

直流电动机的磁场是由主磁极产生的励磁磁场和转子绕组电流产生的转子磁场合成的磁场。当转子旋转时，转子导体又切割气隙合成磁场，产生转子电动势 E_a，在直流电动机中，此电动势的方向与转子电流 I_a 的方向相反，称为反电动势。此感应电动势为

$$E_a = C_E \Phi n \tag{3-3}$$

式中，C_E 为电动势常数，仅与电动机的结构有关；Φ 为气隙每极磁通，单位为 Wb；n 为直

流电动机的转速，单位为 r/min；E_a 为电动机的转子感应电动势，单位为 V。

可见，对于已经制造好的直流电动机，其感应电动势大小正比于每极磁通 Φ 和转速 n。

感应电动势的方向可由直流电动机转向和主磁场方向决定。在直流电动机中转子绕组产生的感应电动势相当于反电动势，与外电源电流方向相反。

根据所设各量的正方向，对他励、并励直流电动机来说，电压平衡方程为

$$U_a = E_a + I_a R_a \tag{3-4}$$

式中，R_a 为转子回路的总电阻，其中包括电刷和换向器之间的接触电阻。

2. 功率及效率

（1）直流电动机的功率

将 $U_a = E_a + I_a R_a$ 两边乘以转子电流 I_a，可得功率平衡方程，即

$$U_a I_a = E_a I_a + I_a^2 R_a \tag{3-5}$$

式中，$U_a I_a$ 为电源给转子电路提供的总功率，即输入转子电路的功率 $P_{1a} = U_a I_a$；$E_a I_a$ 为电磁功率，即转子所转换的全部电磁功率，$P_{em} = E_a I_a = T\omega$（$\omega$ 为直流电动机的机械角速度，单位为 rad/s）；$I_a^2 R_a$ 为转子内部消耗的功率，即转子回路的铜损 $p_{aCu} = I_a^2 R_a$。因而可得

$$P_{1a} = P_{em} + p_{aCu} \tag{3-6}$$

式中，$P_{em} = p_0 + P_2$；P_2 为直流电动机输出的机械功率；p_0 为直流电动机的空载损耗，即 $p_0 = p_{Fe} + p_{mec} + p_{ad}$（$p_{Fe}$ 为铁损，p_{mec} 为机械损耗，p_{ad} 为附加损耗）。

因此，可得

$$P_{1a} = P_2 + p_0 + p_{aCu} \tag{3-7}$$

对他励、并励直流电动机：

$$P_1 = P_2 + p_0 + p_{aCu} + p_{fCu} \tag{3-8}$$

式中，P_1 为电源给电动机提供的总功率，即输入功率 $P_1 = P_{1a} + P_{1f} = UI$，$I = I_a + I_f$ 为电源给电动机提供的输入电流；$p_{fCu} = I_f^2 R_f$，为励磁回路内部消耗的功率，即励磁回路的铜损。

（2）直流电动机的效率

电动机的效率是指输出功率占输入功率的百分比，即

$$\eta = \frac{P_2}{P_1} \times 100\% = \frac{P_2}{P_2 + p_{Cu} + p_{Fe} + p_{mec} + p_{ad}} \times 100\% \tag{3-9}$$

3. 电磁转矩

根据直流电动机的工作原理，由于转子绕组中有电流流通，转子电流与气隙磁场相互作用将产生电磁力，从而对转轴产生电磁转矩。由于转子绕组中各元件所产生的电磁转矩是同方向的，电磁转矩的大小可根据电磁理论先求出一根导体在气隙磁场中所产生的平均电磁力和电磁转矩，然后再乘以转子总导体数，就是转子的总电磁转矩 T。

$$T = C_T \Phi I_a \tag{3-10}$$

式中，C_T 为转矩常数，仅与电动机的结构有关；Φ 为气隙每极磁通，单位为 Wb；I_a 为转子电流，单位为 A；T 为电磁转矩，单位为 N·m。

可见，对于已经制造好的直流电动机，其电磁转矩大小正比于每极磁通 Φ 和转子电流 I_a。

电磁转矩的方向由主极磁场方向和转子电流方向决定。根据左手定则可以确定电磁转矩的方向。直流电动机电磁转矩的方向与直流电动机的转向相同，起驱动作用。

电磁转矩和转子电动势同时存在于同一台直流电动机中，转子电动势常数 C_E 和转矩常

数 C_T 存在以下关系：

$$C_T = 9.55 C_E \tag{3-11}$$

直流电动机稳态运行时，作用在直流电动机轴上有三个转矩：一个是电磁转矩 T，方向与转速 n 方向相同，为驱动转矩；一个是直流电动机空载损耗转矩 T_0，是直流电动机空载运行时的制动转矩，方向与转速 n 方向相反；还有一个是轴上的输出转矩 T_2，其值与电动机轴上拖动的生产机械负载转矩 T_L 相平衡，即 $T_2 = T_L$，T_L 与 n 方向相反，T_L 起制动作用。三者之间有如下关系：

$$T = T_2 + T_0 = T_L + T_0 \tag{3-12}$$

式中，$T = 9550 \dfrac{P_{em}}{n}$；$T_0 = 9550 \dfrac{p_0}{n}$；$T_2 = 9550 \dfrac{P_2}{n}$，而 $P_2 = T_2\omega = \dfrac{2\pi}{60}T_2 n = 0.105 T_2 n$。

式（3-12）说明，电动机在稳定工作即转速一定情况下，由空载损耗决定的空载转矩 T_0 与电动机拖动的负载转矩 T_L，两者之和称为反抗转矩 $T_反$（又称为静态转矩），它与电磁转矩 T 相平衡，它们大小相等，方向相反。

例 3-1 一台并励电动机，其额定数据是：$P_N = 25\text{kW}$，$U_N = 110\text{V}$，$\eta_N = 0.86$，$n_N = 1200\text{r/min}$，$R_a = 0.04\Omega$，$R_f = 27.5\Omega$。求：（1）额定电流、额定励磁电流、额定转子电流；（2）铜损、空载损耗；（3）额定转矩；（4）额定运行时的反电动势。

解：（1）电动机的输入功率为

$$P_1 = \frac{P_2}{\eta} = \frac{25}{0.86}\text{kW} = 29.1\text{kW}$$

额定电流为

$$I_N = \frac{P_1}{U_N} = \frac{29.1 \times 10^3}{110}\text{A} = 265\text{A}$$

额定励磁电流为

$$I_{fN} = \frac{U_{fN}}{R_f} = \frac{110}{27.5}\text{A} = 4\text{A}$$

额定转子电流为

$$I_{aN} = I_N - I_{fN} = (265 - 4)\text{A} = 261\text{A}$$

（2）转子绕组的铜损为

$$p_{aCu} = I_{aN}^2 R_a = 261^2 \times 0.04\text{W} = 2725\text{W}$$

励磁绕组的铜损为

$$p_{fCu} = I_f^2 R_f = 4^2 \times 27.5\text{W} = 440\text{W}$$

总损耗为

$$\Sigma p = P_1 - P_2 = (29100 - 25000)\text{W} = 4100\text{W}$$

空载损耗为

$$p_0 = \Sigma p - p_{fCu} - P_{aCu} = (4100 - 440 - 2725)\text{W} = 935\text{W}$$

（3）电动机的额定转矩为

$$T_N = 9550 \frac{P_N}{n_N} = 9550 \times \frac{25}{1200}\text{N}\cdot\text{m} = 199\text{N}\cdot\text{m}$$

（4）反电动势为

$$E_{aN} = U_{aN} - I_{aN}R_a = (110 - 261 \times 0.04)V = 99.6V$$

子任务 2　直流电动机的机械特性

直流电动机的机械特性是指直流电动机的转速 n 与电磁转矩 T 之间的关系，即 $n = f(T)$。机械特性是直流电动机机械性能的主要表现，也是直流电动机最重要的特性。将直流电动机的机械特性 $n = f(T)$ 与生产机械工作机构的负载机械特性 $n = f(T_L)$ 用运动方程式联系起来，就可对电力拖动系统稳态运行和动态过程进行分析和计算。直流电动机的机械特性也与励磁方式有关。

1. 他励直流电动机的机械特性

若他励直流电动机的转子电路的电阻为 R_a，电枢电压为 U_a，转子电流为 I_a，磁通为 Φ，根据电压平衡方程式 $U_a = E_a + I_aR_a$，将 $E_a = C_E\Phi n$ 代入，得

$$n = \frac{U_a}{C_E\Phi} - \frac{I_aR_a}{C_E\Phi} \tag{3-13}$$

式（3-13）称为用电流表示的机械特性方程。

又根据电磁转矩公式 $T = C_T\Phi I_a$，将 $I_a = \dfrac{T}{C_T\Phi}$ 代入式（3-13）中，得他励直流电动机的机械特性方程为

$$n = \frac{U_a}{C_E\Phi} - \frac{R_a}{C_EC_T\Phi^2}T = n_0 - \beta T = n_0 - \Delta n \tag{3-14}$$

式中，n_0 为理想空载转速，单位为 r/min，$n_0 = \dfrac{U_a}{C_E\Phi}$；$\Delta n$ 为转速降，$\Delta n = \dfrac{R_a}{C_EC_T\Phi^2}T = \beta T$，$\beta$ 为机械特性的斜率。

（1）固有机械特性

当转子两端加额定电压、气隙磁通为额定值、转子回路不串电阻时的机械特性，称为固有机械特性。

固有机械特性表达式为

$$n = \frac{U_{aN}}{C_E\Phi_N} - \frac{R_a}{C_EC_T\Phi_N^2}T \tag{3-15}$$

固有机械特性曲线如图 3-13 所示。

他励直流电动机固有机械特性具有的特点：随着电磁转矩 T 的增大，转速 n 降低，其特性是略下斜的直线；当 $T = 0$ 时，$n = n_0$ 为理想空载转速；机械特性斜率很小，特性较平，习惯称之为硬特性。当 $T = T_N$ 时，转速 $n = n_N$，此点为直流电动机的额定运行点。$\Delta n_N = n_0 - n_N$ 为额定转速差。一般 $\Delta n = 0.05n_N$。

（2）人为机械特性

一台直流电动机只有一条固有机械特性，对于某一负载转矩，只有一个固定的转速，这显然无法达到实际拖动对转

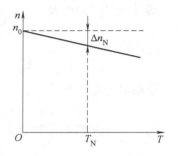

图 3-13　直流电动机的
固有机械特性

速变化的要求。为了满足生产机械加工工艺的要求，例如起动、调速和制动等到各种工作状态的要求，还需要人为地改变直流电动机的参数，如转子电压、转子回路电阻和气隙磁通，相应地便得到三种人为机械特性。

1）转子回路串电阻人为机械特性。转子加额定电压 U_{aN}，每极磁通为额定值，转子回路串入电阻 R_{pa} 后的人为机械特性表达式为

$$n = \frac{U_{aN}}{C_E \Phi_N} - \frac{R_a + R_{pa}}{C_E C_T \Phi_N^2} T \tag{3-16}$$

转子串入不同电阻 R_{pa} 值时的人为机械特性曲线如图 3-14 所示。

转子回路串电阻人为机械特性具有的特点：理想空载转速 n_0 不变；特性斜率与转子回路串入的电阻有关，R_{pa} 增大，斜率也增大。故转子回路串电阻的人为机械特性是通过理想空载点的一簇放射形直线。

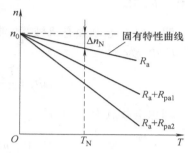

图 3-14 转子串电阻人为机械特性

2）减小转子电压人为机械特性。保持每极磁通额定值不变，转子回路不串电阻，只改变转子电压大小及方向，其人为机械特性方程为

$$n = \frac{U_a}{C_E \Phi_N} - \frac{R_a}{C_E C_T \Phi_N^2} T \tag{3-17}$$

减小转子电压人为机械特性曲线如图 3-15 所示。

减小转子电压人为机械特性的特点：理想空载转速 n_0 与转子电压 U 成正比，且 U 为负值时，n_0 也为负值；特性斜率不变，与固有机械特性相同。因此改变转子电压 U 的人为机械特性是一组平行于固有机械特性的直线。

3）减弱磁通人为机械特性。减弱磁通的人为机械特性是指转子电压为额定值不变，转子回路不串电阻，仅减弱磁通的人为机械特性。减弱磁通是通过减小励磁电流（如增大励磁回路的调节电阻）来实现的。其人为机械特性方程为

$$n = \frac{U_{aN}}{C_E \Phi} - \frac{R_a}{C_E C_T \Phi^2} T \tag{3-18}$$

减弱磁通人为机械特性曲线如图 3-16 所示。

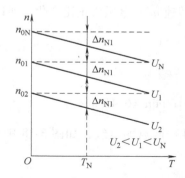

图 3-15 改变转子电压人为机械特性

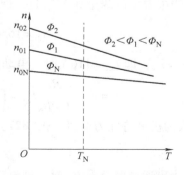

图 3-16 减弱磁通人为机械特性

减弱磁通人为机械特性的特点：理想空载转速随磁通的减弱而上升；减弱磁通，机械特性变软；对于一般直流电动机，当 $\Phi = \Phi_N$ 时，磁路已经饱和，再要增加磁通已不容易，所以人为机械特性一般只能在额定值的基础上减弱磁通。

例 3-2 一台他励直流电动机的额定数据为：$P_N = 22\text{kW}$，$U_{aN} = 220\text{V}$，$I_{aN} = 116\text{A}$，$n_N = 1500\text{r/min}$，$R_a = 0.175\Omega$。试绘制：（1）固有的机械特性曲线；（2）下列三种情况下的人为机械特性曲线：①电枢回路串入电阻 $R_{pa} = 0.7\Omega$ 时；②电源电压降至 $0.5U_{aN}$ 时；③磁通减弱至 $\frac{2}{3}\Phi_N$ 时。

解：（1）绘制固有机械特性曲线

$C_E \Phi_N$ 为

$$C_E \Phi_N = \frac{U_{aN} - I_{aN} R_a}{n_N} = \frac{220 - 116 \times 0.175}{1500} = 0.133$$

理想空载点为

$$T = 0 \quad n_0 = \frac{U_{aN}}{C_E \Phi_N} = \frac{220}{0.133}\text{r/min} = 1654\text{r/min}$$

额定工作点为

$$n = n_N = 1500\text{r/min} \quad T_N = C_T \Phi_N I_{aN} = 9.55 C_E \Phi_N I_{aN} = 9.55 \times 0.133 \times 116\text{N·m} = 147.2\text{N·m}$$

在坐标图中连接额定工作点和理想空载点，即得到固有机械特性曲线，如图 3-17 所示。

（2）绘制人为机械特性曲线

1）当转子回路串入电阻 $R_{pa} = 0.7\Omega$ 时，理想空载点仍为 $n_0 = 1654\text{r/min}$，当 $T = T_N$，即 $I_{aN} = 116\text{A}$ 时，电动机的转速为

$$\begin{aligned} n &= n_0 - \frac{R_a + R_{pa}}{C_E \Phi_N} I_{aN} \\ &= \left(1654 - \frac{0.175 + 0.7}{0.133} \times 116\right)\text{r/min} \\ &= 890\text{r/min} \end{aligned}$$

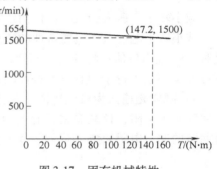

图 3-17　固有机械特性

人为机械特性为通过（0，1654）和（147.2，890）两点的直线，如图 3-18 中曲线 1 所示。

2）当电源电压降至 $0.5U_{aN}$ 时，理想空载点的空载转速 n_0' 与电压成正比变化，所以

$$n_0' = 1654 \times \frac{110}{220}\text{r/min} = 827\text{r/min}$$

当 $T = T_N$，即 $I_{aN} = 116\text{A}$ 时，电动机的转速为

$$n = n_0' - \frac{R_a}{C_E \Phi_N} I_{aN} = \left(827 - \frac{0.175}{0.133} \times 116\right)\text{r/min} = 674\text{r/min}$$

其人为机械特性为通过（0，827）和（147.2，674）两点的直线，如图 3-18 中曲线 2 所示。

3）当磁通减弱至 $\frac{2}{3}\Phi_N$ 时，理想空载点 n_0'' 将升高为

$$n_0'' = \frac{U_{aN}}{\frac{2}{3}C_E\Phi_N} = \frac{220}{\frac{2}{3}\times 0.133}\text{r/min} = 2481\text{r/min}$$

当 $T = T_N$ 时，电动机的转速为

$$n = n_0'' - \frac{R_a}{9.55\times\left(\frac{2}{3}C_E\Phi_N\right)^2}T_N$$

$$= \left[2481 - \frac{0.175}{9.55\times\left(\frac{2}{3}\times 0.133\right)^2}\times 147.2\right]\text{r/min}$$

$$= 2137.7\text{r/min}$$

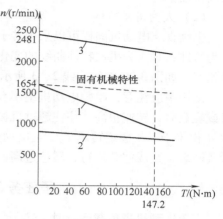

图 3-18　人为机械特性

其人为机械特性为通过 $(0, 2481)$ 和 $(147.2, 2137.7)$ 两点的直线，如图 3-18 中曲线 3 所示。

2. 串励直流电动机的机械特性

（1）固有机械特性

图 3-19 是串励直流电动机的接线图，励磁绕组与转子绕组串联，转子电流 I_a 即为励磁电流 I_f，转子电流 I_a（即负载）的变化将引起主磁通 Φ 的变化。

在励磁电流 I_f 较小，磁路未饱和时，励磁电流 I_f 与 Φ 成正比，即

$$\Phi = KI_f = KI_a \qquad (3\text{-}19)$$

式中，K 为比例常数。此时，电磁转矩为

$$T = C_T\Phi I_a = KC_T I_a^2 \qquad (3\text{-}20)$$

由此可得

$$I_a = \sqrt{\frac{T}{C_T K}} \qquad (3\text{-}21)$$

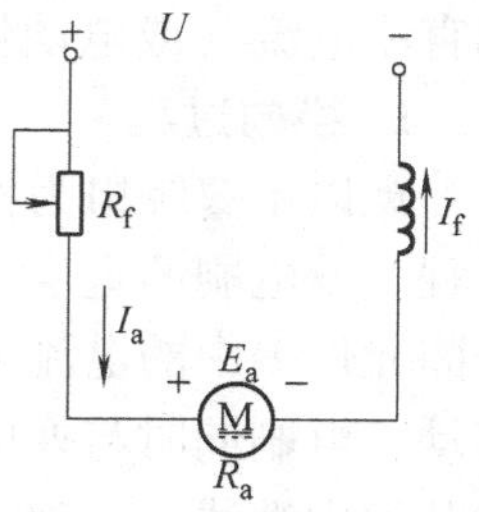

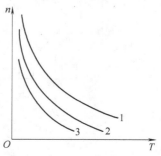

图 3-19　串励直流
电动机接线图

固有机械特性方程为

$$n = \frac{U_{aN}}{C_E\Phi} - \frac{R_a}{C_E C_T\Phi^2}T \qquad (3\text{-}22)$$

将式（3-19）~式（3-21）代入式（3-22）中，可以得到在轻载磁路不饱和时串励直流动机的机械特性为

$$n = \frac{A}{\sqrt{T}} - B \qquad (3\text{-}23)$$

式中，$A = \dfrac{U_{aN}\sqrt{C_T K}}{C_E K}$，为常数；$B = \dfrac{R_a}{C_E K}$，为常数。

可见，串励直流电动机在磁路不饱和时的机械特性为一条双曲线，如图 3-20 中的曲线 1 所示，说明负载转矩增大时，转速下降很快，特性很软。从图中可以看出，当空载时，转速很高，因此串励直流电动机不允许空载起动和空载运行。

图 3-20　串励电动机的机械特性

当磁路饱和时，其机械特性与此曲线有很大区别，但转速随转矩增加而显著下降的特点依然存在，Φ 基本保持不变，此时机械特性与他励直流电动机的机械特性相似，为较"硬"的直线特性。

（2）人为机械特性

串励直流电动机同样可以采用转子串电阻、改变电源电压和改变磁通的方法来获得各种人为特性，其人为机械特性曲线的变化趋势与他励直流电动机的人为机械特性曲线的变化趋势相似，如图 3-20 中的曲线 2、3 所示是转子回路串入不同电阻后的人为机械特性。

使用中应注意：串励电动机绝不允许空载起动和空载运行，因为由图 3-20 可看出，空载或轻载时，转速很高，往往超过机械强度的允许限度，将损坏电动机。通常要求所带负载 T_L 不得小于 1/4 额定转矩 T_N，且电动机与生产机械之间不得用传动带或链条连接，以免打滑或断裂，造成空载运行，转速过高而发生"飞车"的危险，这在生产中应特别注意。

子任务3　直流电动机的换向

直流电动机带负载运行时，转子气隙磁场对主磁极气隙磁场的影响会使直流电动机运行时的换向发生困难。

直流电动机的换向是指直流电动机的转子绕组元件从一条支路经过电刷进入另一条支路，该元件电流从一个方向变换为另一方向。换向是靠换向器和电刷的配合将直流电动机外部直流电流（或电动势）变成内部的交流电流（或电动势）。

1. 换向过程

现以单叠绕组为例来说明换向过程。图 3-21 为一直流电动机转子绕组线圈元件的换向过程。设电刷的宽度与换向片的宽度相等。当电刷仅与换向片 1 接触时，如图 3-21a 所示，线圈元件 1 中的电流等于转子绕组的支路电流 i_a，即 $i_1 = i_a$，其方向为顺时针。当转子向左移动，电刷同时与换向片 1、2 相接触时，如图 3-21b 所示，线圈元件 1 正好处于气隙磁场的几何中性线上，感应电动势为零，并且被电刷短路，线圈元件 1 中没有电流，即 $i_1 = 0$。当转子继续向左移动使电刷只与换向片 2 接触时，如图 3-21c 所示，线圈元件 1 进入另一条支路，流过线圈元件 1 的电流仍是支路电流 i_a，但 i_1 的方向变为逆时针方向，即 $i_1 = -i_a$。直流电动机绕组中的每个线圈元件经过电刷时，都要经历上述过程，该过程称为换向，正在

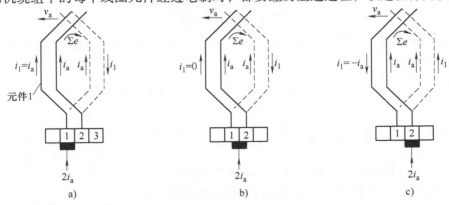

图 3-21　直流电动机电枢绕组元件的换向过程

a）电刷仅与换向片 1 接触　b）电刷与换向片 1、2 接触　c）电刷仅与换向片 2 接触

换向的线圈元件称为换向元件。

2. 换向火花

（1）换向火花的产生

由于直流电动机的换向是在主磁极的几何中性线处进行的，空载运行时气隙磁场接近主磁极的气隙磁场，主磁极几何中性线处的气隙磁场接近零，不易在电刷与换向片之间产生火花，也就不会对直流电动机的运行产生较大的影响。负载运行时转子气隙磁场使主磁极磁场发生了畸变，主磁极几何中性线处的气隙磁场不再是零，直流电动机换向时，电刷与换向片之间易产生火花。

产生火花的原因是多方面的，有电磁原因，还有机械的原因，此外换向过程中还伴随有电化学和电热学等现象，所以相当复杂。下面主要对电磁火花做简要分析。

换向时产生电磁火花的主要原因是换向元件在换向过程中产生了换向电动势。换向元件在换向过程中产生的电动势可分为两类：电抗电动势和转子反应电动势。

1）电抗电动势。换向元件本身就是一个线圈，换向时，换向元件中的电流由 $+i_a$ 变为 $-i_a$，线圈必有自感作用。同时进行换向的元件不止一个，换向元件与换向元件之间又有互感作用，因此换向元件中电流变化时，必然出现由自感与互感作用所引起的感应电动势，这个电动势称为电抗电动势。该电动势方向与元件换向前的电流方向一致，它也是阻碍电流变化的。

2）转子反应电动势。由于电刷放置在主磁极轴线上的换向器上，换向元件的有效边处于主磁极几何中性线上。虽然在几何中性线处，主磁极气隙磁场的磁通等于零，但是转子气隙磁场的磁通不等于零，故换向元件必然切割转子气隙磁场，而在其中产生一种旋转电动势，称为转子反应电动势。该电动势方向与元件换向前的电流方向一致，它也是阻碍电流变化的。

电抗电动势和转子反应电动势都在换向元件内产生阻碍换向的附加电流，在换向过程中，由于电流突变，使线圈内储存的磁场能以电火花形式释放出来，从而产生电火花，影响换向。

（2）电火花的等级与危害

当电火花超过一定限度时，有可能损坏电刷和换向器表面，从而使直流电动机不能正常运行。按国家标准规定，电火花等级分为五级：1 级、$1\frac{1}{4}$ 级、$1\frac{1}{2}$ 级、2 级、3 级。直流电动机正常运行时，电火花等级不应超过 $1\frac{1}{2}$ 级。电火花等级及电火花程度对换向器和电刷的影响见表 3-2。

表 3-2　电火花等级及电火花程度对换向器和电刷的影响

电火花等级	电刷下的电火花程度	换向器及电刷的状态
1	无电火花	
$1\frac{1}{4}$	电刷边缘仅小部分有微弱的点状电火花，或有非放电性的红色小电火花	换向器上没有黑痕及电刷上没有灼痕
$1\frac{1}{2}$	电刷边缘绝大部分或全部有轻微的电火花	换向器上有黑痕出现但不扩大。用汽油擦其表面即能除去，同时在电刷上有轻微灼痕

（续）

电火花等级	电刷下的电火花程度	换向器及电刷的状态
2	电刷边缘全部或大部分有较强烈的电火花	换向器上有黑痕出现。用汽油不能擦除，同时电刷上有灼痕。如短时出现这一级电火花，换向器上不出现灼痕，电刷不被烧焦或损坏
3	电刷的整个边缘有强烈的电火花，同时有电火花飞出	换向器上的黑痕相当严重，用汽油不能擦除，同时电刷上有灼痕。如在这一电火花等级下短时运行，则换向器上将出现灼痕，同时电刷将被烧焦或损坏

3. 改善换向的方法

改善换向的目的在于消除或削弱电火花。电磁原因是产生电火花的主要因素，下面主要分析如何消除或削弱由此引起的电火花。

（1）安装换向极

安装换向极是目前改善换向最有效的方法之一。如图 3-22 所示，换向极通常装在主磁极之间，即主磁极的几何中性线（主磁极的 N 极和 S 极的机械分界线称为几何中性线。空载时，几何中性线处的磁场为零，气隙磁场的磁通为零处的分界线，又称为物理中性线）上。使换向极绕组产生的磁动势 F_k 的方向与转子反应磁动势 F_a 的方向相反，大小比转子反应磁动势略大。这样换向极磁动势可以抵消转子反应磁动势，剩余的磁动势形成换向极磁通，在换向元件里产生感应电动势，这个电动势可以抵消换向元件的自感电动势和互感电动势，就可以消除电刷下产生的电火花。为了在负载变化时始终有效地预防电火花的产生，换向极绕组中应流过转子电流，即换向极绕组与转子绕组串联。功率为 1kW 以上的直流电动机一般都装有换向极。

如图 3-22 所示，换向极极性的确定原则是根据换向极绕组产生的磁动势方向必须与转子反应磁动势的方向相反。图 3-22 中所示转子绕组中的电流方向为：N 极下的导体是⊗，S 极下的导体为⊙，故转子磁动势的方向是从左指向右。为了抵消转子磁动势，则换向极的磁动势方向必须与转子磁动势方向相反，即从右指向左，因此换向极绕组中的电流方向必须是如图3-22 中所示方向。

不论是直流电动机还是直流发电机，换向极的极性都应该与转子反应的磁通方向相反。在直流电动机中，换向极的极性应与顺着转子旋转方向的下一个主磁极的极性相反；在直流

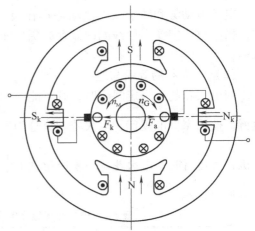

图 3-22　加装换向极改善换向

发电机中，换向极的极性应与顺着转子旋转方向的下一个主磁极的极性相同。但是，一台直流电动机的换向极绕组与转子绕组正确连接后，运行于发电机状态时不必改变连接方式，因为转子电流和换向极绕组中的电流同时改变了方向。

装有换向极的直流电动机，线圈元件对称时，电刷的实际位置一般都应放在换向极表面

的主磁极的中心线上。

（2）选择合适的电刷

不同牌号的电刷具有不同的接触电阻，选择合适的电刷能改善直流电动机的换向。例如，小功率的直流电动机用石墨电刷；在换向问题突出的场合，采用硬质电化石墨电刷。在更换电动机的电刷时，应注意选用同一牌号的电刷，以免造成电刷间电流分配不均匀。若无相同牌号的电刷，应选择性能相近的电刷，并全部更换，否则将会产生火花。

（3）调整电刷的位置

装有换向极的直流电动机，电刷应该安放在换向器的主磁极轴线上。在无换向极的直流电动机中，常用适当移动电刷位置的方法来避免电火花的产生。即将电刷从主磁极轴线移开一个适当角度，即使换向元件的两个边由主磁极的几何中性线移到物理中性线的位置，也就是气隙合成磁场为零的位置，使换向元件中的附加电流最小，从而避免电火花的产生。

对直流电动机来说，电刷应逆着转子旋转方向移动（直流发电机来说，电刷应顺着转子旋转方向移动）。如果电刷移动方向不正确，不但起不到减弱电火花的作用，反而会使电火花更大，使直流电动机运行状况更加恶化。

（4）增加换向回路的电阻

增加换向回路的电阻，可以减小换向回路的附加电流，从而避免电火花的产生。电刷与换向器之间的接触电阻是换向回路中最重要的电阻，不同牌号的电刷具有不同的接触电阻，选择合适的电刷能增加接触电阻。例如小功率直流电动机可用石墨电刷，电火花较大时，可采用硬质电化石墨电刷。

在更换直流电动机的电刷时，应注意选用同一牌号的电刷，以免造成刷间电流分配不均，从而产生电火花，烧坏电动机。

（5）安装补偿绕组

直流电动机负载时转子气隙磁场使主磁极气隙磁场发生了畸变，这样就增大了某几个换向片之间的电压，在负载变化剧烈的大型直流电动机中出现环火现象。环火是指直流电动机电刷下面的某几片换向片可能同时出现电火花，这些电火花连在一起并被拉长，直接从一种极性的电刷跨过换向器表面到达相邻的另一极性的电刷，使整个换向器表面布满环形电弧。环火可在很短时间内使直流电动机损坏。为避免出现环火现象，安装补偿绕组是有效方法之一。补偿绕组安装在主磁极极靴上的槽内，如图3-23所示，其中流过的是转子电流，所以补偿绕组应与转子

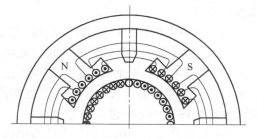

图3-23 加装补偿绕组改善换向

绕组串联，其电流方向与对应极下转子绕组的电流方向相反，显然它产生的磁动势与转子磁动势方向相反，从而补偿了转子气隙磁场对主磁极气隙磁场的影响。

以上方法一般单独使用，在使用某种方法效果不明显的情况下，可同时使用其他方法。

技能训练

1. 技能训练的内容

直流电动机电刷位置的调整。

2. 技能训练的要求

掌握直流电动机的电刷位置的调整方法。

3. 设备器材

1）电机与电气控制实验台　　　　　　1台
2）直流电动机　　　　　　　　　　　1台
3）直流电源（3V）　　　　　　　　　1台
4）直流毫伏表　　　　　　　　　　　1块

4. 技能训练的步骤

1）按图3-24所示接线，当电枢静止时，将毫伏表接到相邻的两组电刷上（电刷与换向器接触一定要良好）。励磁绕组通过开关S接到3V的直流电压源上。

2）频繁地闭合和断开开关S，同时将电刷架向左或向右慢慢移动，观察直流毫伏表的摆动情况，直至毫伏表指针不动或摆动很小时，电刷位置就是中性线位置。

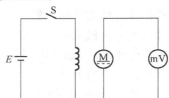

3）将刷架固紧后再复测一次。

5. 注意事项

1）寻找中性线时要保证电刷与换向器之间有良好
的接触。

图3-24　直流电动机电刷位置的调整

2）断开及闭合开关，转动刷架的位置及观察直流毫伏表指针的摆动情况，三者应同时进行。

 **问题研讨**

1）什么是直流电动机的固有机械特性和人为机械特性？他励直流电动机和串励直流电动机的机械特性各有何特点？

2）简述直流电动机的换向过程。什么是换向电动势？在换向时绕组元件中会产生什么附加电动势？

3）物理中性线和几何中性线的概念及关系是怎样的？

4）何为转子反应？转子反应对主磁场有哪些影响？

5）直流电动机产生火花的电磁原因是什么？直流电动机电刷与换向器间的电火花程度分为哪几个等级？各等级的电火花程度和换向器及电刷的状态是怎样的？在额定负载下运行时其电火花程度不得超过哪个等级？

6）改善直流电动机换向的方法有哪些？直流电动机的换向极极性接错时有何特征？

任务3.3　直流电动机的起动、反转、调速与制动

任务描述

直流电动机同样也有三个工作阶段：起动、运行和停止。本任务研究直流电动机的起动、调速、反转与制动方法。

任务目标

理解直流电动机的起动、调速、反转和制动的原理；掌握直流电动机的起动、反转、调速和制动方法。

子任务1　直流电动机的起动

正确使用一台直流电动机，首先碰到的问题是起动。直流电动机起动是指转子从静止状态开始，转速逐渐上升，最后达到稳定运行状态的过程。直流电动机在起动过程中，转子电流 I_a、电磁转矩 T、转速 n 都随时间变化，是一个过渡过程。开始起动的瞬间，转速等于零，这时的电枢电流称为起动电流，用 I_{ast} 表示；对应的电磁转矩称为起动转矩，用 T_{st} 表示。

直流电动机的起动要求和三相异步电动机的起动要求是一样的。

为了提高生产率，尽量缩短起动过程的时间，首先要求直流电动机应有足够大的起动转矩。直流电动机起动的电磁转矩应大于静态转矩，才能使直流电动机获得足够大的动态转矩和加速度而运行起来。从 $T = C_T\Phi I_a$ 来看，要使转矩足够大，就要求磁通及起动时转子电流足够大。因此在起动时，首先要注意的是将励磁电路中外接的励磁调节变阻器全部切除，使励磁电流达到最大值，保证磁通为最大。

要求起动转矩和起动电流足够大，并非越大越好，过大的起动电流将使电网电压波动，换向困难，甚至产生环火；而且由于直流电动机产生的起动转矩过大，可能损坏直流电动机的传动机构等。所以起动转矩和起动电流也不能太大。

为了满足起动要求，可采取下列三种起动方法：直接起动、转子（电枢）回路串电阻起动和降低转子电压起动。

1. 直流电动机的直接起动

直接起动就是在直流电动机的转子上直接加以额定电压的起动方式。

如图3-25所示，将直流电动机接到 $U = U_N$ 的电网中，先合上 QS_1 接通励磁电路建立磁场，并调节励磁电流为最大，然后合上 QS_2，将转子绕组接上电源，全压起动。

起动开始瞬间，由于机械惯性，直流电动机转速 $n = 0$，转子绕组感应电动势 $E_a = C_E\Phi n = 0$，由电动势平衡方程式 $U_a = E_a + I_a R_a$ 可知，起动电流为

$$I_{ast} = \frac{U_{aN}}{R_a} \tag{3-24}$$

起动转矩为

$$T_{st} = C_T\Phi I_{ast} \tag{3-25}$$

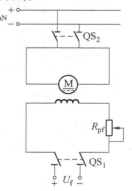

图3-25　直接起动接线图

直接起动时，因为转子内电阻 R_a 很小，所以，直接起动电流将达到很大的数值，通常可达到 $(10\sim20)I_{aN}$，过大的起动电流将造成：

1）电网电压波动过大，影响接在同一电网的其他用电设备正常工作。

2）使电动机换向恶化，在换向器与电刷之间产生强烈火花或环火；同时电流过大造成电枢绕组烧毁；还可能引起过电流保护装置的误动作。

3）起动转矩（$T_{st} = C_T\Phi I_{ast}$）过大，将使生产机械和传动机构受到强烈冲击而损坏。

因此，除个别功率很小的直流电动机外，一般直流电动机是不允许直接起动的，为此在起动时必须设法限制转子电流。一般直流电动机的瞬时过载电流按规定不得超过额定电流的 1.5～2 倍，专为起重机、轧钢机、冶金辅助机械等设计的 ZZJ 型和 ZZY 型直流电动机不得超过其额定电流的 2.5～3 倍。

从 $I_{ast} = U_{aN}/R_a$ 可见，为了限制起动电流，可以采用转子回路串联电阻起动或降低转子电压起动的方法。

2. 降低转子电压起动

降低转子电压起动，即起动前将施加在直流电动机转子两端电压降低，以减小起动电流 I_{ast}，电动机起动后，再逐渐提高电枢两端的电压，使起动电磁转矩维持在一定数值，保证电动机按需要的加速度升速，其接线图和机械特性如图 3-26 所示。

起动时，先将励磁绕组接通电源，并将励磁电流调到额定值，然后从低向高调节转子回路的电压。起动瞬间，加到电枢两端的电压 U_1，在电枢回路中产生的电流不应超过（1.5～2）I_{aN}。这时电动机的机械特性如图 3-26b 中的直线 1，此时电动机的电磁转矩 T_{st1} 大于负载转矩 T_L，电动机开始旋转。随着转速升高，E_a 增大，转子电流 $I_a = (U_1 - E_a)/R_a$ 逐渐减小，电动机转矩也随着减小。当电磁转矩下降到 T_{st2} 时，将电源电压提高到 U_2，其机械特性如图 3-26b 中的直线 2。在升压瞬间，由于机械惯性使得 n 不变，E_a 也不变，因此引起电枢 I_a 增大，电磁转矩增大，直到 T_{st3}，电动机将沿机械特性直线 2 升速。逐级升高电源电压，直到 $U_a = U_{aN}$ 时，电动机将沿着图 2-26b 中的点 $a→b→c→\cdots→k$，最后加速到 p 点，电动机稳定运行，降低转子电压起动过程结束。

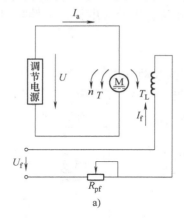

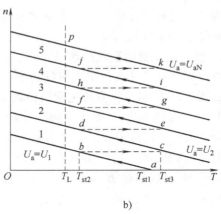

a)　　　　　　　　　　　　　　b)

图 3-26　他励直流电动机降低转子电压起动的接线图及机械特性

a）接线图　b）机械特性

较早的减压起动是采用直流发电机、直流电动机组（G-M）实现电压调节，现已逐步被晶闸管可控整流电源取代。降低转子电压起动，需要专用电源，投资较大，但起动电流小，起动转矩容易控制，起动平稳，起动能耗小，多用于要求经常起动的场合和中、大型直流电动机的起动。

在手动调节转子电压时应注意不能升得太快，否则会产生较大的冲击电流。在实际的拖动系统中，转子电压的升高是由自动控制环节自动调节的，它能保证电压连续升高，并在整个起动过程中保持转子电流为最大允许值，从而使系统在恒定的加速转矩下迅速起动，是一种比较理想的起动方法。

3. 转子回路串电阻起动

转子回路串电阻起动就是在转子回路中串接附加电阻起动，起动结束后再将附加电阻切除。

为了限制起动电流，起动时在转子回路内串入的起动电阻一般是一个多级切换的可变电阻，如图3-27a所示。一般在转速上升过程中逐级短接切除。下面以三级电阻起动为例说明起动过程。

起动开始瞬间，串入全部起动电阻，使起动电流不超过允许值：

$$I_{ast} = \frac{U_{aN}}{R_a + R_{st1} + R_{st2} + R_{st3}} \tag{3-26}$$

式中，$R_a + R_{st1} + R_{st2} + R_{st3}$ 为转子回路总电阻。起动过程的机械特性如图3-27b所示。

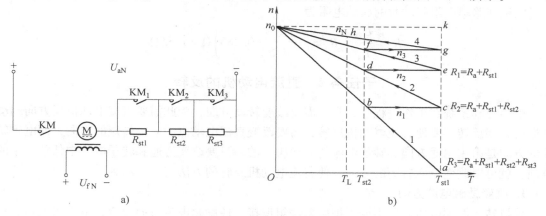

图3-27 他励直流电动机串电阻起动
a）接线图 b）机械特性

起动过程是工作点由起始点 a（见图3-27b）沿转子总电阻为 R_3 的人为特性上升，转子电动势随之增大，而转子电流和电磁转矩随之减小至图中 b 点，起动电流和起动转矩下降至 I_{st2} 和 T_{st2}，因 T_{st2} 与 T_L 之差已经很小，加速已经很慢。为加速起动过程，应切除第一段起动电阻 R_{st3}，此时电流 I_{st2} 称为切换电流。切换后，转子回路总电阻变为 $R_2 = R_a + R_{st1} + R_{st2}$。由于机械惯性的影响，电阻切换瞬间直流电动机转速和反电动势不能突变，转子回路总电阻减小，将使起动电流和起动转矩突增，拖动系统的工作点由 b 点过渡到转子总电阻为 R_2 的特性曲线的 c 点。再依次切除起动电阻 R_{st2}、R_{st1}，直流电动机工作点最后稳定运行在 h 点，直流电动机起动结束。

这种起动方法广泛应用于中、小型直流电动机。技术标准规定，额定功率小于2kW的直流电动机，允许采用一级起动电阻起动，功率大于2kW的，应采用多级电阻起动或降低转子电压起动。

例3-3 一台他励直流电动机，其额定数据为：$P_N = 10\text{kW}$，$U_{aN} = 220\text{V}$，$I_{aN} = 53.8\text{A}$，$R_a = 0.286\Omega$，$n_N = 1500\text{r/min}$。（1）若直接起动，则起动电流是多少？（2）若要求起动电流

限制在额定电流的 2.5 倍，采用降低转子电压起动，则起动电压是多少？（3）如果要求起动电流限制在额定电流的 2.5 倍，转子回路串电阻起动，则起动开始时应串入多大阻值的起动电阻？

解：（1）直接起动时的起动电流为

$$I_{ast} = \frac{U_{aN}}{R_a} = \frac{220}{0.286}A = 769.2A$$

（2）减压起动时的起动电流为

$$I_{ast} = 2.5 \times I_{aN} = 2.5 \times 53.8A = 134.5A$$

减压起动时的起动电压为

$$U_{ast} = I_{ast}R_a = 134.5 \times 0.286V = 38.5V$$

（3）电枢回路串电阻起动时的起动电流为

$$I_{ast} = 2.5 \times I_{aN} = 2.5 \times 53.8A = 134.5A$$

电枢回路串电阻起动时的起动电阻为

$$R_{st} = \frac{U_{aN}}{I_{ast}} - R_a = \left(\frac{220}{134.5} - 0.286\right)\Omega = 1.35\Omega$$

子任务 2　直流电动机的反转

电力拖动系统在工作过程中，常常需要改变转动方向，为此需要直流电动机反方向起动和运行，即反转。要使直流电动机反转，需要改变直流电动机的电磁转矩的方向，而电磁转矩的方向是由主磁通方向和转子电流的方向决定的，只要改变磁通和转子电流中任意一个的方向，就可以改变电磁转矩的方向。使直流电动机反转的方法有以下两种。

1. 改变励磁电流方向

保持转子两端电压极性不变，把励磁绕组反接，使励磁电流方向改变，电动机反转。

2. 改变转子电流方向

保持励磁绕组电流方向不变，将转子绕组反接，使转子电流改变方向，电动机反转。

若两电流方向同时改变，则电动机旋转方向不变。

注意：由于他励或并励直流电动机的励磁绕组匝数多、电感大，励磁电流从正向额定值变到反向额定值的时间长，反向过程缓慢，而且在励磁绕组反接断开瞬间，绕组中将产生很大的自感电动势，可能造成绝缘击穿，所以实际应用中大多采用改变转子电流的方法来实现直流电动机的反转。但在直流电动机功率很大，对反转速度变化要求不高的场合，为了减小控制电器的容量，可采用改变励磁绕组极性的方法实现直流电动机的反转。

子任务 3　直流电动机的调速

为了提高劳动生产率和保证产品质量，要求生产机械在不同的情况下有不同的工作速度，如轧钢机在轧制不同的品种和不同厚度的钢材时，就必须有不同的工作速度以保证生产的需要，这种改变速度的过程称为调速。调速包含两方面的含义：一是使转速发生变化，二是使转速保持不变。

1. 调速指标

为了评价各种调速方法的优缺点，人们对调速方法提出了一定的技术经济指标，称为调速指标。

（1）调速范围

调速范围是指直流电动机拖动额定负载时，所能达到的最高转速 n_{max} 与最低转速 n_{min} 之比，用系数 D 表示为

$$D = \frac{n_{max}}{n_{min}} \qquad (3\text{-}27)$$

不同的生产机械要求不同的调速范围，如轧钢机的 D 为 3～120，龙门刨床的 D 为 10～40，车床的 D 为 20～120，造纸机的 D 为 3～20 等。要扩大调速范围，必须尽可能地提高电动机的最高转速并降低电动机的最低转速。电动机的最高转速受电动机的机械强度、换向条件、电压等级等方面的限制，而最低转速则受低速运行时转速的相对稳定性的限制。

（2）静差率（δ）

工程上常用静差率 δ（或称转速变化率）来衡量调速的相对稳定性，即当负载（T_L）变化时，电动机转速 n 随之变化的程度。静差率是电动机在某一机械特性上运行时，由理想空载到额定负载所产生的转速降与理想空载转速之比，用百分数表示为

$$\delta = \frac{n_0 - n_N}{n_0} \times 100\% = \frac{\Delta n}{n_0} \times 100\% \qquad (3\text{-}28)$$

可见，静差率与机械特性硬度有关，在相同 n_0 的情况下，机械特性越硬，静差率就越小，相对稳定性就越好。但静差率与机械特性的硬度又有不同之处，两条互相平行的机械特性的硬度相同，但静差率不同。

静差率与调速范围两个指标是相互制约的，若对静差率这一指标要求过高（即 δ 值越小），则调速范围 D 就越小；反之，若要求调速范围 D 越大，则转速的相对稳定性就会越差（静差率 δ 值越大）。

（3）调速的平滑性

调速的平滑性可用平滑系数 φ 表示，其定义是相邻两级转速之比，即

$$\varphi = \frac{n_i}{n_i - 1} \qquad (3\text{-}29)$$

在一定的范围内，调速级越多，相邻级转速差越小，φ 越接近于 1，平滑性越好。如果转速连续可调，其级数趋于无穷多，称为无级调速。调速不连续的、级数有限的调速称为有级调速。

（4）调速的经济性

调速的经济性包含两方面的内容：一方面是调速设备的投资及调速过程的能量损耗；另一方面是指电动机在调速时能力是否得到充分利用。一台电动机采用不同的调速方法时，电动机容许输出的功率和转矩随转速变化的规律是不相同的，但电动机实际输出的功率和转矩是由负载的需要所决定的，而不同负载，其所需要的功率和转矩随转速变化的规律也是不同的。因此，在选择电动机调速方法时，既要满足负载的要求，又要尽可能地使电动机得到充分利用。

2. 直流电动机的调速方法

电力拖动系统的调速可以采用机械调速、电气调速或二者配合起来调速。通过改动传动机构速比来调速的方法称为机械调速；通过改变电动机参数而进行调速的方法称为电气调

速。本任务只分析电气的调速方法。

由直流电动机的转速公式 $n = \dfrac{U_a - I_a R_a}{C_E \Phi}$，可知，当电枢电流 I_a 不变时（即在一定的负载下），只要改变电枢电压 U_a、电枢回路的电阻 R_a 及磁通 Φ 中的任意一个量，就可改变转速 n。所以直流电动机有三种基本调速方法：调压调速、转子串电阻调速和调磁调速。

3. 他励直流电动机的调速方法

（1）降压调速

电动机的工作电压不允许超过额定电压，因此转子电压只能在额定电压以下进行调节。降压调速过程如图 3-28 所示。

设电动机拖动恒转矩负载 T_L 在固有机械特性曲线上 A 点运行，其转速为 n_N。若电源电压 U_{aN} 下降至 U_{a1}，达到新的稳态后，工作点将移到对应人为机械特性曲线上的 B 点，其转速下降为 n_1。从图 3-28 中可以看出，电压越低，稳态转速也越低。

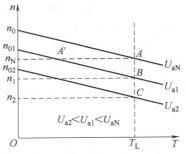

图 3-28　降压调速的过程

转速由 n_N 下降至 n_1 的调速过程如下：电动机原来在 A 点稳定运行时，$T = T_L$，$n = n_N$。当电压降至 U_{a1} 后，电动机的机械特性曲线变为 n_{01} 对应的曲线，在降压瞬间，转速 n 不能突变，E_a 也不突变，所以 I_a 和 T 突变减小，工作点平移到 A' 点。在 A' 点，$T < T_L$，电动机开始减速，随着 n 减小，E_a 减小，I_a 和 T 增大，工作点沿 $A'B$ 方向移动，到达 B 点时，达到了新的平衡，$T = T_L$，此时电动机便在较低转速 n_1 下稳定运行。对于恒转矩负载，调速前、后电动机的电磁转矩不变，因为磁通不变，所以调速后的稳态电枢电流等于调速前的电枢电流。改变转子电源电压调速方法的调速范围也只能在额定转速与零转速之间。

降压调速的优点是：当电枢电源电压连续调节时，转速变化也是连续的，故这种调速称为无级调速；调速前、后机械特性的斜率不变，机械特性硬度较高，负载变化时，速度稳定性好；无论轻载还是重载，调速范围 D 相同，一般可达 $2.5 \sim 12$；降压调速是通过减小输入功率来降低转速的，故调速时损耗减小，调速经济性好。

降压调速的缺点是：需要一套电压可连续调节的直流电源，如晶闸管-电动机系统（简称 SCR-M 系统）。降压调速多用在对调速性能要求较高的生产机械上，如机床、造纸机等。

（2）转子回路串电阻调速

保持电源电压及主磁极磁通为额定值不变，在转子回路串入不同的电阻时，直流电动机将稳定运行于较低的转速。转速变化过程可用图 3-29 所示的机械特性来说明：调速前系统稳定运行于负载机械特性与直流电动机固有机械特性点 A，转速为 n。在转子回路串入电阻 R_{sp1} 瞬间，因转速及反电动势不能突变，转子电流及电磁转矩相应地减小，工作点由 A 过渡到 A'。因这时 $T < T_L$，根据运动方程式，系统将减速，工作点由 A' 沿串电阻 $R_a + R_{sp1}$ 特性曲线下移，随着转速的下降，反电动势减小，I_a 和 T 逐渐增加，直至 B

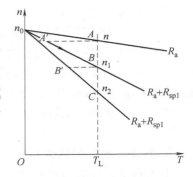

图 3-29　转子回路串电阻调速

点，$T = T_L$ 恢复转矩平衡，系统以较低的转速 n_1 稳定运行。同理，若在转子回路串入更大的电阻 R_2，则系统将进一步降速并以更低的转速稳定运行。

转子回路串电阻调速时，串电阻越大，稳定运行转速越低。此方法只能在低于额定转速范围内调速，一般称为由基速（额定转速）向下调速。

转子回路串电阻后，一方面机械特性变软，系统转速受负载波动的影响较大，而且在空载和轻载时能够调速的范围非常有限，调速效果不明显。另一方面，因调速电阻的阻值较大，一般多采用电器开关分级控制，不能连续调节，只能有级调速。同时所串的调速电阻通过很大的转子电流，会产生很大的功率损耗。转速越低，串入电阻值越大，损耗越大，直流电动机的效率越低。

转子回路串电阻调速多用于对调速性能要求不高，而且不经常调速的设备上，如起重机、运输牵引机械等。

例 3-4 一台他励直流电动机的额定数据为：$P_N = 90\mathrm{kW}$，$U_{aN} = 440\mathrm{V}$，$I_{aN} = 224\mathrm{A}$，$n_N = 1500\mathrm{r/min}$，转子回路的等效电阻 $R_a = 0.0938\Omega$。试求：①静差率 $\delta \leqslant 25\%$，电枢串电阻调速时的调速范围；②静差率 $\delta \leqslant 40\%$，电枢串电阻调速时的调速范围；③静差率 $\delta \leqslant 25\%$，改变转子电源电压调速时的调速范围。

解： ①静差率 $\delta \leqslant 25\%$，转子串电阻调速范围：

$$C_E \Phi_N = \frac{U_{aN} - I_{aN} R_a}{n_N} = \frac{440 - 224 \times 0.0938}{1500} = 0.279326$$

$$n_0 = \frac{U_{aN}}{C_E \Phi_N} = \frac{440}{0.279326}\mathrm{r/min} = 1575.2\mathrm{r/min}$$

由 $\delta = \dfrac{n_0 - n_{\min}}{n_0} = 25\%$，得

$$n_{\min} = (1 - \delta)n_0 = (1 - 25\%) \times 1575.2\mathrm{r/min} = 1181.4\mathrm{r/min}$$

$$D = \frac{n_{\max}}{n_{\min}} = \frac{1500}{1181.4} = 1.27$$

②静差率 $\delta \leqslant 40\%$，电枢串电阻调速范围：

$$n_{\min} = (1 - \delta)n_0 = (1 - 40\%) \times 1575.2\mathrm{r/min} = 945.1\mathrm{r/min}$$

$$D = \frac{n_{\max}}{n_{\min}} = \frac{1500}{945.1} = 1.587$$

③改变电枢电源电压调速时，其理想空载转速发生了改变。在静差率 $\delta \leqslant 25\%$，改变电枢电源电压调速范围：

$$\Delta n_N = n_0 - n_N = (1575.2 - 1500)\mathrm{r/min} = 75.2\mathrm{r/min}$$

$$n_0' = \frac{\Delta n_N}{\delta} = \frac{75.2}{25\%}\mathrm{r/min} = 300.8\mathrm{r/min}$$

$$n_{\min} = n_0' - \Delta n_N = (300.8 - 75.2)\mathrm{r/min} = 225.6\mathrm{r/min}$$

$$D = \frac{n_{\max}}{n_{\min}} = \frac{1500}{225.6} = 6.65$$

（3）减弱主磁通调速

保持他励直流电动机的转子电压不变，转子回路的电阻不变，减少直流电动机的磁通，可使直流电动机转速升高，这种方法称为减弱主磁通调速。额定运行的电动机，其磁路已基本饱和，即使励磁电流增加很多，磁通也增加很少，从电动机的性能考虑也不允许磁路过饱和。因此，改变磁通只能从额定值往下调。

从图 3-30 中可以看出，当励磁磁通为额定值 Φ_N 时，直流电动机和负载的机械特性的交点为 A，转速为 n_N；励磁磁通减少为 Φ_1 时，理想空载转速增大，同时机械特性斜率也变大，交点为 B，转速为 n_1；励磁磁通减少为 Φ_2 时，交点为 C，转速为 n_2。减弱主磁通调速的范围是在额定转速与直流电动机所允许的最高转速之间进行调节，由于直流电动机所允许的最高转速值是受换向与机械强度限制的，一般约为 $1.2n_N$ 特殊设计的调速直流电动机，可达 $3n_N$ 或更高。单独使用减弱主磁通调速方法，调速的范围不会很大。

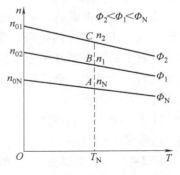

图 3-30　减弱主磁通调速

减弱主磁通调速的优点是设备简单，调节方便，运行效率高，适用于恒功率负载；缺点是励磁过弱时，机械特性斜率大，转速稳定性差，拖动恒转矩负载时，可能会使转子电流过大。

例 3-5　一台并励电动机，其额定值是：$P_N = 7.5\text{kW}$，$U_N = 220\text{V}$，$I_N = 42.61\text{A}$，$n_N = 1500\text{r/min}$，$R_a = 0.1014\Omega$，$R_f = 46.5\Omega$。求：（1）效率 η、转子额定电流 I_{aN}、额定输出转矩 T_{2N} 和额定电磁转矩 T_N；（2）当转子电流变为 50A 时电动机的转速 n；（3）当负载转矩不变，电动机主磁通减少到 80% 时的稳态转速 n'。

解：（1）效率 η：

$$\eta = \frac{P_2}{P_1} \times 100\% = \frac{P_N}{IU} \times 100\% = \frac{7.5 \times 1000}{42.61 \times 220} \times 100\% = 80\%$$

转子额定电流 I_{aN}：

$$I_{aN} = I_N - I_{fN} = I_N - \frac{U_N}{R_f} = \left(42.61 - \frac{220}{46.5}\right)\text{A} \approx 37.88\text{A}$$

输出转矩 T_{2N}：

$$T_{2N} = 9550\frac{P_N}{n_N} = 9550 \times \frac{7.5}{1500}\text{N} \cdot \text{m} = 47.75\text{N} \cdot \text{m}$$

电磁转矩 T_N：

$$T_N = 9.55\frac{I_{aN}E_{aN}}{n_N} = 9.55\frac{I_{aN}(U_N - I_{aN}R_a)}{n_N}$$

$$= 9.55 \times \frac{37.88 \times (220 - 37.88 \times 0.1014)}{1500}\text{N} \cdot \text{m} \approx 52.13\text{N} \cdot \text{m}$$

（2）当 $I_{aN} = 37.88\text{A}$ 时的反电动势 E_{aN} 为

$$E_{aN} = U_N - I_{aN}R_a = (220 - 37.88 \times 0.1014)\text{V} \approx 216.16\text{V}$$

当 $I_a = 50\text{A}$ 时的反电动势 E_a 为

$$E_a = U_N - I_aR_a = (220 - 50 \times 0.1014)\text{V} \approx 214.93\text{V}$$

由于电动机电动势常数 C_E 和主磁通 Φ 不变，故有 $\dfrac{E_a}{E_{aN}} = \dfrac{C_E \Phi n}{C_E \Phi n_N} = \dfrac{n}{n_N}$，所以

$$n = \frac{E_a}{E_{aN}} n_N = \frac{214.93}{216.16} \times 1500 \text{r/min} \approx 1492 \text{r/min}$$

（3）当 $\Phi' = 0.8\Phi$ 时，由于负载转矩不变，所以电磁转矩 $T = C_T \Phi I_a$ 也不变，则 $C_T \Phi I_{aN} = C_T \Phi' I_a'$

当 $\Phi' = 0.8\Phi$ 时的转子电流 I_a' 为

$$I_a' = \frac{\Phi I_{aN}}{\Phi'} = \frac{I_{aN}}{0.8} = \frac{37.88}{0.8} \text{A} = 47.35 \text{A}$$

$$E_a' = U_N - I_a' R_a = (220 - 47.35 \times 0.1014) \text{V} = 215.2 \text{V}$$

$$n' = \frac{E_a'}{E_{aN}} n_N = \frac{215.2}{216.16} \times 1500 \text{r/min} \approx 1493 \text{r/min}$$

子任务4　直流电动机的制动

直流电动机的制动同样分机械制动和电气制动。本任务对直流电动机的电气制动进行分析。

电气制动方法主要有：能耗制动、反接制动（它又可分为倒拉反接和电源反接制动）、回馈制动（又称再生发电制动）三种。

电气制动的优点是制动转矩大，制动强度比较容易控制。在电力拖动系统中多采用这种方法，或者与机械制动配合使用。

1. 他励直流电动机的能耗制动

能耗制动是指在维持直流电动机的励磁电源不变的情况下，把正在做电动运行的电动机转子从电源上断开，再串接上一个外加制动电阻组成制动回路，将机械动能变为热能消耗在转子和制动电阻上。由于电动机的惯性运行，直流电动机此时变为发电机状态，即产生的电磁转矩与转速的方向相反，从而实现了制动。

（1）能耗制动接线图

图 3-31a 是能耗制动的接线图。开关 S 接电源侧为电动状态运行，此时转子电流 I_a、转子电动势 E_a、转速 n 及驱动性质的电磁转矩 T 的方向如图 3-31a 所示。当需要制动时，将开关 S 扳向制动电阻 R_{bk} 上，电动机便进入能耗制动状态。

初始制动时，因为磁通保持不变，转子存在惯性，其转速 n 不能马上降为零，而是保持原来的方向旋转，于是 n 和 E_a 的方向均不改变。但是由 E_a 在闭合的回路内产生的转子电流 I_{abk} 却与电动状态时转子电流 I_a 的方向相反，由此而产生的电磁转矩 T_{bk} 也与电动状态时 T 的方向相反，变为制动转矩，于是电动机处于制动运行。制动运行时，将动能转换成电能，并消耗在电阻上，直到电动机停止转动为止，所以这种制动方式称为能耗制动。

（2）能耗制动的机械特性

能耗制动时的机械特性，就是在 $U_a = 0$、$\Phi = \Phi_N$、$R = R_a + R_{bk}$ 条件下的一条人为机械特性，即

$$n = -\frac{R_a + R_{bk}}{C_E C_T \Phi_N^2} T \tag{3-30}$$

可见，能耗制动时的机械特性是一条通过坐标原点的直线，其理想空载转速为零，特性曲线的斜率与在电动状态下转子串电阻 R_{bk} 时的人为特性的斜率相同，如图 3-31b 中直线 BC 所示。

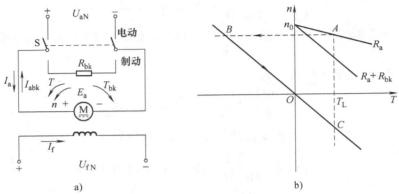

图 3-31　他励直流电动机的能耗制动
a）接线图　b）机械特性

能耗制动时，电动机工作点的变化情况可用机械特性曲线说明。设制动前工作点在固有特性曲线 A 点处，其 $n>0$，$T>0$，T 为驱动转矩。开始制动时，因 n 不能突变，工作点将平移到能耗制动特性曲线上的 B 点，在 B 点，$n>0$，$T<0$，电磁转矩为制动转矩，于是电动机开始减速，工作点沿 BO 方向移动。

若电动机拖动反抗性负载，工作点到达 O 点时，$n=0$，$T=0$，电动机便停转。

若电动机拖动位能性负载，工作点到达 O 点时，虽然 $n=0$，$T=0$，但在位能负载的作用下，电动机反转并加速，工作点将沿曲线 OC 方向移动，此时 $n<0$，$T>0$，电磁转矩仍为制动转矩。随着反向转速的增加，制动转矩也不断增大，当制动转矩与负载转矩平衡时，电动机处于稳定的制动运行状态，匀速下放重物，如图 2-31b 中的 C 点。

改变制动电阻 R_{bk} 的大小，可以改变能耗制动特性曲线的斜率，从而可以改变起始制动转矩的大小以及下放位能负载时的稳定速度。R_{bk} 越小，特性曲线的斜率越小，起始制动转矩越大，而下放位能负载的速度越小。减小制动电阻，可以增大制动转矩，缩短制动时间，提高工作效率。但制动电阻太小，将会造成制动电流过大，通常限制最大制动电流不超过 2～2.5 倍的额定电流。选择制动电阻的原则是

$$I_{abk} = \frac{E_a}{R_a + R_{bk}} \leqslant (2 \sim 2.5) I_{aN} \tag{3-31}$$

即

$$R_{bk} \geqslant \frac{E_a}{(2 \sim 2.5) I_{aN}} - R_a \tag{3-32}$$

式中，E_a 为制动瞬间（即制动前电动状态时）的转子电动势。

能耗制动简单，但随着转速的下降，电动势减小，制动电流和制动转矩也随之减小，制动效果变差。

2. 他励直流电动机的反接制动

（1）他励电动机电源反接制动的接线

如图 3-32a 所示，开关 S 投向"电动"侧时，转子接正极性的电源电压，此时电动机处于电动状态运行。进行制动时，开关 S 投向"制动"侧，此时转子回路串入制动电阻 R_{bk} 后，接上极性相反的电源电压，即转子电压由原来的正值变为负值。此时，在转子回路内，U_{aN} 与 E_a 顺向串联，共同产生很大的反向转子电流 I_{abk}：

$$I_{abk} = \frac{-U_{aN} - E_a}{R_a + R_{bk}} = -\frac{U_{aN} + E_a}{R_a + R_{bk}} \tag{3-33}$$

反向转子电流 I_{abk} 产生很大的反向电磁转矩 T_{bk}，从而产生很强的制动作用。

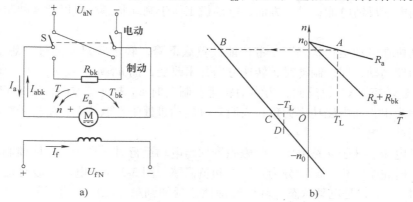

图 3-32 他励直流电动机的反接制动
a）接线图 b）机械特性

电动状态时，转子电流的大小由 U 与 E_a 之差决定，而反接制动时，转子电流的大小由 U 与 E_a 之和决定，因此反接制动时转子的电流是非常大的。为了限制过大的转子电流，反接制动时必须在转子回路中串接制动电阻 R_{bk}，R_{bk} 的大小应使反接制动时转子电流不超过电动机的最大允许电流 I_{max}，$I_{max} = (2 \sim 2.5) I_{aN}$，因此应串入的制动电阻值为

$$R_{bk} \geqslant \frac{U_{aN} + E_a}{(2 \sim 2.5) I_{aN}} - R_a \tag{3-34}$$

（2）他励电动机电源反接制动的机械特性

电源反接制动时的机械特性就是在 $U_a = -U_{aN}$、$\Phi = \Phi_N$、$R = R_a + R_{bk}$ 条件下的一条人为机械特性，即

$$n = -\frac{U_{aN}}{C_E \Phi_N} - \frac{R_a + R_{bk}}{C_E C_T \Phi_N^2} T \tag{3-35}$$

其机械特性如图 3-36b 所示，它是一条过（0，$-n_0$）点并与转子回路串入电阻的人为机械特性相平行的直线。在制动前直流电动机运行在固有特性曲线上的 A 点。当串加电阻并将电源反接瞬间，直流电动机过渡到电源反接的人为特性曲线的 B 点上。直流电动机的电磁转矩变为制动转矩，开始反接制动，在制动转矩作用下，转速开始下降，工作点沿 BC 方向移动，当达到 C 点时，制动过程结束。如直流电动机在 $n = 0$ 时（C 点）不立即切断电源，直流电动机很可能会反向起动，加速到 D 点。为了防止直流电动机反转，在制动到快停车时，应切除电源，并使用机械进行抱闸动作将直流电动机停转。

反接制动时，从电源输入的电功率和从轴上输入的机械功率全部转变成转子回路上的电功率，一起消耗在电枢回路的电阻（$R_a + R_{bk}$）上，其能量损耗是很大的。

反接制动适合于要求频繁正、反转的电力拖动系统，先用反接制动达到迅速停车，然后接着反向起动并进入反向稳态运行，反之亦然。若只要求准确停车的系统，反接制动不如能耗制动方便。

3. 他励直流电动机的回馈制动

回馈制动是由于某种原因（如位能负载拖动电动机）使电动机的转速大于空载转速，这时转子产生的电动势大于电源电压，电枢电流改变方向，使电磁转矩与转速反向。一方面，电动机向电网反馈电能；另一方面，电动机工作于制动状态，所以把这种制动称为回馈制动。

直流电动机在电动运行状态下，带位能性负载下降，转子转速 n 超过理想空载转速 n_0 时，则进入回馈制动，回馈制动时，转速方向并未改变，而 $n > n_0$，使 $E_a > U_a$，转子电流 $I_a < 0$ 反向，电磁转矩 $T < 0$ 也反向，为制动转矩。制动时 E_a 未改变方向，而 I_a 已反向为负，电源输入功率为正，而电磁功率为负，表明直流电动机处于发电状态，将转子转动的机械能变为电能并回馈到电网。

由于转子电压、转子回路电阻、励磁磁场均与电动运行时一样，所以回馈制动的机械特性与电动状态时完全一样。回馈分为正回馈和负回馈。图 3-33a 是电车下坡时正回馈制动机械特性，这时 $n > n_0$，是电动状态，其机械特性是延伸到第二象限的直线。图 3-33b 是带位能负载下降时的回馈制动机械特性，直流电动机电动运行带动位能性负载下降，在电磁转矩和负载转矩的共同驱动下，转速沿特性曲线逐渐升高，进入回馈制动后将稳定运行在 F 点上。需要指出的是，此时转子回路不允许串入电阻，否则将会稳定运行在很高的转速上。

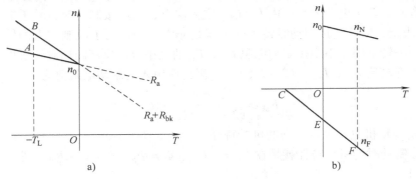

图 3-33　他励直流电动机的回馈制动

a）正回馈制动的机械特性　b）负回馈制动的机械特性

直流电动机在电动状态运行中，进入回馈制动的条件是：$n > n_0$（正向回馈，如电车下坡）和（反向回馈，如起重机下放重物）。因为当 $n > n_0$ 时，转子电流与 $n < n_0$ 时的方向相反，由于磁通不变，所以电磁转矩随 I_a 反向而反向，对直流电动机起制动作用，电动状态时转子电流由电网的正端流向直流电动机，而在制动时，电流由转子流向电网的正端。

回馈制动时，由于有功率回馈到电网，因此与能耗制动和反接制动相比，回馈制动是比较经济的，但电动机的转速很高。

例 3-6　一台他励直流电动机的额定数据为：$P_N = 40kW$，$U_{aN} = 220V$，$I_{aN} = 207.5A$，

$n_N = 1500r/min$，转子回路的等效电阻 $R_a = 0.0422\Omega$，电动机拖动反抗性负载转矩运行于正向电动状态时，$T = 0.85T_N$。求：（1）采用能耗制动停车，并且要求制动开始时最大电磁转矩为 $1.9T_N$，转子回路应串联多大电阻？（2）采用反接制动停车，要求制动开始时最大电磁转矩不变（仍为 $1.9T_N$），转子回路应串多大电阻？（3）采用反接制动若转速接近于零时不及时切断电源，电动机最后的运行结果如何？

解：（1）采用能耗制动停车时转子回路应串入的电阻

电动机正向电动运行时：

$$C_E\Phi_N = \frac{U_{aN} - I_{aN}R_a}{n_N} = \frac{220 - 207.5 \times 0.0422}{1500} = 0.14083$$

$$I_{aN} = \frac{T}{C_T\Phi_N} = \frac{0.85T_N}{C_T\Phi_N} = \frac{0.85C_T\Phi_N I_{aN}}{C_T\Phi_N} = 0.85I_N = 0.85 \times 207.5\text{A} = 176.38\text{A}$$

$$E_{aN} = U_{aN} - I_{aN}R_a = (220 - 176.38 \times 0.0422)\text{V} = 212.557\text{V}$$

$$n = \frac{E_{aN}}{C_E\Phi_N} = \frac{212.557}{0.14083}r/min = 1509.3r/min$$

能耗制动开始时：

$$I_a = \frac{T_{max}}{C_T\Phi_N} = \frac{1.9T_N}{C_T\Phi_N} = 1.9I_N = 1.9 \times 207.5\text{A} = 394.25\text{A}$$

转子回路应串入的电阻：

$$R_{bk} = \frac{-E_{aN}}{-I_a} - R_a = \left(\frac{212.557}{394.25} - 0.0422\right)\Omega = 0.497\Omega$$

（2）采用反接制动停车，转子回路应串入的电阻

反接制开始时：

$$R_{bk} = \frac{-U_{aN} - E_{aN}}{-I_a} - R_a = \left(\frac{220 + 212.557}{394.25} - 0.0422\right)\Omega = 1.055\Omega$$

即要产生同样的制动转矩，反接制动应串入的电阻值约为能耗制动时的一倍。

（3）采用反接制动时，若转速为零时不及时切断电源的电动机最后运行结果

转速为零时：

$$I_a = \frac{-U_{aN}}{R_a + R_{bk}} = \frac{-220}{0.0422 + 1.055}\text{A} = -200.5\text{A}$$

$$T = C_T\Phi_N I_a = 9.55C_E\Phi_N I_a = 9.55 \times 0.14083 \times (-200.5)\text{N} \cdot \text{m} = -269.66\text{N} \cdot \text{m}$$

$$T_L = -0.85T_N = -0.85C_T\Phi_N I_N = -0.85 \times 9.55C_E\Phi_N I_{aN}$$
$$= -0.85 \times 9.55 \times 0.14083 \times 207.5\text{N} \cdot \text{m} = -237.2\text{N} \cdot \text{m}$$

由于 $|T| > |T_L|$，电动机反向起动，直到稳定运行在反向电动状态。

电动机反向电动运行时：

$$I_a = \frac{-T}{C_T\Phi_N} = \frac{-0.85T_N}{C_T\Phi_N} = \frac{0.85C_T\Phi_N I_{aN}}{C_T\Phi_N} = -0.85I_{aN} = -0.85 \times 207.5\text{A} = -176.38\text{A}$$

$$E_a = -U_{aN} - I_a(R_a + R_{bk}) = [-220 - (-176.38) \times (0.0422 + 1.055)]\text{V} = -26.476\text{V}$$

$$n = \frac{E_a}{C_E\Phi_N} = \frac{-26.476}{0.14083}r/min = -188r/min$$

最后电动机稳定运行在反向电动状态，其转速为188r/min。

技能训练

1. 技能训练的内容

直流电动机的起动、反转、调速与制动实验。

2. 技能训练的要求

掌握直流电动机的起动、反转方法、调速和制动的方法。

3. 设备器材

1）电机与电气控制实验台	1 台
2）他励直流电动机	1 台
3）导轨、测速发电机及转速表	1 套
4）直流电压表、直流电流表	各 1 块
5）校正直流测功机	1 台
6）可调电阻器	3 个

4. 技能训练的步骤

（1）他励直流电动机的起动

按图 3-34 接线。图中他励直流电动机 M 用 DJ15，其额定功率 $P_N = 185W$，额定电压 $U_{aN} = 220V$，额定电流 $I_{aN} = 1.2A$，额定转速 $n_N = 1600r/min$，额定励磁电流 $I_{fN} < 0.16A$。校正直流测功机 MG 作为测功机使用，TG 为测速发电机。直流电流表 A_1、A_2 选用 200mA 档，A_3、A_4 选用 5A 档。直流电压表 V_1、V_2 选用 1000V 档。他励直流电动机励磁回路串接的电阻 $R_{f1} = 1800\Omega$（用 $900\Omega + 900\Omega$）。MG 励磁回路串接的电阻 $R_{f2} = 1800\Omega$（用 $900\Omega + 900\Omega$）。他励直流电动机的起动电阻 $R_1 = 180\Omega$（用 $90\Omega + 90\Omega$），MG 的负载电阻 $R_2 = 2250\Omega$（用 $900\Omega + 900\Omega + 900\Omega // 900\Omega$）。接好线后，检查 M、MG 及 TG 之间是否用联轴器直接连接好。

他励直流电动机起动步骤：

1）检查按图 3-34 的接线是否正确，电表的极性、量程选择是否正确，电动机励磁回路接线是否牢靠。然后将电动机转子串联起动电阻 R_1、测功机 MG 的负载电阻 R_2 及 MG 的磁场回路电阻 R_{f2} 调到阻值最大位置，M 的磁场调节电阻 R_{f1} 调到最小位置，断开开关 S，并断开控制屏下方右边的励磁电源开关、电枢电源开关，做好起动准备。

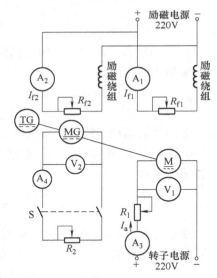

图 3-34 他励电动机的起动接线图

2）开启控制屏上的电源总开关，按下其上方的"开"按钮，接通其下方左边的励磁电源开关，观察 M 及 MG 的励磁电流值，调节 R_{f2} 使 I_{f2} 等于校正值（100mA）并保持不变，再接通控制屏右下方的电枢电源开关，使 M 起动。

3）M 起动后观察转速表指针偏转方向，应为正向偏转，若不正确，可拨动转速表上正、反向开关来纠正。调节控制屏上转子电源"电压调节"旋钮，使电动机端电压为220V。减小起动电阻 R_1 阻值，直至短接。

4）合上校正直流测功机 MG 的负载开关 S，调节 R_2 阻值，使 MG 的负载电流 I_F 改变，即直流电动机 M 的输出转矩 T_2 改变。

5）调节他励电动机的转速。分别改变串入电动机 M 转子回路的起动电阻 R_1 和励磁回路的调节电阻 R_{fl}，观察转速变化情况。

（2）直流电动机的反转

将转子串联起动变阻器 R_1 的阻值调回到最大值，先切断控制屏上的转子电源开关，然后切断控制屏上的励磁电源开关，使他励电动机停机。在断电情况下，将转子（或励磁绕组）的两端接线对调后，再按他励电动机的起动步骤起动电动机，并观察电动机的转向及转速表指针偏转的方向。

（3）调速特性测试

1）转子回路串电阻（改变电枢电压 U_a）调速。保持 $U = U_N$，$I_f = I_{fN} = $ 常数，$T_L = $ 常数，测取 $n = f(U_a)$。

按图 3-34 接线，直流电动机 M 运行后，将电阻 R_1 调至零，I_{f2} 调至校正值，再调节负载电阻 R_2、电枢电压及磁场电阻 R_{fl}，使 M 的 $U = U_N$，$I_a = 0.5I_N$，$I_f = I_{fN}$，记下此时 MG 的 I_F 值。

保持此时的 I_F 值（T_2 值）和 $I_f = I_{fN}$ 不变，逐次增加 R_1 的阻值，降低转子两端的电压 U_a，使 R_1 从零调至最大值，每次测取电动机的端电压 U_a、转速 n 和电枢电流 I_a，填入表 3-3 中。

表3-3　他励电动机电枢串电阻的调速

$I_f = I_{fN} = $ _____ mA，$I_F = $ _____ A（$T_2 = $ _____ N·m），$I_{f2} = 100$mA

U_a/V								
n/（r/min）								
I_a/A								

2）改变励磁电流调速。保持 $U = U_N$，$T_L = $ 常数，测取 $n = f(I_f)$。

按图 3-34 接线，直流电动机运行后，将 M 的转子串联电阻 R_1 和磁场调节电阻 R_{fl} 调至零，将 MG 的磁场调节电阻 I_{f2} 调至校正值，再调节 M 的转子电源调压旋钮和 MG 的负载，使电动机 M 的 $U = U_N$，$I = 0.5I_N$，记下此时的 I_F 值。

保持此时 MG 的 I_F 值（T_L 值）和 M 的 $U = U_N$ 不变，逐次增加磁场电阻 R_{fl} 的阻值，直至 $n = 1.3n_N$，每次测取电动机的 n、I_f 和 I_a，填入 3-4 中。

表3-4　他励电动机的弱磁调速

$I_f = I_{fN} = $ _____ mA，$I_F = $ _____ A（$T_L = $ _____ N·m），$I_{f2} = 100$mA

U_a/V								
n/（r/min）								
I_a/A								

（4）观察能耗制动过程

1）按图 3-35 接线。能耗制动电阻 R_{bk} 选用 2250Ω（用 900Ω + 900Ω + 900Ω//900Ω）。把 M 的 R_{fl} 调至零，使电动机的励磁电流最大。把 M 的转子串联起动电阻 R_1 调至最大，把 S_1 合至转子电源，合上控制屏下方励磁电源、电枢电源开关使电动机起动。

2）运行正常后，将开关 S_1 合向中间位置，使转子开路。由于转子开路，电动机处于自由停机状态，记录停机时间。

3）将 R_1 调回最大位置，重新起动电动机，待运行正常后，把 S_1 合向 R_{bk} 端，记录停机时间。

4）选择 R_{bk} 不同的阻值，观察对停机时间的影响。

5. 注意事项

1）直流他励电动机起动时，须将励磁回路串联的电阻 R_{fl} 调至最小，先接通励磁电源，使励磁电流最大，同时必须将转子串联起动电阻 R_1 调至最大，然后方可接通转子电源，使电动机正常起动。起动后，将起动电阻 R_1 调至零，使电动机正常工作。

2）他励直流电动机停机时，必须先切断转子电源，然后断开励磁电源（与起动时的顺序相反）。同时必须将转子串联的起动电阻 R_1 调回到最大值，励磁回路串联的电阻 R_{fl} 调回到最小值，为下次起动做好准备。

3）测量前注意仪表的量程、极性及其接法是否符合要求。

4）若要测量电动机的转矩 T_L，必须将校正直流测功机 MG 的励磁电流调整到校正值：100mA。

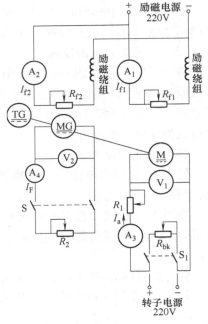

图 3-35　他励电动机的
能耗制动接线图

🌸 **问题研讨**

1）对直流电动机的起动有哪些要求？有哪些常用的起动方法？各种方法的主要特点是什么？为什么一般直流电动机不能采用直接起动？

2）起动直流电动机时为什么一定要先加励磁电压后加转子电压？如果未加励磁电压，而将电源接通，将会发生什么后果？

3）串励直流电动机为什么不能在空载下运行和起动？

4）为什么他励式和并励式直流电动机通常是通过改变转子电压的极性来改变转向的？

5）直流电动机的调速方法有哪些？各种调速方法的主要特点是什么？

6）为什么直流电动机不增磁调速？为什么不能采用升压调速？

7）直流电动机各种制动方法的优缺点是什么？

8）直流电动机电动状态与制动状态有何本质区别？

9）直流并励电动机降压起动和降压调速时，直接改变电动机两端的电压是否可以？为什么？

任务 3.4　直流电动机的使用、维护与检修

任务描述

直流电动机的主要优点是起动性能和调速性能好，过载能力大，主要应用于对起动和调速性能要求较高的生产机械。直流电动机的主要缺点是存在电流换向问题。由于这个问题的存在，直流电动机的结构、生产工艺较复杂，使用有色金属多，价格昂贵，运行可靠性差。

合理选择直流电动机是保证直流电动机安全、可靠、经济运行的重要环节。直流电动机在长期使用过程中，经常发生各种故障，影响正常的生产，为了提高生产效率，避免较大故障的发生，应定期或不定期对电动机进行检修。本任务学习直流电动机的使用、维护和检修方面的知识。

任务目标

了解直流电动机的选择原则，掌握电动机的使用维护方法，学会电动机的检测方法；能够对直流电动机的常见故障进行正确判断及排除。

子任务 1　直流电动机的选择原则

直流电动机的合理选择是保证直流电动机安全、可靠、经济运行的最重要环节。直流电动机的选择包括：额定功率、种类、结构形式、额定电压、额定转速等。

1. 直流电动机额定功率的选择

直流电动机额定功率的选择是直流电动机选择中的主要内容，额定功率选择小了，直流电动机处于过载状态下运行，发热过大，造成直流电动机损坏或寿命降低，还会造成起动困难。如果额定功率选择过大，不仅会增大投资，而且运行的效率会降低，不经济。合理选择额定功率具有很现实的意义。

额定功率选择的原则是：所选额定功率要能满足生产机械在拖动的各个环节（起动、调速、制动等）对功率和转矩的要求，并在此基础上使直流电动机得到充分利用。

额定功率选择的方法：根据生产机械工作时负载（转矩、功率、电流）大、小变化特点，预选直流电动机的额定功率，再根据所选直流电动机额定功率校验过载能力和起动能力。

直流电动机额定功率大小是根据直流电动机工作发热时其温升不超过绝缘材料的允许温升来确定的，其温升变化规律是与工作特点有关的，同一台直流电动机在不同工作状态时的额定功率大小也是不相同的。

2. 直流电动机种类的选择

选择直流电动机时，应在满足生产机械对拖动性能的要求下，优先选用结构简单、运行可靠、维护方便、价格便宜的直流电动机。选择直流电动机种类时应考虑的主要内容有以下几项：

1）直流电动机的机械特性应与所拖动生产机械的负载特性相匹配。

2）直流电动机的调速性能（调速范围、调速的平滑性、经济性）应满足生产机械的要

求，对调速性能的要求在很大程度上决定了直流电动机的种类、调速方法以及相应控制方法。

3）直流电动机的起动性能应满足生产机械对直流电动机起动性能的要求，直流电动机的起动性能主要是起动转矩的大小，同时还应注意电网容量对直流电动机起动电流的限制。

4）经济性：一是直流电动机及其相关设备（如起动设备、调速设备等）的经济性；二是直流电动机拖动系统运行的经济性，主要是要效率高，节省电能。

3. 直流电动机结构形式的选择

（1）安装方式

直流电动机的工作环境是由生产机械的工作环境决定的。直流电动机的安装方式有卧式安装和立式安装两种。卧式安装时直流电动机的转轴处于水平位置，立式安装时转轴则为垂直地面的位置。两种安装方式的直流电动机使用的轴承不同，通常情况下采用卧式安装。

（2）防护方式

在很多情况下，直流电动机工作场所的空气中含有不同程度的灰尘和水分，有的还含有腐蚀性气体甚至含有易燃易爆气体，有的直流电动机则要在水中或其他液体中工作。灰尘会使直流电动机绕组粘结上污垢而妨碍散热；水分、瓦斯、腐蚀性气体等会使直流电动机的绝缘材料性能退化，甚至会完全丧失绝缘能力；易燃、易爆气体与直流电动机内产生的电火花接触时将有发生燃烧、爆炸的危险。为了保证直流电动机能够在其工作环境中长期安全运行，必须根据实际环境条件合理地选择直流电动机的防护方式。

直流电动机的防护方式有开启式、防护式、封闭式和防爆式几种。

开启式直流电动机的定子两侧与端盖上都有很大的通风口，其散热条件好、价格便宜，但灰尘、水滴、铁屑等杂物容易从通风口进入直流电动机内部，它只适用于清洁、干燥的工作环境。

防护式直流电动机在机座下面有通风口，散热较好，可防止水滴、铁屑等杂物从与垂直方向成小于45°角的方向落入直流电动机内部，但不能防止潮气和灰尘的侵入，它适用于比较干燥、少尘、无腐蚀性和爆炸性气体的工作环境。

封闭式直流电动机的机座和端盖上均无通风孔，是完全封闭的。这种直流电动机仅靠机座表面散热，散热条件不好。封闭式直流电动机又可分为自冷式、自扇冷式、他扇冷式、管道通风式以及密封式等。对前四种，直流电动机外的潮气、灰尘等不易进入其内部，它们多用于灰尘多、潮湿、易受风雨、有腐蚀性气体、易引起火灾等各种较恶劣的工作环境。密封式直流电动机能防止外部的气体或液体进入其内部，它适用于在液体中工作的生产机械，如潜水泵。

防爆式直流电动机是在封闭式结构的基础上制成隔爆形式，机壳有足够的强度，适用于有易燃、易爆气体工作环境，如有瓦斯的煤矿井下、油库、煤气站等。

4. 直流电动机额定电压的选择

直流电动机的电压等级要与其供电电源一致。直流电动机的额定电压应根据其运行场所的供电电网的电压等级来确定。

直流电动机的额定电压一般为110V、220V、440V，最常用的电压等级为220V。直流电动机一般由单独的电源供电，选择额定电压时通常只要考虑与供电电源配合即可。

5. 直流电动机额定转速的选择

对直流电动机本身来说，额定功率相同的直流电动机，额定转速越高，体积就越小，造价就越低，效率也越高，所以选用额定转速较高的直流电动机，从直流电动机角度看是合理的，但是如果生产机械要求的转速较低，那么选用较高转速的直流电动机时，就需增加一套传动较高、体积较大的减速传动装置。故在选择直流电动机的额定转速时，应综合考虑直流电动机和生产机械两方面因素来确定。

1）对不需要调速的高、中速生产机械（如泵、鼓风机），可选择相应额定转速的直流电动机，从而省去减速传动机构。

2）对不需要调速的低速生产机械（如球磨机、粉碎机），可选用相应的低速直流电动机或者传动比较小的减速机构。

3）对经常起动、制动和反转的生产机械，选择额定转速时则应主要考虑缩短起动、制动时间以提高生产率。起动、制动时间的长、短主要取决于直流电动机的飞轮矩和额定转速，应选择较小的飞轮矩和额定转速。

4）对调速性能要求不高的生产机械，可选用多速直流电动机或者选择额定转速稍高于生产机械的直流电动机配以减速机构，也可以采用电气调速的直流电动机拖动系统。在可能的情况下，应优先选用电气调速方案。

5）对调速性能要求较高的生产机械，应使直流电动机的最高转速与生产机械的最高转速相适应，直接采用电气调速。

子任务 2　直流电动机的维护保养

直流电动机在使用前应按产品使用维护说明书认真检查，以避免发生故障，损坏直流电动机和有关设备。

要使直流电动机具有良好的绝缘性能并延长它的使用寿命，保持直流电动机的内外清洁是非常重要的。直流电动机必须安装在清洁的地点，防止腐蚀性气体对直流电动机的损害。防护式直流电动机不应装在多灰尘的地方，过多的灰尘不但降低绝缘性，也使换向器急剧磨损。直流电动机必须牢固安装在稳固的基础上，应将直流电动机的振动减至最小限度。直流电动机上所有紧固零件（螺栓、螺母等）、端盖盖板、出线盒盖等均需拧紧。

在使用直流电动机时，应经常观察直流电动机的换向情况，包括在运行中、起动过程中的换向情况，还应注意直流电动机各部分是否有过热情况。

子任务 3　直流电动机的常见故障与处理方法

在运行中，直流电动机的故障多种多样，产生故障的原因较为复杂，并且互相影响。当直流电动机发生故障时，首先要对电动机的电源、电路、辅助设备和电动机所带的负载进行仔细的检查，看它们是否正常。然后再从电动机机械方面加以检查，如检查电刷架是否有松动、电刷接触是否良好、轴承转动是否灵活等。就直流电动机的内部故障来说，多数故障会从换向火花增大和运行性能异常反映出来，所以要分析故障产生的原因，就必须仔细观察换向火花的显现情况和运行时出现的其他异常情况，通过认真分析，根据直流电动机内部的结构特点和积累的经验做出判断，找到原因。表3-5列出了直流电动机的常见故障与处理方法。

表 3-5 直流电动机的常见故障与处理方法

故障现象	可能原因	处理方法
电刷电火花过大	电刷与换向器接触不良	研磨电刷接触面，并在轻载下运行 30～60min
	刷握松动或装置不正	紧固或纠正刷握装置
	电刷与刷握配合太紧	略微磨小电刷尺寸
	电刷压力大小不当或不均	用弹簧秤校正电刷压力，使其为 12～17kPa
	换向器表面不光洁、不圆或有污垢	清洁或研磨换向器表面
	换向片间云母凸出	将换向器刻槽、倒角，再研磨
	电刷位置不在中性线上	调整刷杆座至原有记号的位置，或按感应法校得中性线位置
	电刷磨损过度，或所用牌号及尺寸不符	更换新电刷
	过载	恢复正常负载
	电动机底脚松动，发生振动	固定底脚螺钉
	换向极绕组短路	检查换向极绕组，修理绝缘损坏处
	转子绕组断路或转子绕组与换向器脱焊	查找断路部位，进行修复
	换向极绕组接反	检查换向极的极性，加以纠正
	电刷之间的电流分布不均匀	调整刷架使其等分或按原牌号及尺寸更换为新电刷
	电刷分布不等分	校正电刷等分
	电枢平衡未校好	重校转子动平衡
电动机不能起动	无电源	检查电路是否完好，起动器连接是否准确，熔丝是否熔断
	过载	减少负载
	起动电流太小	检查所用起动器是否合适
	电刷接触不良	检查刷握弹簧是否松弛或改善接触面
	励磁回路断路	检查变阻器及磁场绕组是否断路，更换绕组
电动机转速不正常	电动机转速过高，且有剧烈火花	检查磁场绕组与起动器连接是否良好、是否接错，磁场绕组或调速器内部是否断路
	电刷不在正常位置	按所刻记号调整刷杆座位置
	转子及磁场绕组过热	检查是否短路
	串励电动机轻载或空载运转	增加负载
	串励磁场绕组接反	纠正
	磁场回路电阻过大	检查磁场变阻器和励磁绕组电阻，并检查接触是否良好
转子冒烟	长时间过载	立即恢复正常负载
	换向器或转子短路	查找短路的部位，进行修复
	负载短路	检查线路是否有短路
	电动机端电压过低	恢复电压至正常值
	电动机直接起动或反向运行过于频繁	使用合适的起动器，避免频繁的反向运行
	定子、转子相擦	检查相擦的原因，进行修复

（续）

故障现象	可能原因	处理方法
磁场绕组过热	并励磁场绕组部分短路	查找短路的部位，进行修复
	电动机转速太低	提高转速至额定值
	电动机端电压长期超过额定值	恢复电压
机壳漏电	接地不良	查找原因，并采取相应的措施
	绕组绝缘老化或损坏	查找绝缘老化或损坏的部位，进行修复并进行绝缘处理

子任务4　直流电动机修理后的检查和试验

直流电动机拆装、修理后，必须经检查和试验才能使用。

1. 检查项目

检修后欲投入运行的电动机，所有的紧固元件应拧紧，转子转动应灵活。此外还应检查下列项目。

1）检查出线是否正确，接线是否与端子的标号一致，电动机内部的接线是否碰触转动的部件。

2）检查换向器的表面，应光滑、光洁，不得有毛刺、裂纹、裂痕等缺陷。换片间的云母片不得高出换向器的表面，凹下深度为 $1 \sim 1.5$mm。

3）检查刷握。刷握应牢固而精确地固定在刷架上，各刷握之间的距离应相等，刷距偏差不超过 1mm。

4）检查刷握的下边缘与换向器表面的距离、电刷在刷握中装配的尺寸要求、电刷与换向片的吻合接触面积。

5）检查电刷压弹簧的压力，一般电动机应为 $12 \sim 17$kPa；经常受到冲击振动的电动机应为 $20 \sim 40$kPa。一般电动机内各电刷的压力与其平均值的偏差不应超过 10%。

6）检查电动机气隙的不均匀度。当气隙在 3mm 以下时，其最大容许偏差值不应超过其算术平均值的 20%；当气隙在 3mm 以上时，偏差值不应超过其算术平均值的 10%。测量时可用塞规在转子的圆周上检测各磁极下的气隙，每次在电动机的轴向两端测量。

2. 试验项目

（1）绝缘电阻测试

对 500V 以下的电动机，用 500V 的绝缘电阻表分别测各绕组对地及各绕组与绕组之间的绝缘电阻，其阻值应大于 0.5MΩ。

（2）绕组直流电阻的测量

采用直流双臂电桥来测量，每次应重复测量三次，取其算术平均值。测得的各绕组的直流电阻值，应与制造厂或安装时最初测量的数据进行比较，相差不得超过 2%。

（3）确定电刷中性线

常用的方法有以下几种：

1）感应法。将毫伏表或检流计接到转子相邻的两极下的电刷上，将励磁绕组经开关接到直流低压电源上。使转子静止不动，接通或断开励磁电源时，毫伏表将会左右摆动，移动电刷位置，找到毫伏表摆动最小或不动的位置，这个位置就是中线性位置。

2）正、反转发电机法。将电动机接成他励发电机运行，使输出电压接近额定值。保持电机的转速和励磁电流不变，使电机正转和反转，慢慢移动电刷位置，直到正转与反转的转子输出电压相等，此时的电刷位置就是中性线位置。

3）正、反转电动机法。对于允许可逆运行的直流电动机，在外加电压和励磁电流不变的情况下，使电动机正转和反转，慢慢移动电刷位置，直到正转与反转的转速相等，此时电刷的位置就是中性线位置。

（4）耐压试验

在各绕组对地之间和各绕组之间，施加频率为 50Hz 的正弦交流电压，施加的电压值为：对 1kW 以下、额定电压不超过 36V 的电动机，加 500V + 2 倍额定电压，历时 1min 不击穿为合格；对 1kW 以上、额电压在 36V 以上的电动机，加 1000V + 2 倍额定电压，历时 1min 不击穿为合格。

（5）空载试验

空载试验应在上述各项试验都合格的条件下进行。将电动机接入电源和励磁，使其在空载下运行一段时间，观察各部位，看是否有过热现象、异常噪声、异常振动或出现火花等，初步鉴定电动机的接线、装配和修理的质量是否合格。

（6）负载试验

一般情况下可以不进行此项试验，必要时可结合生产机械来进行。负载试验的目的是考验电机在工作条件下的输出是否稳定。对发电机，主要是检查输出电压、电流是否合格；对电动机，主要是看转矩、转速等是否合格。同时检查负载情况下各部位的温升、噪声、振动、换向以及产生的火花等是否合格。

（7）超速试验

目的是考核电动机的机械强度及承受能力。一般在空载下进行，使电动机超速达 120% 的额定转速，历时 2min，机械结构没有损坏及没有残余变形为合格。

问题研讨

1）直流电动机的常见故障有哪些？
2）直流电动机不能正常运行的主要原因有哪些？
3）直流电动机冒烟的主要原因有哪些？
4）检修后的直流电动机应进行哪几项主要的检测工作？
5）他励直流电动机电源电压正常而转速过高的原因是什么？
6）他励直流电动机在电源电压正常时转速偏低的原因是什么？

习　题

一、填空题

1. 直流电机由定子和转子（又称为_____）两部分组成，其中定子由_____、_____、_____、_____和_____组成，转子由_____、_____、_____、_____和_____组成。

2. 直流电动机换向极的作用是_____，它安装在相邻两个_____的中心线上。主磁极的作用是_____，它主要由_____和_____组成。

3. 电刷装置的作用是使_____的电刷与_____的换向器保持_____接触。

4. 直流电机的可逆原理是指：直流电机既可做_____运行，又可做_____运行。

5. 直流发电机是将_____转变成_____的电力机械，而直流电动是将_____转换成_____的电力机械。

6. 直流电机换向器的作用对发电机而言，是将转子绕组内的_____转换成电刷间的_____；对电动机而言，是将电刷间的_____转换成转子绕组内的_____。

7. 直流发电机的额定功率 P_N = _____，指的是_____功率；而直流电动机的额定功率 P_N = _____，指的是_____功率。

8. 直流电机电枢旋转时，转子绕组将切割_____产生感应电动势；当电流流过转子绕组且切割磁场时，便产生一_____。在直流发电机中，电枢电流 I_a 与感应电动势 E_a 方向_____；电磁转矩 T 与转子旋转 n 方向_____。在直流电动机中，电枢电流 I_a 与感应电动势 E_a 方向_____；电磁转矩 T 与转子旋转 n 方向_____。

9. 直流电机的转子反应是指_____的作用，它使气隙磁场发生_____，使_____偏离_____一个 α 角度。气隙中的合成磁场是由_____和_____叠加而成的。

10. 直流电动机产生火花的电磁原因是换向元件中产生的_____电动势和_____电动势引起的_____电流造成的。

11. 直流电动机改善换向的方法有_____、_____、_____和_____ 4 种，其中最有效的方法是_____。

12. 直流电动机按励磁方式不同可分为_____、_____、_____、_____四类。

13. 直流并励电动机的损耗有_____、_____、_____和_____四种。直流电动机实现最高效率的条件是：_____ = _____。

14. 直流电动机当 $U = U_N$，$\Phi = \Phi_N$ 时，若在转子回路串入电阻 R_{pa} 越大，则_____不变，斜率 β_____，稳定性_____，损耗_____。

15. 直流电动机当 $\Phi = \Phi_N$，$R = R_a$ 时，若改变电源电压 U，U 越小，则 $n_0 \propto$_____，β_____，Δn_____。

16. 直流电动机当 $U = U_N$，$R = R_a$ 时，若减弱磁通 Φ，Φ 越小，则 n_0_____，β 与 Φ^2_____，n_____。

17. 直流电动机实现反转有_____和_____两种方法，其中_____方法常被采用。

18. 直流串励电动机 I_____I_a_____I_f，当磁路不饱和时，T 与_____成正比；当磁路饱和时，T 与_____成正比。

19. 直流串励电动机有较大的_____，常用于_____中；但不允许_____起动和_____运行，否则将造成_____。

20. 直流电机工作于电动状态时，作用在电机转轴上有三个转矩，分别是_____，起_____作用；_____，起_____作用；_____，起_____作用。

21. 直流电动机的起动方法有_____、_____和_____三种，其中常用的方法是_____。

22. 直流电动机全压起动，起动电流 I_{st}_____，为了_____起动电流，故采用变阻器起动方法，待转速_____后，再将_____切除。

23. 直流电动机起动的调速范围是_____与_____之比，为了增大调速范围，可提高_____或减小_____。

24. 直流电动机的静差率 $\delta\%$ 与_____有关，在 n_0 相同的情况下，机械特性越硬静差率 $\delta\%$_____，相对稳定性_____。

25. 直流电动机的调速方法有_____、_____和_____三种。一般要求从额定转速向下调速可以采用_____和_____方法；从额定转速向上调速可以采用_____方法。

26. 直流电动机电气制动共有_____、_____和_____三种方法。其中_____制动最经济，_____制动最不经济，_____制动转子绕组承受的电压最高。

二、选择题

1. 直流电机的感应电动势 $E_a = C_e \Phi n$，式中 Φ 是指 （ ）。

A. 主磁通　　　　　　　B. 漏磁通　　　　　　　C. 气隙合成磁通

2. 一般换向器的相邻两换向片间垫厚度为（　　　）mm 的云母片绝缘。

A. 0.4~1.0　　　　　　B. 0.5~0.6　　　　　　C. 0.6~1.0

3. 直流电机的主极铁心一般都采用厚度为（　　　）的钢板冲剪叠装而成。

A. 0.5~1.5mm　　　　B. 1.0~1.5mm　　　　C. 2.0~2.5mm

4. 小功率直流电机定、转子之间的气隙 δ 为（　　　）mm。

A. 0.5~1.5　　　　　B. 0.5~5　　　　　　C. 6~10

5. 直流电机的电刷位于几何中性线上，且磁路饱和时，则转子反应的性质是（　　　）。

A. 不变　　　　　　　B. 增磁　　　　　　　C. 去磁

6. 造成直流电机换向不良的电磁原因是（　　　）。

A. 电枢电流 I_a　　　B. 附加电流 i_k　　　C. 励磁电流 I_f

7. 为了在直流电机正、负电刷间获得最大感应电动势，电刷应放在（　　　）。

A. 几何中性线上　　　B. 物理中线性上　　　C. 任意位置上

8. 对于未装换向极的直流电机，可采用移动电刷位置改善换向。对于直流电动机应将电刷（　　　）移动一个 α 角度。

A. 顺着转子旋转方向　B. 逆着转子旋转方向　C. 任意选定一个方向

9. 根据电机可逆原理，直流电机既可作发电机运行，又可作电动机运行。若发电机额定电压为 230V，同等级的电动机额定电压是（　　　）。

A. 220V　　　　　　　B. 230V　　　　　　　C. 0V

10. 当换向片间的沟槽被电刷粉、金属屑或其他导电物质填满时，会造成换向片间（　　　）。

A. 接地　　　　　　　B. 断路　　　　　　　C. 短路

11. 直流电动机励磁电压是指在励磁绕组两端的电压，对（　　　）电动机，励磁电压等于电动机的转子电压。

A. 他励　　　　　B. 并励　　　　　C. 串励　　　　　D. 复励

12. 直流并励（或他励）电动机励磁电流 $I_f \approx$（　　　）% I_N。

A. 1~3　　　　　　　B. 6~10　　　　　　　C. 11~15

13. 直流电机工作在电动机状态时，其电压与电动势的关系为（　　　）。

A. $U = E_a$　　　　　B. $U < E_a$　　　　　C. $U > E_a$

14. 在直流电动机中，磁通 Φ 随电枢电流 I_a 而变化的电动机是（　　　）。

A. 直流并励电动机　　B. 直流他励电动机　　C. 直流串励电动机

15. 直流电动机人为机械特性曲线与固有机械特性曲线平行，它是（　　　）的人为机械特性。

A. 转子回路串电阻　　B. 降低电源电压　　　C. 减弱磁通

16. 直流串励电动机与生产机械可以采用（　　　）连接。

A. 传动带　　　　　　B. 直轴　　　　　　　C. 链条

17. 直流电动机的固有机械特性曲线有（　　　）条。

A. 1　　　　　　　　B. 2　　　　　　　　C. 无限

18. 直流并励电动机改变旋转方向，常采用的方法（　　　）。

A. 励磁绕组反接法　　B. 转子反接法　　　　C. 励磁绕组、转子同时反接法

19. 直流电动机全压起动时，起动电流 I_a（　　　）。

A. 很大　　　　　　　B. 很小　　　　　　　C. 为额定电流

20. 直流电动机全压起动时，一般适用于（　　　）电动机。

A. 大功率　　　　　　B. 很小功率　　　　　C. 大、小功率

21. 在做直流电动机实验时，应在电动机未起动前先将励磁回路的调节电阻 R_{pf} 调至（　　　）。

A. 最大值　　　　　　B. 最小值　　　　　　C. 中间值

22. 一台正在运行的直流并励电动机，其转速为1470r/min，现仅将转子两端电压反接（励磁绕组两端电压极性不变），在刚刚接入反向电压瞬时，其转速为（　　）。

A. 1470r/min　　　　B. >1470r/min　　　C. <1470r/min

23. 直流电动机稳定运行时，其转子电流大小主要由（　　）决定。

A. 转速的大小　　　B. 转子电阻的大小　　C. 负载的大小

24. 直流电机工作在电动状态稳定运行时，电磁转矩 T 的大小由（　　）决定。

A. 电压的大小　　　B. 电阻的大小　　　C. $T_0 + T_L$

25. 欲使直流电动机调速稳定性好，调速时人为机械特性曲线与固有机械特性曲线平行，则应采用（　　）。

A. 改变转子回路电阻　B. 降低转子电压　　C. 减弱磁通

26. 一台直流他励电动机在拖动恒转矩负载运行中，若其他条件不变，只降低转子电压，则在重新稳定运行后，其转子电流将（　　）。

A. 不变　　　　　　B. 下降　　　　　　C. 上升

27. 一台直流并励电动机拖动电力机车下坡时，若不采取措施，在重力作用下机车速度将越来越高，当转速超过理想空载转速时，电机进入发电状态，转子电流将反向，转子电动势将（　　）。

A. 小于外加电压　　B. 大于外加电压　　C. 等于外加电压

28. 运行中的直流并励电动机，若转子回路电阻和负载转矩都一定，当转子电阻降低后，主磁通仍维持不变，则转子转速将会（　　）。

A. 不变　　　　　　B. 下降　　　　　　C. 上升

29. 直流并励电动机所带负载不变的情况下稳定运行，若此时增大转子回路电阻，待重新稳定运行时，电枢电流和电磁转矩（　　）。

A. 不变　　　　　　B. 减小　　　　　　C. 增大

30. 直流并励电动机所带负载不变时，若在转子回路串入一适当电阻，其转速将（　　）。

A. 不变　　　　　　B. 下降　　　　　　C. 上升

三、判断题

1. 直流电机稳定运行时，主磁通 Φ 在励磁绕组中也要产生感应电动势。（　　）

2. 直流电机中，为了减小直流电动势脉动幅值，可增加每极下的线圈边数。（　　）

3. 直流电动机轴上输出的功率 P_2 就是电动机的额定功率 P_N。（　　）

4. 直流电机单波绕组的并联支路与电机磁极无关。（　　）

5. 直流电机换向极的作用是改善换向。（　　）

6. 直流电机换向极绕组与转子绕组串联。（　　）

7. 直流电机不论工作在什么状态，其感应电动势 E_a 总是反电动势。（　　）

8. 直流电动机换向极极性沿电枢旋转方向看应与下一个主磁极极性相同。（　　）

9. 位能性负载 T_L 方向始终随 n 方向变化。（　　）

10. 反抗性负载 T_L 方向始终随 n 方向变化。（　　）

11. 当直流并励电动机的负载增加时，转速必将迅速下降。（　　）

12. 直流电机工作在电动状态下，电磁转矩 T 与转速 n 的方向始终相同。（　　）

13. 直流并励电动机实际空载转速等于理想空载转速。（　　）

14. 一台接在直流电源上的并励电动机，把转子绕组的两个端头对调，电动机就要反转。（　　）

15. 直流串励电动机负载运行时，要求所带负载转矩不得小于1/4额定转矩。（　　）

16. 直流串励电动机转速不正常，经检查，发现电动机轻载运行，此时采用增大转子回路电阻的方法，以达到增大负载电阻的目的。（　　）

17. 一台直流并励电动机带额定负载运行且在保持其他条件不变的情况下，若在励磁回路中入一定电阻，则电动机不会过载，其温升也不会超过额定值。（　　）

18. 一台正在运行的直流并励电动机，可将励磁绕组断开。（　　）

19. 直流并励电动机的实际空载转速等于理想空载转速（　　）。

20. 直流并励电动机的电磁转矩在电动状态时是起拖动作用的，若增大负载转矩，则电动机转速将上升。（　　）

21. 直流电动机起动时期的主要矛盾是起动电流 I_{st} 和起动转矩 T_{st} 的矛盾。（　　）

22. 直流电动机起动电阻 R_{st} 可以作为调速电阻 R_{sp} 使用。（　　）

23. 直流电动机能耗制动时外加电压 $U=0$。（　　）

24. 直流电动机反接制动时转子绕组的两端所承受的电压 $U \approx 2U_N$。（　　）

25. 直流电动机回馈制动时转子转速 n 高于空载转速 n_0。（　　）

四、计算题

1. 一台直流发电机，$P_N=6kW$，$U_N=230V$，$n_N=1450r/min$，试求额定电流 I_N。

2. 一台直流电动机，$P_N=4kW$，$U_N=220V$，$n_N=3000r/min$，$\eta_N=0.81$，试求额定电流 I_N。

3. 一台并励电动机，$P_N=17kW$，$U_N=220V$，$I_N=88.9A$，$n_N=3000r/min$，$R_a=0.114\Omega$，$R_f=181.5\Omega$。试求：在额定负载时，转子回路串入电阻 $R_{pa}=0.15\Omega$ 时的转速 n。

4. 一台并励电动机在 $U_N=220V$、$I_N=80A$ 情况下运行，转子回路电阻 $R_a=0.1\Omega$，励磁回路电阻 $R_f=90\Omega$，额定效率 $\eta_N=0.86$，试求：（1）额定输入功率 P_1；（2）额定输出功率 P_2；（3）总损耗 $\sum p$；（4）励磁回路的铜损 p_{fCu}；（5）电枢回路的铜损 p_{aCu}；（6）机械损耗和铁损之和 p_0。

5. 一台直流他励电动机，$P_N=30kW$，$U_{aN}=220V$，$I_{aN}=110A$，$n_N=1200r/min$，$R_a=0.083\Omega$。试求：（1）若采用全压起动，起动电流 I_{st} 是额定电流 I_{aN} 的多少倍？（2）若起动电流限制在 $2I_{aN}$，转子回路应串入多大电阻 R_{st}？

6. 一台直流他励电动机，$P_N=30kW$，$U_{aN}=220V$，$I_{aN}=158A$，$n_N=1000r/min$，$R_a=0.1\Omega$。试求额定负载时：（1）转子回路串入 0.2Ω 时，电动机的稳定转速 n；（2）将电枢两端电压调至 $U_a=185V$ 时，电动机的稳定转速 n；（3）将磁通减少到 $\Phi=0.8\Phi_N$ 时，电动机的稳定转速 n，电动机能否长期运行？

7. 一台直流并励电动机，$P_N=17kW$，$U_N=110V$，$I_N=187A$，$n_N=1000r/min$，$R_a=0.036\Omega$，$R_f=55\Omega$，若电动机的制动电流限制在 $1.8I_{aN}$，拖动额定负载进行制动。试求：（1）若采用能耗制动停车，在转子回路中应入多大制动电阻 R_{bk}；（2）若采用电源反接制动停车，在转子回路中应串入多大制动电阻 R_{bk}。

8. 有一台并励直流电动机，其额定数据为：$P_N=22kW$，$U_N=110V$，$n_N=1000r/min$，$\eta_N=0.84$，$R_a=0.04\Omega$，$R_f=27.5\Omega$。试求：（1）额定电流 I_N、额定转子电流 I_{aN} 及额定励磁电流 I_{fN}；（2）铜损 p_{Cu}、空载损耗 p_0；（3）额定转矩 T_N；（4）反电动势 E_{aN}。

9. 一台他励直流电动机的额定数据为：$P_N=10kW$，$U_{aN}=220V$，$I_{aN}=53.8A$，$n_N=1500r/min$，$R_a=0.286\Omega$。试绘制：（1）固有的机械特性曲线；（2）绘制下列三种情况：①转子回路串入电阻 $R_{pa}=0.8\Omega$ 时；②转子两端电压降至 $0.6U_{aN}$ 时；③磁通减弱至 $\frac{2}{3}\Phi_N$ 时的人为机械特性曲线。

10. 一台并励电动机的额定转子电流 $I_{aN}=26.6A$，转子两端电压 $U_{aN}=110V$，如果起动时不用起动电阻，直接接到额定电压上，则起动电流为 $390A$。今欲使起动电流为额定值的 2 倍，应加入多大的起动电阻？

11. 一台他励电动机，其额定值为：$U_{aN}=220V$，$I_{aN}=68.6A$，$n_N=1200r/min$，$R_a=0.225\Omega$。将电压调至额定电压的一半，进行调速，磁通不变，若负载转矩为恒定，求它的稳定转速。

12. 一台并励电动机，其额定数据为：$P_N=100kW$，$U_N=220V$，$I_{aN}=511A$，$n_N=1500r/min$，$R_a=0.04\Omega$，电动机带动恒转矩负载运行。现采用转子串电阻方法将转速下调至 $600r/min$，应串入 R_{sp} 为多大？

13. 一台他励直流电动机的额定数据为：$P_N=10kW$，$U_{aN}=220V$，$n_N=1000r/min$，$R_a=$

0.3Ω，电流最大允许值为 $2I_{aN}$。（1）电动机在额定状态下进行能耗制动，求制动开始瞬间转子回路应串接的制动电阻值；（2）用此电动机拖动起重机，在能耗制动状态下以 300r/min 的转速下放重物，转子电流为额定值，求转子回路应串入多大的制动电阻；（3）若该电动机在倒拉反转反接制动的状态下，仍以 300r/min 的速度下放重物，轴上仍带额定负载，求转子回路应串入多大电阻。

项目 4　特种电机的认识

项目内容

◆ 伺服电动机的结构、工作原理及应用。
◆ 测速发电机的结构、工作原理及应用。
◆ 步进电动机的结构、工作原理及应用。
◆ 直线电动机的结构、工作原理及应用。

知识目标

◆ 熟悉伺服电动机、测速发电机、步进电动机和直线电动机等特种电机的结构。理解它们的性能和工作原理。
◆ 了解特种电机在生产领域中的实际应用。

能力目标

◆ 能够认识相应的特种电机并知其用途。
◆ 能根据实际情况选择相应功率的特种电机。

任务 4.1　伺服电动机的认识

任务描述

伺服电动机的作用是将输入的电压信号（即控制电压）转换成轴上的角位移或角速度输出，在自动控制系统中常作为执行元件，所以伺服电动机又称为执行电动机，其最大特点是：有控制电压时转子立即旋转，无控制电压时转子立即停转。转轴转向和转速是由控制电压的方向和大小决定的。伺服电动机分为交流和直流两大类。本任务学习几种常用伺服电动机的结构、作用、工作原理、工作特性、控制方式和应用。

任务目标

熟悉直流伺服电动机和交流伺服电动机的结构、作用、工作原理、工作特性，掌握伺服电动机的控制方式和应用。

子任务 1　直流伺服电动机

伺服电动机是一种服从控制信号要求进行动作的执行器，无信号时静止，有信号时即运行，因其有"伺服"性而得名。伺服电动机的作用是在自动控制系统中将接收的控制信号转换为转轴的角位移或角速度输出。伺服电动机按电源不同分为直流伺服电动机和交流伺服电动机两大类。

1. 直流伺服电动机的分类

直流伺服电动机是指使用直流电源工作的伺服电动机，实质上就是一台他励式直流电动机。直流伺服电动机按结构可分为传统型直流伺服电动机、盘形转子直流伺服电动机、空心杯转子直流伺服电动机、无槽转子直流伺服电动机等几种。

2. 直流伺服电动机的结构

（1）传统型直流伺服电动机

传统型直流伺服电动机的结构形式和普通直流电动机基本相同，也是由定子、转子两大部分组成，按照励磁方式不同，又可分为永磁式（代号 SY）和电磁式（代号 SZ）两种。永磁式直流伺服电动机是在定子上装置由永久磁钢做成的磁极，其磁场不能调节。电磁式直流伺服电动机的定子通常由硅钢片冲制叠装而成，磁极和磁轭整体相连。在磁极铁心上套有励磁绕组，如图 4-1 所示。这两种电动机的转子铁心均由硅钢片冲制叠装而成，在转子冲片的外圆周上开有均匀分布的齿槽，在槽中放置转子绕组，并经换向器、电刷引出。为提高控制精度和响应速度，伺服电动机的转子铁心长度与直径之比比普通直流电动机要大。

（2）盘形转子直流伺服电动机

盘形转子直流伺服电动机的定子由永久磁钢和前后磁轭组成，磁钢可在圆盘的一侧放置，也可以在两侧同时放置，圆盘的两侧是电动机的气隙，转子绕组放在圆盘上，有印制式绕组和绕线式绕组两种形式。印制式绕组采用与制造印制式电路板相类似的工艺制成，它可以是单片双面的，也可以是多片重叠的；绕线式绕组是先绕好单个线圈，然后将绕制的线圈按一定的规律沿径向圆周排列，再用环氧树脂浇注成圆盘形。盘形转子上绕组中的电流沿径向流过圆盘表面，并与轴向磁通相互作用而产生转矩。利用转子绕组的径向部分的裸导线表面兼作换向器和电刷直接接触。盘形转子直流伺服电动机的结构如图 4-2 所示。

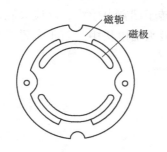

图 4-1　传统型直流伺服电动机的定子

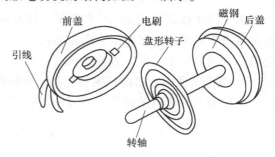

图 4-2　盘形转子直流伺服电动机的结构

（3）空心杯转子直流伺服电动机

空心杯转子直流伺服电动机有外定子和内定子，外定子由两个半圆形的永久磁钢组成，提供电动机磁场；内定子由圆柱形的软磁材料制成，作为磁路，以减小磁路的磁阻（也有内定子由永久磁钢制成，外定子采用软磁材料的）。转子由成型的线圈沿圆周的轴向排成空心杯形，再用环氧树脂固化成型。空心杯转子直接压装在电动机的轴上，在内、外定子的气隙中旋转。转子绕组连接在换向器上，由电刷引出。空心杯转子直流伺服电动机的结构如图 4-3 所示。

（4）无槽转子直流伺服电动机

　　无槽转子直流伺服电动机（代号 SWC）的转子铁心上不开槽，转子绕组直接排列在铁心表面，用环氧树脂把它和铁心固化成整体，定子磁场由永久磁铁产生（也可由电磁的方式产生）。该电动机的转动惯量比前两种无铁心转子的电动机要大，因而其动态性能要差一些。无槽转子直流伺服电动机的结构如图 4-4 所示。

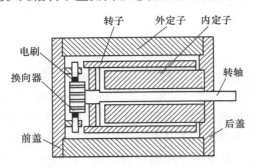

图 4-3　空心杯转子直流伺服电动机的结构

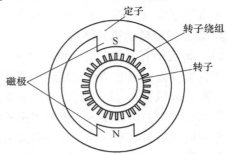

图 4-4　无槽转子直流电动机的结构

3. 直流伺服电动机的工作原理与控制方式

（1）工作原理

　　各种直流伺服电动机的工作原理与普通直流电动机的原理相似，其转速公式与直流电动机的转速公式相似。

（2）控制方式

　　直流电动机的控制方式有两种：一种称为转子控制，在电动机的励磁绕组上加上恒压励磁，将控制电压作用于转子绕组来进行控制；另一种为磁场控制，在电动机的转子绕组上施加恒压，将控制电压作用于励磁绕组来进行控制。

　　由于转子控制可获得线性的机械特性和调节特性，转子回路电感小，反应灵敏，故自动控制系统中多采用转子控制，而磁场控制只用于小功率放大器电机中。对于永磁式直流伺服电机，则只有转子控制一种方式。

4. 直流伺服电动机的机械特性和调节特性

　　由他励式直流电动机的机械特性方程可知

$$n = \frac{U}{C_E \Phi} - \frac{R_a}{C_E C_T \Phi^2} T \qquad (4\text{-}1)$$

　　转子控制直流伺服电动机时，转子绕组为控制绕组，转子绕组加控制电压 U_c，则式（4-1）可写成：

$$n = \frac{U_c}{C_E \Phi} - \frac{R_a}{C_E C_T \Phi^2} T = n_0 - \beta T \qquad (4\text{-}2)$$

式中，$n_0 = \dfrac{U_c}{C_E \Phi}$，为理想空载转速；$\beta = \dfrac{R_a}{C_E C_T \Phi^2}$，为机械特性的斜率。

　　由式（4-2）可得，转子控制直流伺服电动机的机械特性 $n = f(T)$ 和调节特性 $n = f(U_c)$。

（1）机械特性

当改变控制电压 U_c 时，n_0 与控制电压 U_c 成正比，而 β 不变，因此，改变控制电压的机械曲线是一组平行的直线，如图 4-5 所示。

其特点有：

1）机械特性是线性关系，转速随输出转矩的增加而降低。

2）电磁转矩等于零时，直流伺服电动机的转速最高。

3）曲线的斜率反映直流伺服电动机的转速随转矩变化而变化的程度，又称为特性硬度。

4）随着转子控制电压的变化，特性曲线平行移动且斜率保持不变。

（2）调节特性

转子控制直流伺服电动机的调节特性是指电磁转矩恒定时，电动机的转速随转子控制电压变化的关系，即 T = 常数时，$n = f(U_c)$，调节特性如图 4-6 所示。

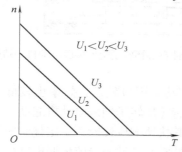
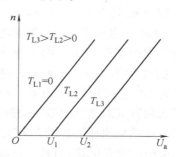

图 4-5　转子控制直流伺服电动机的机械特性　　图 4-6　转子控制直流伺服电动机的调节特性

其特点有：

1）当负载转矩一定时，转速与电压为线性关系，即控制电压增加，转速增加。

2）起动时，不同的负载转矩需有不同的起动电压 U_0，当控制电压小于起动电压 U_0 时，直流伺服电动机就不会起动。

3）起动电压与负载转矩成正比。

4）曲线的斜率反映直流伺服电动机的转速随控制电压变化而变化的程度，也称为调节特性硬度。

5）随着转子控制电压的变化，特性曲线平行移动且斜率保持不变。

直流伺服电动机的优点是机械特性和调节特性的线性度好，调整范围大，起动转矩大，效率高；缺点是转子电流较大，电刷和换向器维护工作量大。

子任务 2　交流伺服电动机

1. 交流伺服电动机的结构

交流伺服电动机的结构与单相异步电动机相似，其定子上也有主绕组和辅助绕组，主绕组为励磁绕组，运行时接至电源 u_f 上；辅助绕组作为控制绕组，输入控制电压 u_c。两者电源频率相同、相位相差 90° 电角度。工作时在气隙中产生一个旋转磁场使转子受力旋转。

交流伺服电动机与直流伺服电动机的要求相同，为满足要求交流伺服电动机的转子通常有以下三种结构形式：

（1）高电阻导条的笼型转子

这种转子结构和普通笼型转子的结构相同，但为了减小转子的转动惯量，一般做成细长形，笼型导条和端环采用高电阻率的黄铜、青铜等导电材料制造。

（2）非磁性空心杯转子

非磁性空心杯转子交流伺服电动机的结构如图4-7所示。其结构由内定子铁心、外定子铁心、空心杯转子、转轴、励磁绕组和控制绕组等组成。外定子铁心由硅钢片冲制叠装而成，槽内放置空间相距90°电角度的励磁绕组和控制绕组。内定子也是由硅钢片冲制叠装而成，不放置绕组，仅作主磁通磁路。空心杯转子位于内、外定子铁心之间的气隙中，由其底盘和转轴固定，空心杯用非磁性的金属铅、铝合金制成，壁厚一般只有0.2～0.8mm，所以有较大的转子电阻和很小的转动惯量。这种结构的气隙较大，内、外定子铁心之间的气隙为0.5～1.5mm，励磁

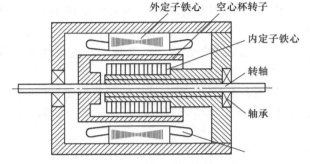

图4-7 非磁性空心杯转子交流伺服电动机的结构

电流也较大，占额定电流的80%～90%。这类电动机的功率因数较低，效率也较低，体积和重量都比同容量的笼型伺服电动机大得多。同体积下，杯形转子伺服电动机起动转矩比笼型小得多。虽然采用杯形转子大大减小了转动惯量，但其快速响应性能不一定优于笼型，由于笼型伺服电动机在低速运行时有抖动现象，因此非磁性空心杯转子交流伺服电动机主要用于要求低噪声及低速平稳运行的系统。

（3）铁磁性空心杯转子

这种转子用铁磁材料（纯铁）制成，转子本身既作为主磁通磁路，又作为转子绕组，故可不要内定子铁心。此类电动机的结构较简单，为减小转子上的磁通密度，壁厚要适当增加，因而其转动惯量较非铁磁性空心转子要大得多，响应性差。尤其当定子、转子气隙稍有不均时，转子易因单边磁拉力而被"吸住"，所以较少使用。

2. 交流伺服电动机的基本工作原理

交流伺服电动机的工作原理如图4-8所示。当励磁绕组接入额定励磁电压 u_f，而控制绕组接入伺服放大器输出的额定控制电压 u_c，并且 u_f 和 u_c 相位差90°时，两相绕组的电流在气隙中建立的合成磁场是旋转磁场，其旋转磁场在杯形转子的杯形筒壁上或在笼型转子导条中感应出电动势及其电流，转子电流与旋转磁场相互作用产生电磁转矩，拖动转子旋转。

3. 控制方式

对于交流伺服电动机，若两相绕组产生的磁通势幅值相等、相位差90°，在气隙中便能得到圆形旋转磁场；若两相绕组产生的磁通势幅值不相等，或相位差不是90°，在气隙中得到的将是椭圆形旋转磁场。所以改变控制绕组上的控制电压的大小或改变它与励磁电压之间的相位差，都能使电动机气隙中旋转磁场的椭圆度发生变化，从而影响电磁转矩的大小。当负载转矩一定时，可

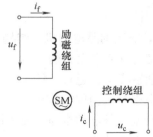

图4-8 交流伺服电动机的工作原理

以通过调节控制电压的大小或相位达到改变电动机转速的目的。交流伺服电动机的控制方法有三种。

（1）幅值控制

幅值控制方式是指控制电压 u_c 和励磁电压 u_f 保持相位差 90°，只改变控制电压 u_c 的幅值。当控制电压 $U_c = 0$ 时，电动机停转；当控制电压 u_c 在 0 和额定值之间变化时，电动机的转速也相应地在 0 和额定值之间变化。

（2）相位控制

相位控制时控制电压和励磁电压均为额定电压，通过改变控制电压和励磁电压的相位差，实现对伺服电动机的控制。

设控制电压与励磁电压的相位差为 β（0°~90°），根据 β 的取值可得出气隙磁场的变化情况。当 $\beta = 0°$ 时，控制电压与励磁电压同相位，气隙总磁通势为脉振磁通势，伺服电动机转速为零不转动；当 β 在 90° 时，为圆形旋转磁通势，伺服电动机转速最大，转矩也为最大；当 β 在 0°~90° 变化时，磁通势从脉振磁通势变为椭圆形旋转磁通势，最终变为圆形旋转磁通势，伺服电动机的转速由低向高变化。β 值越大越接近圆形旋转磁通势。

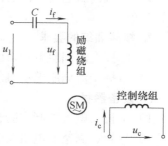

图 4-9 幅相控制原理

（3）幅相控制（或称电容控制）

幅相控制是对幅值和相位差都进行控制，通过改变控制电压的幅值及控制电压与励磁电压的相位差控制伺服电动机的转速。幅相控制原理如图 4-9 所示。

当控制电压的幅值改变时，电动机转速发生变化，此时由于转子的耦合作用，励磁绕组中的电流随之发生变化，励磁电流的变化引起电容端电压的变化，使控制电压与励磁电压之间的相位角 β 改变。

幅相控制的机械特性和调节特性不如幅值控制和相位控制，但由于电路比较简单，不需要移相器，因此在实际应用中用得较多。

子任务3 伺服电动机的应用

1. 对伺服电动机的基本性能要求

在自动控制系统中，对伺服电动机的要求主要是运行高可靠性、特性参数高精度性和响应速度高灵敏性等。

2. 伺服电动机的特点

1）有宽广的调速范围。伺服电动机的转速随着控制电压的改变能在宽广的范围内连续调速。

2）机械特性和调节特性线性度好，能提高自动控制系统的动态精度。

3）无自转现象。伺服电动机在控制信号为零时能立即自行停转，无自转现象。

4）能快速响应。机电时间常数小，电动机的转速能随着控制信号的改变而迅速变化，转动惯量小。

3. 伺服电动机的应用

伺服电动机从工作原理上看和普通电动机没有本质的区别，但在电动机运行特性和用途方面，却有很大的不同。普通电动机主要用在电力拖动系统中，用来完成机电能量的转换，对它们的要求着重于起动和运行状态的等指标；而伺服电动机主要用在自动控制系统和计算装置中，完成对机电信号的检测、解算、放大、传递、执行或转换。

技能训练

1. 技能训练的内容

1）直流伺服电动机的转子电阻、机械特性 $T=f(n)$、调节特性 $n=f(U_c)$ 的测试，空载始动电压和检查空载转速的不稳定性和机电时间常数的测量。

2）交流伺服电动机幅值控制时的机械特性和调节特性，幅相控制时的机械特性，观察自转现象。

2. 技能训练的要求

1）掌握直流伺服电动机的机械特性和调节特性的测量方法。

2）掌握交流伺服电动机的机械特性和调节特性的测量方法。

3. 设备器材

1）电机与电气控制实验台	1台
2）导轨、测速发电机及转速表	1套
3）直流并励电动机（作直流伺服电动机用）	1台
4）校正直流测功机	1台
5）直流电压表、直流毫安表、直流安培表	各2块
6）三相可调电阻器	1个
7）可调电阻器、电容器	各1个
8）波形测试及开关板	各1块
9）记忆示波器	1台
10）交流伺服电机控制箱	1件
11）JSZ-1型交流伺服电机实验装置	1套
12）交流电压表、电流表	各1块

4. 技能训练的步骤

（1）直流伺服电动机的测试

1）用伏安法测直流伺服电动机转子的直流电阻。

①按图 4-10 接线，取 $R_p=1980\Omega$，电流表的量程选用 5A 档。

②经检查无误后接通转子电源，并调至 220V，合上开关 S，调节 R_p 使转子电流达到 0.2A，迅速测取电动机转子两端电压 U_a 和电流 I_a，再将电动机轴分别旋转 1/3 周和 2/3 周。同样测取 U_a、I_a，填入表 4-1 中，取三次的平均值作为实际冷态电阻。

③计算基准工作温度时的转子电阻。由实验直接测得转子绕组电阻值，此值为实际冷态电阻值，冷态温度为室温，按下式换算到基准工作温度时的转子绕组电阻值：

$$R_{aREF} = \frac{235 + \theta_{REF}}{235 + \theta_a} R_a \qquad (4-3)$$

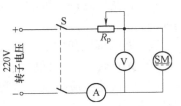

图 4-10　测转子绕组的直流电阻接线图

式中，R_{aREF} 为换算到基准工作温度时转子绕组电阻，单位为 Ω；R_a 为转子绕组的实际冷态电阻，单位为 Ω；θ_{REF} 为基准工作温度，对于 E 级绝缘为 75℃；θ_a 为实际冷态时转子绕组温度，单位为℃。

表 4-1　直流伺服电动机直流电阻的测试

序号	U_a/V	I_a/A	R_a/Ω	R_{aREF}/Ω

2）直流伺服电动机的机械特性测试。

①按图 4-11 接线，图中取 $R_{f1}=1800\Omega$，$R_{f2}=1800\Omega$，$R_{P1}=540\Omega$，$R_{P2}=180\Omega$，采用分压器接法，$R_L=2250\Omega$，电流表 A_1、A_3 选用 200mA 档，A_2、A_4 选用安培表。

②把 R_{f1} 调至最小，R_{p1}、R_{p2}、R_L 调至最大，开关 S_1、S_2 打开，先接通励磁电源，再接通转子电源并调至 220V，电动机运行后把 R_{p1} 调至最小。

③合上开关 S_1，调节校正直流测功机的励磁电流 $I_{f2}=100$mA 校正值不变。逐渐减小 R_L 阻值（注：先调 1800Ω 阻值，调到最小后用导线短接），并增大 R_{f1} 阻值，使 $n=n_N$ $=1600$r/min，$I_a=I_{aN}=1.2$A，$U_a=U_{aN}=$ 220V，此时电动机励磁电流为额定励磁电流。

④保持此额定电流不变，逐渐增加 R_L 阻值，从额定负载到空载（断开开关 S_1），测取其机械特性 $n=f(T)$，其中 T 可由 I_F 从校正曲线查出，记录 n、I_a、I_f 的 7～8 组数据，填入表 4-2 中。

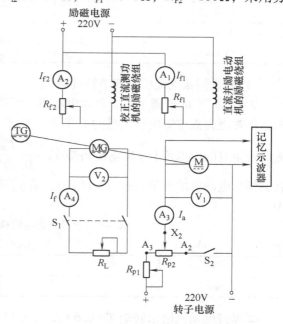

图 4-11　测试直流伺服电动机机械特性的接线图

表 4-2　直流伺服电动机的机械特性测试（1）

$U_a=U_{aN}=220$V		$I_{f2}=$ ____ mA		$I_f=I_{fN}=$ ____ mA	
n/（r/min）					
I_a/A					
I_f/A					
T/N·m					

⑤调节转子电压为 $U_a=160$V，调节 R_{f1}，保持电动机励磁电流的额定电流 $I_f=I_{fN}$，减小 R_L 阻值，使 $I_a=1$A，再增大 R_L 阻值，一直到空载，其间记录 7～8 组数据，填入表 4-3 中。

⑥调节转子电压为 $U_a = 110\text{V}$，保持 $I_f = I_{fN}$ 不变，减小 R_L 阻值，使 $I_a = 0.8\text{A}$，再增大 R_L 阻值，一直到空载，其间记录 $7 \sim 8$ 组数据，填入表4-4中。

表4-3　直流伺服电动机的机械特性测试（2）

$U_a = 160\text{V}$		$I_{f2} = \_\_\_\_$ mA				$I_f = I_{fN} = \_\_\_\_$ mA	
$n/(\text{r/min})$							
I_a/A							
I_f/A							
$T/\text{N}\cdot\text{m}$							

表4-4　直流伺服电动机的机械特性测试（3）

$U_a = 110\text{V}$		$I_{f2} = \_\_\_\_$ mA				$I_f = I_{fN} = \_\_\_\_$ mA	
$n/(\text{r/min})$							
I_a/A							
I_f/A							
$T/\text{N}\cdot\text{m}$							

3）直流伺服电动机的调节特性测试。

①按2）中的步骤①～③起动电动机，保持 $I_f = I_{fN}$、$I_{f2} = 100\text{mA}$ 不变。调节 R_L 使电动机输出转矩为额定输出转矩时的 I_f 值并保持不变，即保持校正直流电动机输出电流为额定输出转矩时的电流值 $\left(\text{额定输出转矩 } T_N = \dfrac{P_N}{0.105 n_N}\right)$，调节直流伺服电动机转子电压，测取直流伺服电动机的调节特性 $n = f(U_c)$，直到 $n = 100\text{r/min}$，记录 $7 \sim 8$ 组数据，填入表4-5中。

表4-5　直流伺服电动机的调节特性测试（1）

$I_{f2} = \_\_\_\_$ mA		$I_f = I_{fN} = \_\_\_\_$ mA			$I_F = \_\_\_\_$ A（$T = T_N$）	
U_c/V						
$n/(\text{r/min})$						

②保持电动机输出转矩 $T = 0.5 T_N$，重复以上实验，记录 $7 \sim 8$ 组数据，填入表4-6中。

表4-6　直流伺服电动机的调节特性测试（2）

$I_{f2} = \_\_\_\_$ mA		$I_f = I_{fN} = \_\_\_\_$ mA			$I_F = \_\_\_\_$ A（$T = 0.5 T_N$）	
U_c/V						
$n/(\text{r/min})$						

③保持电动机输出转矩 $T = 0$（即校正直流测功机与直流伺服电动机脱开，直流伺服电动机直接与测速发电机同轴连接），调节直流伺服电动机转子电压。当调至最小后合上开关 S_2，减小分压电阻 R_{P2}，直至 $n = 0\text{r/min}$，其间取 $7 \sim 8$ 组数据，填入表4-7中。

表4-7　直流伺服电动机的调节特性测试（3）

$I_f = I_{fN} = \_\_\_\_$ mA			$T = 0$			
U_a/V						
$n/(\text{r/min})$						

4）测定空载始动电压和检查空载转速的不稳定性。

①空载始动电压。按2）中的步骤③起动电动机，把转子电压调至最小后，合上开关 S_2，逐渐减小 R_{P2} 直至 $n=0$，再慢慢增大分压电阻 R_{P2}，即使转子电压从零缓慢上升，直至转速开始连续转动，此时的电压即为空载始动电压。

②正、反向各进行三次，取其平均值作为该电动机始动电压，将数据填入表 4-8 中。

表 4-8　直流伺服电动机的空载始动电压测试

$I_f = I_{fN} = \underline{\quad}$ mA　　　　　　　　　　　　　　　$T = 0$

次　数	1	2	3	平均
正向 U_a/V				
反向 U_a/V				

③正（反）转空载转速的不对称性。

$$\text{正（反）空载转速不对称性} = \frac{\text{正（反）向空载转速} - \text{平均转速}}{\text{平均转速}} \times 100\%$$

$$\text{平均转速} = \frac{\text{正向空载转速} + \text{反向空载转速}}{2}$$

注：正（反）转空载转速的不对称性应不大于 3%。

5）测量直流伺服电动机的机电时间常数。按图 4-11 中右半边接线，直流伺服电动机加额定励磁电流，用记忆示波器拍摄直流伺服电动机空载起动时的电流过渡过程，从而求得电动机的机电时间常数。

（2）交流伺服电动机的测试

1）幅值控制。

①实测交流伺服电动机 $\alpha = 1$（即 $U_c = U_N = 220V$）时的机械特性。关断三相交流电源，按图 4-12 接线。起动三相交流电源，调节调压器，使 $U_f = 220V$，再调节单相调压器 T_2 使 $U_c = U_N = 220V$。调节棘轮机构，逐次增大转矩 $T[T = (F_{10} - F_2) \times 3]$，将弹簧称读数及电动机转速填入表 4-9 中。

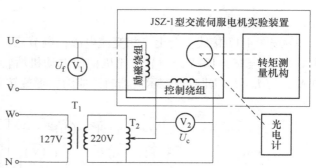

图 4-12　交流伺服电动机幅值控制接线图

表 4-9　交流伺服电动机幅值控制测试（1）

$U_f = \underline{\quad}$ V　　　　　　　　　　　　$U_c = \underline{\quad}$ V

序　号				
F_{10}/N				
F_2/N				
$T[=(F_{10}-F_2)\times 3]$/N·cm				
n/(r/min)				

②实测交流伺服电动机 $\alpha = 0.75$（即 $U_c = 0.75 U_N = 165V$）时的机械特性。保持 $U_f = 220V$ 不变，调节单相调压器 T_2 使 $U_c = 0.75 U_N = 165V$。重复上述步骤，将所测数据填入表 4-10 中。

表 4-10　交流伺服电动机幅值控制测试（2）

$U_f = $ ____ V						$U_c = $ ____ V	
序号							
F_{10}/N							
F_2/N							
$T[= (F_{10} - F_2) \times 3]/N \cdot cm$							
$n/(r/min)$							

2）交流伺服电动机的调节特性测试。

①调节三相调压器使 $U_f = 220V$，松开棘轮机构，即电动机空载。

②逐次调节单相调压器 T_2，使控制电压 U_c 从 220V 逐次减小直到 0。将每次所测的控制电压 U_c 与电动机转速 n 填入表 4-11 中。

表 4-11　交流伺服电动机的调节特性测试

$U_f = 220V$							
U_c/V							
$n/(r/min)$							

3）幅相控制。

①按图 4-13 接线。合上三相交流电源，调节三相调压器使 $U_1 = 127V$，再调节单相调压器 T_2 使 $U_c = U_1 = 127V$，调节棘轮机构使电动机堵转。调节可变电容器 C，观察电流表 A_1 和 A_2，使 $I_f = I_c$，此时观察示波器轨迹应为圆形旋转磁场，并且此时 U_f 应等于 U_c。

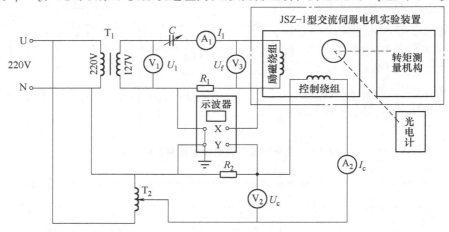

图 4-13　交流伺服电动机幅值——相位控制接线图

②实测交流伺服电动机 $U_1 = 127V$、$\alpha = 1$（即 $U_c = U_N = 220V$）时的机械特性。调节单相调压器 T_2 使 $U_c = U_N = 220V$。松开棘轮机构，再调节棘轮机构手柄逐次增大转矩。记录电

动机从空载至堵转时，10N 弹簧秤和 2N 弹簧秤读数及电动机转速，填入表 4-12 中。

表 4-12　交流伺服电动机幅相控制测试

$U_1 = $＿＿V					$U_c = $＿＿V			
序　　号								
F_{10}/N								
F_2/N								
$T[=(F_{10}-F_2)\times3]/N\cdot cm$								
$n/(r/min)$								

③实测交流伺服电动机 $U_1 = 127V$、$\alpha = 0.75$（即 $U_c = 0.75U_N = 165V$）时的机械特性。调节三相交流电源和单相调压器使 $U_c = 0.75U_N = 165V$，重复上面实验，将数据填入表 4-13 中。

表 4-13　$U_1 = 127V$、$\alpha = 0.75$ 时的机械特性

$U_f = $＿＿V					$U_c = $＿＿V			
序　　号								
F_{10}/N								
F_2/N								
$T[=(F_{10}-F_2)\times3]/N\cdot cm$								
$n/(r/min)$								

④观察交流伺服电动机"自转"现象。接线图如图 4-12 所示，调节调压器使 $U_1 = 127V$，$U_c = 220V$，再将 U_c 开路，观察电动机有无"自转"现象。调节调压器使 $U_1 = 127V$，$U_c = 220V$，再将 U_c 调到 0，观察电动机有无"自转"现象。

 **问题研讨**

1）伺服电动机有何基本要求？在结构上如何满足这些要求？
2）直流伺服电动机有哪几种类型？各由哪些部分组成？
3）交流伺服电动机有哪些控制方式？
4）伺服电动机有何特点？伺服电动机应用在什么场合？

任务 4.2　测速发电机的认识

任务描述

　　测速发电机在自动控制系统中作为检测元件，可以将电动机轴上的机械转速转换为电压信号输出。输出电压信号与机械转速成正比关系，输出电压的极性反映电动机的旋转方向。测速发电机有交、直流两种形式。自动控制系统要求测速发电机的输出电压必须精确、迅速地与转速成正比。本任务介绍交流测速发电机、直流测速发电机的结构、工作原理和应用。

任务目标

熟悉测速发电机的类型、结构及应用，理解测速发电机的工作原理。

子任务1 交流测速发电机

交流测速发电机分为同步测速发电机和异步测速发电机两种。下面介绍在自动控制系统中应用较广的异步测速发电机。

异步测速发电机按其结构可分为笼型转子异步测速发电机和杯形转子异步测速发电机两种。笼型转子异步测速发电机的线性度差，相位差较大，剩余电压较高，多用于精度要求不高的系统中。

杯形转子异步测速发电机的输出特性有较高精度，又因其转子转动惯量较小，可满足快捷性要求，目前在自控系统中广泛应用的是空心杯转子异步测速发电机。

1. 空心杯转子异步测速发电机的结构

空心杯转子异步测速发电机主要由杯形转子、内定子、外定子、机壳和转轴等组成，空心杯转子异步测速发电机的结构如图4-14所示。

空心杯转子异步测速发电机的转子为一个薄壁（0.2～0.3mm）非磁性杯，通常由高电阻率和低温度系数的硅锰青铜或锡锌青铜制成。

转轴与杯形转子固定在一起，一端用轴承支撑在机壳内，另一端用轴承支撑在内定子端部内。内定子一端悬空，另一端嵌压在机壳中。

定子上嵌放有空间位置上相差90°电角度的两相绕组，一相绕组作为励磁绕组，另一相绕组作为输出绕组。机座

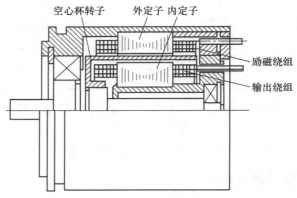

图4-14 杯形转子异步测速发电机的结构

号较小（机座外壳直径小于28mm）的测速发电机中，两相绕组均嵌放在内定子上；而机座号在36号（外径为36mm）以上测速发电机中，励磁绕组嵌放在外定子上，输出绕组嵌放在内定子上，以便调整两相绕组的相对位置，使剩余电压最小。

2. 空心杯转子异步测速发电机的工作原理

异步测速发电机的工作原理可以由图4-15来说明。图中 N_1 是励磁绕组匝数，N_2 是输出绕组匝数。由于转子电阻较大，为分析方便起见，忽略转子漏抗的影响，认为感应电流与感应电动势同相位。

给励磁绕组加频率 f 恒定、电压 U_f 恒定的单相交流电，测速发电机的气隙中便会生成一个频率为 f、方向为励磁绕组轴线方向（即 d 轴方向）的脉振磁动势及相应的脉振磁通，分别称为励磁磁动势及励磁磁通。

当转子不动时，励磁磁通在转子绕组（空心杯转子实际上是无穷多导条构成的闭合绕组）中感应出变压器电动势，变压器电动势在转子绕组中产生电流，转子电流由 d 轴的一边流入而在另一边流出，转子电流所生成的磁动势及相应的磁通也是脉振的且沿 d 轴方向脉

振，分别称为转子直轴磁动势及转子直轴磁通。

励磁磁动势与转子直轴磁动势都是沿 d 轴方向脉振的，两个磁动势合成而产生的磁通也是沿 d 轴方向脉振的，称之为直轴磁通 ϕ_d。由于直轴磁通 ϕ_d 与输出绕组不交链，所以输出绕组没有感应电动势，其输出电压 $U_2 = 0$。

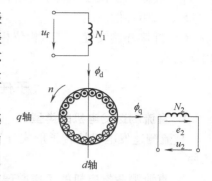

图 4-15　异步测速发电机的原理图

转子旋转时，转子绕组切割直轴磁通 ϕ_d 产生切割感应电动势 E_q。由于直轴磁通 ϕ_d 是脉振的，因此切割电动 e_q 也是交变的，其频率也就是直轴磁通的频率 f，切割电动势 e_q 在转子绕组中产生频率相同的交变电流 i_q，电流 i_q 由 q 轴的一侧流入而在另一侧流出，电流 i_q 形成的磁动势及相应的磁通是沿 q 轴方向以频率 f 脉振的，分别称为交轴磁动势 F_q 及交轴磁通 ϕ_q。交轴磁通与输出绕组 N_2 交链，在输出绕组中感应出频率为 f 的交变电动势 e_2。

以频率 f 交变的切割电动势与其转子绕组所切割的直轴磁通 ϕ_d、切割速度 n 及由发电机本身结构决定的电动势常数 C_E 有关，它的有效值为

$$E_q = C_E \Phi_d n \tag{4-4}$$

以频率 f 交变的输出绕组感应电动势，与输出绕组交链的交轴磁通 ϕ_q 及输出绕组的匝数 N_2 有关，它的有效值 E_2 为

$$E_2 = 4.44 f N_2 \Phi_q \tag{4-5}$$

由此看出，当励磁电压 U_f 及频率 f 恒定时有

$$E_2 \propto \Phi_q \propto I_q \propto E_q \propto n \tag{4-6}$$

即 E_2 与 n 成正比关系。可见异步测速发电机可以将其转速值——对应地转换成输出电压值。

3. 交流测速发电机的输出特性

交流测速发电机在一定的励磁和负载条件下，输出电压 U_2 与转速的关系曲线 $U_2 = f(n)$ 称为输出特性。在理想情况下，输出特性应为一条直线。在输出电压和励磁电压是同相时，如果转速为零，没有输出电压，即剩余电压为零。

实际上测速发电机的制造工艺、材料等因素，将会影响输出电压与转子转速间的线性关系。为了减小误差及减小工作转速范围内输出电压相位移的变化值，其方法有：减小定子漏阻抗、增大转子电阻和增大异步测速发电机的同步转速与提高发电机励磁电源的频率等方法，异步测速发电机大都采用 400Hz 的中频励磁电源。

剩余电压 U_r 一般只有几毫伏，剩余电压对交流测速发电机输出特性的影响如图 4-16 所示。异步测速发电机输出电压中的剩余电压会给系统带来不利影响，使系统产生误动作，引起随动系统的灵敏度降低。所以必须设法减小异步测速发电机的剩余电压，通常采用如下措施：

1）选用磁通密度较低的铁心。

2）采用单层集中绕组和可调铁心结构。

3）定子铁心采用旋转叠装法。

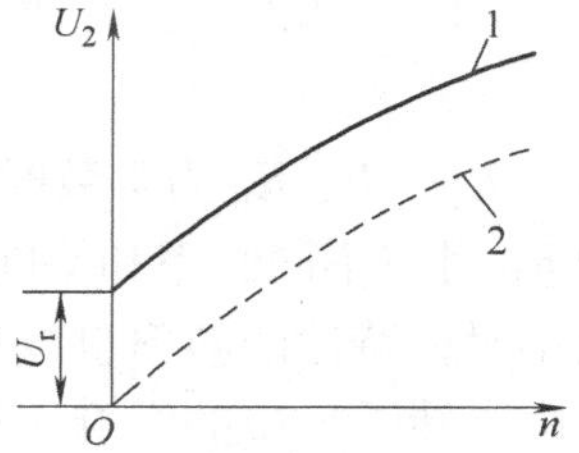

图 4-16　剩余电压对交流测速
发电机输出特性的影响

1—实际输出特性　2—理想输出特性

4）提高定子铁心和转子空心杯的加工精度。

5）采用补偿绕组。

6）外接补偿装置，产生相位相反的附加电压，其大小接近于剩余电压的固定分量使之相互抵消。

子任务2 直流测速发电机

1. 直流测速发电机的类型

直流测速发电机按转子形式分为无槽转子、有槽转子、空心杯转子和圆盘印制式绕组等几种。

2. 直流测速发电机的工作原理

直流测速发电机是一种微型他励直流发电机，它与直流伺服电动机基本相同，有独立的励磁磁场或永久磁铁产生的磁场，其工作原理与一般直流发电机相同。直流测速发电机的工作原理如图4-17所示。

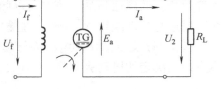

图4-17 直流测速发电机的原理图

在恒定磁场中，转子绕组切割磁力线产生电动势为：$E_a = C_E \Phi n$。在空载时，$U_2 = E_a$，U_2 与 n 成正比。负载时，由于转子电阻、电刷和换向器之间有接触电阻等，会引起一定的电压降，因此测速发电机的输出电压比空载时小，即

$$U_2 = E_a - I_a R_a \tag{4-7}$$

输出电流为

$$I_a = \frac{U_2}{R_L} \tag{4-8}$$

输出电压为

$$U_2 = \frac{E_a}{1 + \dfrac{R_a}{R_L}} = \frac{C_E \Phi n}{1 + \dfrac{R_a}{R_L}} = kn \tag{4-9}$$

式中，k 为直流测速发电机输出特性曲线的斜率，$k = \dfrac{C_E \Phi}{1 + \dfrac{R_a}{R_L}}$。

当 R_a、Φ、R_L 为常数时，k 为常数，直流测速发电机负载时输出特性为一组直线。不同的 R_L 对应不同斜率和不同的特征曲线，直流测速发电机的输出特性如图4-18所示。当 R_L 值减小时，特性的斜率也减小。

由于转子反应的影响，输出电压 U_2 不再和转速 n 成正比，导致输出特性向下弯曲，如图4-18中虚线所示。

为改善输出特性，削弱转子的去磁影响，尽量使气隙磁通不变，可以采取以下方法：对电磁式直流测速发电机，可在定子磁极上装补偿绕组；设计中，取较小的线负荷，适当加大电动机气隙；负载电阻不应小于规定值。

另外，直流测速发电机因电刷有接触压降，在低速时，使输出特性出现不灵敏区；温度变化也会使电阻值增加，使输出特性改变。可以在励磁绕组回路中串联一电阻值较大的附加电阻来解决，使整个支路的回路中电阻基本不变，输出特性可以保持不变，但功耗增大。

测速发电机在自动控制系统中可以作为测速元件、校正元件和角加速度信号元件。自动控制系统对测速发电机的主要要求如下：

1）输出特性与其输入量成正比关系，且不随外界条件的变化而改变。

2）电动机转子转动惯量要小，以保证快速响应。

3）剩余电压小。

4）电动机灵敏度要高，即要求输出特性斜率大。

此外，自动控制系统还要求测速发电机对无线信号干扰小、噪声小、结构简单、工作可靠、体积小、质量小等。不同的工作环境、对象还有一些特殊的要求。

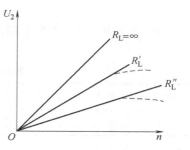

图 4-18　直流测速发电机的输出特性

技能训练

1. 技能训练的内容

永磁式直流测速发电机的测试。

2. 技能训练的要求

学会测试直流测速发电机的输出特性。

3. 设备器材

1）电机与电气控制实验台　　　　　1 台
2）导轨、测速发电机及转速表　　　1 套
3）校正直流测功机　　　　　　　　1 台
4）直流电压表、毫安表、安培表　　各 1 台
5）波形测试及开关板　　　　　　　各 1 块
6）可调电阻器　　　　　　　　　　3 个

4. 技能训练的步骤

1）按图 4-19 接线，取 $R_{f1} = 1800\Omega$，$R_{p1} = 180\Omega$，$R_L = 5400\Omega$，并把 R_{f1} 调至最小，R_{p1} 调至最大，R_L 调至最大，电流表量程为 20mA，开关 S 断开。

2）先接通励磁电源，再接通转子电源，电动机 M 运行后将 R_{p1} 调至最小，并调节转速达 2000r/min，减小转子电源输出电压并调节 R_{p1} 和 R_{f1} 逐渐使发电机减速，记录对应的转速和输出电压。

3）共测取 8～9 组，填入表 4-14 中。

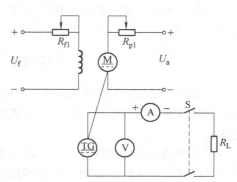

图 4-19　直流测速发电机接线图

表 4-14　直流测速发电机空载时的输出特性

$n/(\text{r/min})$								
U/V								

4）合上开关 S，重复上面步骤，记录 8~9 组数据，填入表 4-15 中。

表 4-15　直流测速发电机有载时的输出特性

$n/(\text{r/min})$							
U/V							

问题研讨

1）测速发电机有哪些类型？

2）什么是异步测速发电机的剩余电压？剩余电压对控制系统有什么影响？如何减小？

3）为改善直流测速发电机输出特性，削弱转子的去磁影响，尽量使气隙磁通不变，可以采取哪些措施？

4）自动控制系统对测速发电机有哪些要求？

任务 4.3　步进电动机的认识

任务描述

随着电子技术和计算机的迅速发展，步进电动机的应用日益广泛。例如，数控机床、绘图机、自动记录仪表和数-模变换装置中，都使用了步进电动机，尤其在数字控制系统中，步进电动机的应用日益广泛。步进电动机的种类较多，本任务将介绍三相反应式步进电动机的结构、工作原理和应用。

任务目标

熟悉三相反应式步进电动机的类型、结构和应用，理解三相反应式步进电动机的工作原理。

子任务 1　步进电动机的结构

步进电动机是一种用电脉冲信号进行控制，并将电脉冲信号转换成相应的角位移或直线位移的执行器。给一个脉冲信号，步进电动机就转动一个角度，因此步进电动机也称为脉冲电动机。

步进电动机的角位移量与电脉冲数成正比，其转速与电脉冲频率成正比，通过改变脉冲频率可以调节电动机的转速。如果停机后某些绕组仍保持通电状态，则还具有自锁能力。步进电动机的最大缺点是在重负载和高速的情况下，容易发生失步。

1. 步进电动机的分类

三相步进电动机的种类较多，按运行方式分为旋转型和直线型两类；按工作原理分为反应式、永磁式和永磁感应式三种。其中反应式步进电动机是我国目前使用最广泛的一种，它具有惯性小、反应快和速度高的特点。

2. 三相反应式步进电动机的结构

步进电动机在结构上分为定子和转子两部分。其定子、转子用硅钢片或其他软磁材料制成，定子上有 6 个磁极，每个磁极上绕有励磁绕组，相对的两个磁极组成一相，分成 U、V、W 三相，转子上有 4 个均匀分布的齿，无绕组，它是由带齿的铁心做成的，如图 4-20 所示。

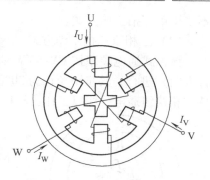

图 4-20 三相反应式步进电动机的结构示意图

子任务2 步进电动机的工作原理

1. 三相反应式步进电动机的工作原理

（1）三相单三拍工作方式

三相反应式步进电动机的工作原理如图 4-21 所示。当 U 相控制绕组通电时，定子磁极 U、U′轴线若与转子 1、3 齿不对齐时，总有一磁场拉力使转子转到 1、3 齿与定子磁极 U、U′重合。重合时，仅有径向力而无切向力，致使转子停转，如图 4-21a 所示；U 相断电，V 相控制绕组通电时，转子将在空间逆时针转过 30°（即步距角为 30°），转子齿 2、4 与定子极 V、V′对齐，如图 4-21b 所示；如再使 V 相断电，W 相控制绕组通电，转子又在空间顺时针转过 30°（即步距角为 30°），使转子齿 3、1 与定子极 W、W′对齐，如图 4-21c 所示。若如此循环往复，并按 U→V→W→U 顺序通电，转子则按顺时针方向不断转动，其转速取决于控制绕组与电源接通和断开的频率。若通电顺序改变为 U→W→V→U 顺序时，电动机就按逆时针方向转动。接通和断开电源的过程，由电子逻辑电路来控制。

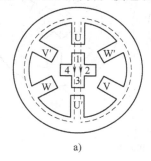 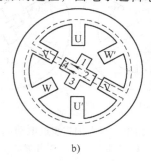 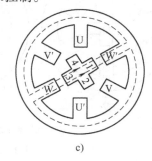

a)   b)   c)

图 4-21 三相单三拍式步进电动机工作原理

a）U 相通电   b）V 相通电   c）W 相通电

定子绕组每改变一次通电方式，就称为一拍。电动机转子所转过的空间角度称为步距角 θ_b。上述通电方式称为三相单三拍，"单"是指每次只对一相控制绕组通电；"三拍"是指经过三次切换控制绕组的通电状态为一个循环，此时的步距角 $\theta_b = 30°$。

由于每次只有一相绕组通电，三相反应式步进电动机在切换瞬间将失去自锁转矩，容易失步，另外，只有一相绕组通电，易在平衡位置附近产生振荡，稳定性不佳，故实际应用中不采用单三拍工作方式。

（2）三相双三拍工作方式

该方式通电顺序按 UV→VW→WU→UV（顺时针方向）或 UW→WV→VU→UW（逆时针方向）进行，其步距角仍为 30°。由于双三拍控制每次有二相绕组通电，而且切换时总保持一相绕组通电，所以工作比较稳定。三相双三拍式工作原理如图 4-22 所示。

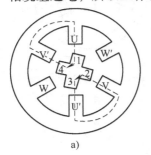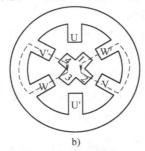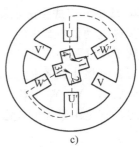

图 4-22 三相双三拍式步进电动机工作原理图
a）U、V 相通电　b）V、W 相通电　c）W、U 相通电

（3）三相单—双六拍工作方式

按 U→UV→V→VW→W→WU→U 顺序通电，即首先 U 相通电，然后 U 相不断电，V 相再通电，即 U、V 两相同时通电，接着 U 相断电而 V 相保持通电状态，然后再使 V、W 两相通电，依次类推，每切换一次，步进电动机顺时针转过 15°，如图 4-23 所示。如通电顺序改为 U→UW→W→WV→V→VU→U，则步进电动机以步距角 15°逆时针旋转。三相六拍工作方式比三相三拍工作方式步距角小一半，因而精度更高，且转换过程中始终保证有一个绕组通电，工作稳定，因此这种方式被大量采用。

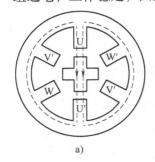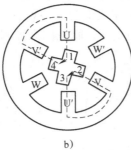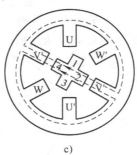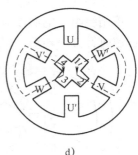

图 4-23 三相单、双六拍式步进电动机工作原理图
a）U 相通电　b）U、V 相通电　c）V 相通电　d）V、W 相通电

2. 小步距角三相反应式步进电动机工作原理

小步距角三相反应式步进电动机的结构如图 4-24 所示，它的定子上有 6 个极，上面装有控制绕组并联成 U、V、W 三相，转子上均匀分布 40 个齿，定子每个极面上也各有 5 个齿，定子、转子的齿宽和齿距都相同。当 U 相控制绕组通电时，电动机中产生沿 U 极轴线方向的磁场，磁通要按磁阻最小的路径闭合，使转子受到磁阻转矩的作用而转动，直至转子齿和定子 U 极面上的齿对齐为止。转子上共有 40 个齿，每个齿的齿距为 $360°/40 = 9°$，而每个定子磁极的极距为 $360°/6 = 60°$，所以每一个极距所占的齿距数不是整数。

当 U 极面下的定子、转子齿对齐时，V 极和 W 极面下的齿就分别和转子齿相错 1/3 的转子齿距。若断开 U 相控制绕组而由 V 相控制绕组通电，这时电动机中产生沿 V 极轴线方向的磁场。同理，在磁阻转矩的作用下，转子按顺时针方向转过 3°，使定子 V 极面下的齿和转子齿对齐，相应定子 U 极和 W 极面下的齿又分别和转子齿相错 1/3 的转子齿距。依此，当控制绕组按 U→V→W→U 顺序循环通电，转子就沿顺时针方向以每一拍转过 3°的方式转动。若改变通电顺序，即按 U→W→V→U 顺序循环通电，转子便沿逆时针方向同样以每拍转过 3°的方式转动，此时为单三拍通电方式运行。

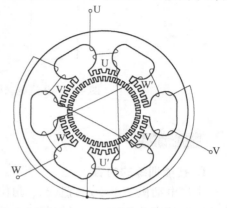

图 4-24　小步距角三相反应式
步进电动机的结构

若采用三相单、双六拍通电方式运行，步距角也减小一半，即每拍转子仅转过 1.5°。所以步进电动机的步距角 θ_b 的大小是由转子的齿数 Z_r、控制绕组的相数 m 和通电方式所决定。它们之间存在以下关系：

$$\theta_b = \frac{360°}{mZ_rC} \qquad (4-10)$$

式中，C 为通电状态系数，当采用单三拍或双三拍方式时，$C=1$，而采用单、双六拍方式时，$C=2$。

同一相数的步进电动机可有两种步距角。国内常见的反应式步进电动机步距角有 1.2°/0.6°、1.5°/0.75°、1.8°/0.9°、3°/1.5°、4.5°/2.25°等。

当步进电动机通电的脉冲频率为 f（即每秒的拍数或每秒的步数）时，步进电动机的转速 n 为

$$n = \frac{60f}{mZ_rC} \qquad (4-11)$$

式中，f 的单位是 Hz；n 的单位是 r/min。

步进电动机除了做成三相外，也可以做成二相、四相、五相、六相或更多的相数。电动机的相数和转子齿数越多，则步距角 θ_b 就越小，电动机在脉冲频率一定时，转速也越低。但电动机相数越多，相应电源就越复杂，造价也越高。所以步进电动机一般最多做到六相，只有个别电动机才做成更多相数。

子任务 3　步进电动机的应用

随着数字控制系统的发展，步进电动机的应用越来越广泛，如数控机床、绘图机、计算机外围设备、自动记录仪表、钟表、数-模转换装置等都有所应用。步进电动机的主要优点是整个系统简化，且运行可靠、准确。其主要不足之处是效率较低，且需配上适当的专用驱动电源；带负载惯量的能力不强；使用时要合理选择转矩的大小和负载转动惯量的大小，才能获得满意的运行性能。

步进电动机在数控线切割机床上的应用如图 4-25 所示。加工工件时，首先将加工工艺程序和数据编程输入计算机储存，然后操作计算机进行运算处理，分别对 X、Y 方向上的步进电动机给出控制电脉冲，以实现对加工零件进行线切割的目的。

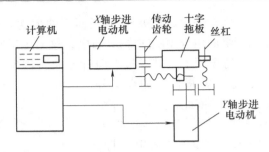

图 4-25　步进电动机在数控线切割机床上的应用示意图

1. 技能训练的内容

步进电动机的单步运行状态、角位移和脉冲数的关系、空载突跳频率的测定、空载最高连续工作频率的测定、转子振荡状态的观察、定子绕组中电流和频率的关系、平均转速和脉冲频率的关系、矩频特性的测定及最大静转矩特性的测定。

2. 技能训练的要求

加深对步进电动机的驱动电源和电动机工作情况的了解；掌握步进电动机基本特性的测定方法。

3. 设备器材

1）电机与电气控制实验台	1 台
2）步进电动机控制箱	1 台
3）步进电动机实验装置	1 台
4）三相可调电阻器	1 个
5）直流电压表、毫安表、安培表	各 1 块
6）双踪示波器	1 台

4. 步进电动机实验装置使用说明

BSZ-1 型步进电动机实验装置由步进电动机智能控制箱和实验装置两部分构成。

（1）步进电动机智能控制箱

控制箱用以控制步进电动机的各种运行方式，它的控制功能是由单片机来实现的。通过键盘的操作和不同的显示方式来确定步进电动机的运行状况。本控制箱可适用于三相、四相、五相步进电动机各种运行方式的控制。

因实验装置仅提供三相反应式步进电动机，故控制箱只提供三相步进电动机的驱动电源，面板上也只装有三相步进电动机的绕组接口。

面板示意图如图 4-26 所示。

步进电动机智能控制箱的功能为：能实现单步运行、连续运行和预置数运行，能实现单拍、双拍及电动机的可逆运行。其电脉冲频率为 5Hz ~ 1kHz。

使用方法如下：

1）开启电源开关，面板上的三位数字频率计将显示"000"；由六位 LED 数码管组成的步进电动机运行状态显示器自动进入"9999→8888→7777→6666→5555→4444→3333→2222

→1111→0000"动态自检过程，而后停显在系统的初态"⊢.3"。

2）控制键盘功能说明。

设置键：手动单步运行方式和连续运行各方式的选择。

拍数键：单三拍，双三拍，三相单、双六拍等运行方式的选择。

相数键：电动机相数（三相、四相、五相）的选择。

转向键：电动机正、反转选择。

数位键：预置步数的数据位设置。

数据键：预置步数位的数据设置。

执行键：执行当前运行状态。

复位键：由于意外原因导致系统死机时可按此键，经动态自检过程后返回系统初态。

3）控制系统试运行。暂不接步进电动机绕组，开启电源进入系统初态后，即可进入试运行操作。

①单步操作运行：每按一次执行键，完成一拍的运行，若连续按执行键，状态显示器的末位将依次循环显示"B→C→A→B…"；由五只 LED 组成的绕组通电状态指示器的B、C、A 将依次循环点亮，以示电脉冲的分配规律。

②连续运行：按设置键，状态显示器显示"⊢3000"，称此状态为连续运行的初态。此时，可分别操作"拍数""转向"和"相数"三个键，以确定步进电动机当前所需的运行方式。最后按执行键，即可实现连续运行。三个键的具体操作如下（注：在状态显示器显示"⊢3000"状态下操作）：

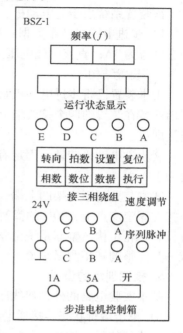

图 4-26　BSZ-1 型步进
电动机控制箱的面板

按拍数键：状态显示器首位数码管显示在"⊢""]""╡"之间切换，分别表示三相单拍、三相六拍和三相双三拍运行方式。

按相数键：状态显示器的第二位，在"3""4""5"之间切换，分别表示为三相、四相、五相步进电动机运行。

按转向键：状态显示器的首位在"⊢"与"├"之间切换，"⊢"表示正转，"├"表示反转。

③预置数运行：设定拍数、转向和相数后，可进行预置数设定，其步骤如下：

操作数位键，可使状态显示器逐位显示"0."，出现小数点的位即为选中位。

操作数据键，写入该位所需的数字。

根据所需的总步数，分别操作数位键和数据键，将总步数的各位写入显示器的相应位。至此，预置数设定操作结束。

按执行键，状态显示器执行自动减 1 运算，直减至 0 后，自动返回连续运行的初态。

④步进电动机转速的调节与电脉冲频率显示。调节面板上的速度调节电位器旋钮，即可改变电脉冲的频率，从而改变了步进电动机的转速。同时，由频率计显示出输入序列脉冲的频率。

⑤脉冲波形观测。在面板上设有序列脉冲和步进电动机三相绕组驱动电源的脉冲波形观

测点，分别将各观测点接到示波器的输入端，即可观测到相应的脉冲波形。

经控制系统试运行无误后，即可接入步进电动机的实验装置，以完成实验指导书所规定的各项实验内容。

（2）BSZ-1 型步进电动机实验装置

该装置系统由步进电动机、刻度盘、指针以及弹簧测转矩机构组成。

1）步进电动机技术数据：型号为 70BF10C；相数为三相；每相绕组电阻为 1.2Ω；每相静态电流为 3A；直流励磁电压为 24V。

2）装置结构。

①本装置已将步进电动机紧固在实验架上，步进电动机的绕组已按星形接好并已将四个引出线接在装置的四个接线端上。运行时只需将这四个接线端与智能控制箱的对应输入端相连接即可。

②步进电动机转轴上固定有红色指针及转矩测量盘，底面是刻度盘（刻度盘的最小分度为 1°）。

③本装置门形支架的上端，装有定滑轮和一固定支点（采用卡簧结构），20N 的弹簧秤连接在固定支点上，30N 的弹簧秤通过丝线与下滑轮、测量盘、棘轮机构等连接。装置的下方设有棘轮机构。整套系统由丝绳把棘轮机构、定滑轮、弹簧秤、转矩测量盘等连接起来构成一套完整的转矩测量系统。

5. 技能训练的步骤

基本实验电路的外部接线图如图 4-27 所示。

1）单步运行状态。接通电源，将控制系统设置于单步运行状态，或复位后，按执行键，步进电动机走一步距角，绕组相应的 LED 发亮，再不断按执行键，步进电动机转子也不断做步进运动。改变电动机转向，电动机做反向步进运动。

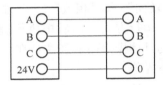

图 4-27 步进电动机
实验接线图

2）角位移和脉冲数的关系。控制系统接通电源，设置好预置步数，按执行键，电动机运行，观察并记录电动机偏转角度，再重设置另一置数值，按执行键，观察并记录电动机偏转角度，将数据填入表 4-16 中，并利用公式计算电动机偏转角度与实际值是否一致。

表 4-16 角位移与脉冲数的关系的测试

步数 = _____ 步

序　　号	实际电动机偏转角度	理论电动机偏转角度

步数 = ____ 步

序　　号	实际电动机偏转角度	理论电动机偏转角度

3）空载突跳频率的测定。控制系统置连续运行状态，按执行键，电动机连续运行后，调节速度调节旋钮使频率提高至某频率（自动指示当前频率）。按设置键让步进电动机停

转，再重新起动电动机（按执行键），观察电动机能否运行正常，如正常，则继续提高频率，直至电动机不失步起动的最高频率，则该频率为步进电动机的空载突跳频率，记为_____Hz。

4）空载最高连续工作频率的测定。步进电动机空载连续运行后缓慢调节速度调节旋钮使频率提高，仔细观察电动机是否不失步，如不失步，则再缓慢提高频率，直至电动机能连续运行的最高频率，则该频率为步进电动机空载最高连续工作频率，记为_____Hz。

5）转子振荡状态的观察。步进电动机空载连续运行后，调节并降低脉冲频率，直至步进电动机声音异常或出现电动机转子来回偏摆即为步进电动机的振荡状态。

6）定子绕组中电流和频率的关系。在步进电动机电源的输出端串接一只直流电流表（注意 + 、 – 端），使步进电动机连续运行，由低到高逐渐改变步进电动机的频率，读取并记录 5 ~ 6 组电流表的平均值、频率值，将数据填入表 4-17 中，观察示波器波形，并做好记录。

表 4-17　定子绕组中电流和频率关系的测试

序　号	f/Hz	I/A

7）平均转速和脉冲频率的关系。接通电源，将控制系统设置于连续运行状态，再按执行键，电动机连续运行，改变速度调节旋钮，测量频率 f 与对应的转速 n，即 $n = f(f)$，记录 5 ~ 6 组数据，填入表 4-18 中。

表 4-18　平均转速和脉冲频率的关系的测试

序　号	f/Hz	$n/(\mathrm{r/min})$

8）矩频特性的测定。置步进电动机为逆时针转向，实验架上左端挂 20N 的弹簧秤，右端挂 30N 的弹簧秤，两秤下端的弦线套在带轮的凹槽内，控制电路工作于连续方式，设定频率后，使步进电动机起动运行，旋转棘轮机构手柄，弹簧秤通过弦线对带轮施加制动转矩 $\left[\text{转矩大小 } T = (F_{\text{大}} - F_{\text{小}}) \dfrac{D}{2}\right]$，仔细测定对应设定频率的最大输出动态转矩（电动机失步前的转矩）。改变频率，重复上述过程得到一组与频率 f 对应的转矩 T 值，即为步进电动机的矩频特性 $T = f(f)$。将测试的数据填入表 4-19 中。

表 4-19　矩频特性的测定数据　　　$D = $ _____ cm

序　号	f/Hz	$F_大/N$	$F_小/N$	$T/N \cdot cm$

　9）静转矩特性 $T = f(I)$。关闭电源，控制电路工作于单步运行状态，将可调电阻箱的两个 90Ω 电阻并接（阻值为 45Ω，电流为 2.6A），把可调电阻及一只 5A 直流电流表串入 A 相绕组回路（注意 + 、－端），把弦线一端串在带轮边缘上的小孔并固定，另一端盘绕带轮凹槽几圈后结在 30N 弹簧秤下端的勾子上，弹簧秤的另一端通过弦线与定滑轮、棘轮机构连接。

　接通电源，使 A 相绕组通过电流，缓慢旋转手柄，读取并记录弹簧秤的最大值即为对应电流 I 的最大静转矩 T_{max} 值 $\left(T_{max} = F \dfrac{D}{2} \right)$，改变可调电阻并使阻值逐渐增大，重复上述过程，可得一组电流 I 值及对应的最大静转矩 T_{max} 值，即为静转矩特性 $T_{max} = f(I)$。共取 4 ~ 5 组，将测试数据填入表 4-20 中。

表 4-20　静转矩特性的测试数据　　　$D = $ _____ cm

序　号	I/A	F/N	$T_{max}/N \cdot cm$

问题研讨

　1）步进电动机有哪些类型？

　2）什么是反应式步进电动机的步距角？步距角的大小与哪些因素有关？一台步进电动机可以有两个步距角，如 3°/1.5°，这是什么意思？

　3）什么是步进电动机的单三拍，双三拍和单、双六拍工作方式？

任务4.4　直线电动机的认识

任务描述

　直线电动机与普通旋转电动机都是实现能量转换的机械，普通旋转电动机将电能转换成旋转运动的机械能，直线电动机将电能转换成直线运动的机械能。直线电动机应用于要求直线运动的某些场合时，可以简化中间传动机构，使运动系统的响应速度、稳定性、精度得以提高。直线电动机在工业、交通运输等行业中的应用日益广泛。

直线电动机可以由直流、同步、异步、步进等旋转电动机演变而成，由异步电动机演变而成的直线异步电动机使用最多。本任务介绍直线异步电动机的结构、工作原理和应用。

任务目标

熟悉直线异步电动机的类型、结构和应用，理解直线异步电动机的工作原理。

子任务 1　直线异步电动机的结构

直线异步电动机主要有平板型、管型、圆弧型和圆盘型三种形式。

1. 平板型直线异步电动机

平板型直线电动机可以看成是从旋转电动机演变而来的。可以设想，有一极数很多的三相异步电动机，其定子半径相当大，定子内表面的某一段可以认为是直线，则这一段便是直线电动机。也可以认为把旋转电动机的定子和转子沿径向剖开，并展成平面，就得到了最简单的平板型直线电动机，如图 4-28 所示。

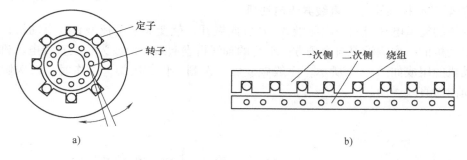

图 4-28　直线电动机的结构
a）旋转电动机　b）直线异步电动机

旋转电动机的定子和转子，在直线电动机中称为一次侧和二次侧。直线电动机的运行方式可以是固定一次侧，让二次侧运动，此时称为动二次侧；相反，也可以固定二次侧而让一次侧运动，则称为动一次侧。为了在运动过程中始终保持一次侧和二次侧耦合，一次侧和二次侧的长度不应相同。可以使一次侧长于二次侧，称为短二次侧；也可以使二次侧长于一次侧，称为短一次侧，如图 4-29 所示。由于短一次侧结构比较简单，制造和运行成本较低，故一般常采用短一次侧，如电动门就是这种形式。

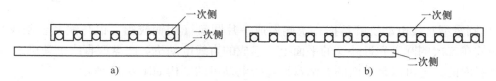

图 4-29　平板型直线电动机（单边型）
a）短一次侧　b）短二次侧

图 4-29 所示的平板型直线电动机仅在二次侧的一边具有一次侧，这种结构形式称为单边型。

单边型除了产生切向力外，还会在一、二次侧间产生较大的法向力，这在某些应用中是不希望的，为了更充分地利用二次侧和消除法向力，可以在二次侧的两侧都装上一次侧，这种结构型式称为双边型，如图 4-30 所示。

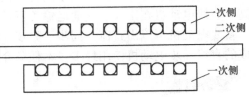

图 4-30　双边型直线电动机

平板型直线异步电动机的一次侧铁心由硅钢片叠成，表面开有齿槽，槽中安放着三相、两相或单相绕组。平板型直线异步电动机的二次侧形式较多，有类似笼型转子的结构，即在钢板上（或铁心叠片里）开槽，槽中放入铜条或铝条，然后用铜带或铝带在两侧端部短接。但由于其工艺和结构较复杂，因此在短一次侧直线电动机中很少采用。最常用的二次侧有三种：第一种用整块钢板制成，称为钢二次侧或磁性二次侧，这时，钢板既起导磁作用，又起导电作用；第二种为钢板上覆合一层铜板或铝板，称为覆合二次侧，钢板主要用于导磁，而铜板或铝板用于导电；第三种是单纯的铜板或铝板，称为铜（铝）二次侧或非磁性二次侧，这种二次侧一般用于双边型电动机中。

2. 管型（或称圆筒型）**直线异步电动机**

将传统的笼型电动机的一次侧沿 $A-B$ 方向展开，就变成了平板型直线电动机；将平板型直线电动机的一次侧沿着与磁场方向平行的轴线再卷起来，便成为管型直线电动机，管型直线电动机的组成如图 4-31 所示，一般做成短一次侧、长二次侧，工作时，二次侧在一次侧管型筒内做直线运动。

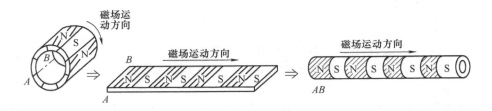

图 4-31　管型直线电动机的组成示意图

3. 圆弧型和圆盘型直线异步电动机

1）圆弧型直线电动机就是将平板型直线电动机的一次侧沿运动方向改成圆弧型，并安放于圆柱形二次侧的柱面外侧而组成的直线电动机。圆弧型直线电动机的结构如图 4-32 所示。

2）圆盘型直线电动机就是把二次侧做成一片圆盘（用铜或铝、铝与铁复合制成），将一次侧放在二次侧圆盘靠近外缘的平面上而组成的直线电动机。圆盘型直线电动机的一次侧可以是双面的，也可以是单面的。圆盘型直线电动机的结构如图 4-33 所示。

圆弧型和圆盘型直线电动机的运动轨迹实际上是一个圆周运动，由于它们的运行原理和设计思路与平板型直线电动机结构相似，故仍归入直线电动机的范畴。

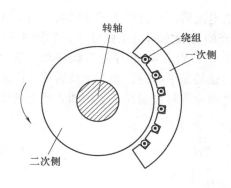

图 4-32　圆弧型直线电动机的组成示意图

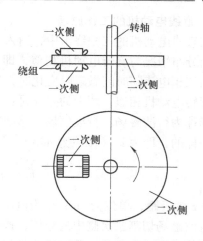

图 4-33　圆盘型直线电动机的组成示意图

子任务 2　直线异步电动机的工作原理

1. 直线电动机的设计原理

设想有一极数很多的三相电动机，其定子半径相当大，可以认为定子内表面某段是直线，则认为这一段便是直线电动机，如图 4-34 所示。

当然，也可认为旋转电动机沿着垂直轴线上的半径切开，并加以展开，也就成为一台直线运动的异步电动机，旋转电动机与直线电动机如图 4-35 所示。

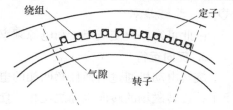

图 4-34　半径相当大的三相异步电动机

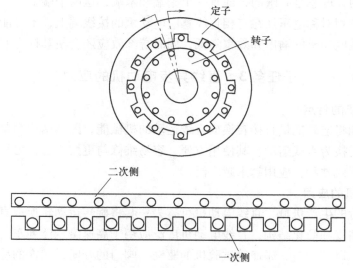

图 4-35　旋转电动机与直线电动机示意图

2. 直线电动机的工作原理

在直线电动机的三相绕组中，通入三相对称正弦电流后，也会产生气隙磁场。这个气隙磁场的分布情况与旋转电动机相似，即可看成沿展开的直线方向呈正弦分布，如图4-36所示。当三相电流随时间做瞬时变化时，气隙磁场将按 U_1、V_1、W_1 相序沿直线移动。这个原理与旋转电动机相似，两者的差异是：直线电动机的磁场是平移的，而不是旋转的，因此这种磁场称为行波磁场。行波磁场的移动速度与三相电动机旋转磁场在定子内圆表面上的线速度是一样的，即为 v_1（单位为 m/s），称为同步速度。

$$v_1 = 2p\tau \frac{n_1}{60} = 2\tau \frac{pn_1}{60} = 2\tau f_1 \tag{4-12}$$

式中，τ 为极距，单位为 cm；f_1 为电源频率，单位为 Hz。

行波磁场切割二次侧中的导体，产生电动势及电流。显然，载流导体与气隙中滑动磁场相互作用，会产生电磁推力，在这个电磁推力的作用下，这段转子就顺着行波磁场运动的方向做直线运动，则

$$v = 2\tau f_1 (1 - s) \tag{4-13}$$

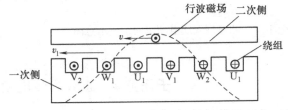

图4-36 直线电动机的基本工作原理

式中，s 为转差率。

由此可知，改变极矩 τ 和电源频率 f_1，均可改变二次侧的移动速度。

3. 反向运行

旋转电动机通过对换任意两相的电源线，可以实现反向旋转。这是因为三相绕组的相序反了，旋转磁场的转向也随之反相，使转子转向跟着反转。同样，直线电动机对换任意两相的相序后，运动方向也会反过来。根据这一原理，可使直线电动机做往复直线运动。

4. 效率影响

直线电动机的长度总是有限的，即有一个始端和末端，这两个端部的存在必会引起端部效应，使得一个三相对称电压加在三相直线感应电动机的接线端上，不可能产生三相对称的电流，这将使直线电动机的输出和效率降低，同时端部效应还会使其推力明显减小。

子任务3 直线异步电动机的应用

1. 直线电动机的特点

直线电动机能将电磁能量直接转换成直线运动的机械能，因其结构简单，不需经过齿轮即可把旋转运动转换为直线运动，其使用方便、容易维修与更换、运行可靠、控制简单、制造费用低及运动方式独特，应用越来越广泛。

2. 直线电动机的应用

对于直线运行的生产机械，直线电动机可省去一套将旋转运动转换成直线运动的中间转换机构，可提高精度和简化结构，直线电动机广泛应用于高速磁悬浮列车，导弹、鱼雷的发射，飞机的起飞，以及冲击、碰撞等试验机的驱动、阀门的开闭，门窗的移动，机械手的操作，推车等。

问题研讨

1) 直线电动机有哪些类型?
2) 平板型直线异步电动机由哪些部分组成? 在结构上有何特点?
3) 直线电动机有何特点? 直线电动机是如何工作的?
4) 直线电动机应用在哪些方面?

习 题

一、填空题

1. 交流伺服电动机控制方式有三种,它们分别是_____、_____和_____。

2. 交流伺服电动机转子结构有两种形式:一种是_____转子,另一种是_____转子。_____伺服电动机与普通笼型异步电动机转子相似,转子导条和端环采用高电阻率的导电材料_____或铸铝制成。定子主要由_____和_____两部分组成。

3. 步进电动机根据励磁方式的不同,可分为_____、_____和_____三种。目前,_____步进电动机应用较普遍。

4. 三相单三拍运行,"单"是指每次只有_____相通电;"三拍"是指一个循环只换接_____次通电。这种通电方式,在_____相绕组断电,而另_____相绕组开始通电时刻容易造成失步,从而导致运行稳定性较差,因此实际中较少采用。

5. 自动控制系统对测速发电机的基本要求是:(1)电压 U_2 与_____成正比,且不随_____条件的改变而变化,以提高_____。(2)转动惯量_____,以保证反应_____。(3)输出电压对_____反应灵敏。

6. 直流测速发电机按励磁方式可分为_____和_____两种。直流测速发电机工作原理与小型直流发电机_____,不同的是直流测速发电机不对外输出_____。

7. 交流测速发电机有_____式和_____式两种。交流异步测速发电机有_____个定子铁心:一个称为_____,它位于转子的_____;另一个称为_____,它位于转子的_____。对于小号机座的测速发电机中,通常在_____槽中嵌放有空间相差 90° 电角度的两相绕组;在较大号机座的测速发电机中,常把励磁绕组嵌放在_____上,而把输出绕组嵌放在_____上。其内、外定子间的气隙中为空心杯形转子,转子是一个_____杯(杯壁厚度为 0.2 ~ 0.3mm),通常采用高电阻率的_____或_____制成。

8. 交流测速发电机输出的电压 U_2 与速度的关系可表示为_____。交流异步测速发电机的误差主要有:(1)_____;(2)_____;(3)_____。

9. 旋转异步电动机中的定子在直线异步电动机中称为_____,而转子称为_____。在旋转电动机中是定子固定,转子旋转。而直线电动机的运行方式可以_____固定,而二次侧运动,称为_____;相反,也可以_____固定,而_____运动,称为_____。

10. 直线异步电动机主要有_____型、_____型和_____型三种形式。

11. 选择电动机主要应确定电动机的_____、_____、_____、_____、_____等。其中最重要的是电动机的_____。

二、选择题

1. 两相交流伺服电动机在运行上与一般异步电动机的根本区别是( )。

A. 具有下垂的机械特性

B. 具有两相空间上互差 90° 电角度的励磁绕组和控制绕组

C. 靠不对称运行来达到控制目的

2. 交流伺服电动机为减小转子转动惯量，转子做得（　　）。

A. 细而长　　　　　　B. 短而大　　　　　　C. 又长又大

3. 一台三相反应式步进电动机，$Z_r = 40$，三相单三拍运行，那么每一拍转过的角度 $\theta_b =$（　　）。

A. 9°　　　　　　　　B. 3°　　　　　　　　C. 1.5°

4. 交流异步测速发电机转子是一个非磁性杯，杯壁厚度为（　　）。

A. 0.02 ~ 0.03mm　　B. 0.2 ~ 0.33mm　　C. 2 ~ 3mm

5. 为了减小由温度变化所引起的磁通 Φ 变化，在设计直流测速发电机时使磁路处于（　　）。

A. 不饱和状态　　　　B. 足够饱和状态　　　C. 不饱和状态与饱和状态均可

6. 单边型直线电机除了产生切向力外，还产生单边磁拉力，即一次侧磁场与二次侧之间存在着较大的吸引力，导致直线运动难以进行。为克服此缺点，实际中都设计成（　　）直线异步电动机。

A. 边型　　　　　　　B. 三边型　　　　　　C. 双边型

7. 一台三相六极步进电动机，其控制方式为三相双三拍，则通电方式应为（　　）。

A. U—V—W—U⋯　　B. UV—VW—WU—UV⋯　　C. U—UV—V—VW—W—WU—U⋯

8. 一台异步电动机的负载持续率为40%，表明它在一个运行周期内应当停歇（　　）。

A. 4min　　　　　　　B. 4h　　　　　　　　C. 6min

三、判断题

1. 交流伺服电动机的转子细而长，故转动惯量小，控制灵活。（　　）

2. 步进电动机是将脉冲信号转换成角位移或直线位移的电动机。（　　）

3. 测速发电机是将电信号转换成转速，以便用转速表测量。一般在同类型功率的电动机中，电动机的额定转速越高，其体积越小，质量越小，价格越低，运行的效率越高，因此选用高速电动机较经济。（　　）

4. 为了使直线异步电动机在运动过程中始终保持一次侧和二次侧耦合，并且为节省成本，一般采用长二次侧、短一次侧。（　　）

5. 当电动机功率一定时，电动机的额定转速越高，其体积越大，质量越大，价格越高，运行的效率越低，因此选用高速电动机不经济。（　　）

四、计算题

一台三相六极反应式步进电动机，其步距角 $\theta_b = 1.5°$，试求转子有多少齿。若脉冲频率 $f = 2000$Hz，步进电动机的转速 n 应为多少？

项目5 交流电动机继电器-接触器控制线路的装配与检修

项目内容

◆ 常用低压电器的结构、工作原理、使用、测试、拆装、检修。
◆ 电气控制线路的设计、绘制及国家标准。
◆ 三相异步电动机直接起动控制线路的装配与检修。
◆ 三相异步电动机限位控制线路的装配与检修。
◆ 三相异步电动机顺序控制及多地控制线路的装配与检修。
◆ 三相异步电动机减压起动控制线路的装配与检修。
◆ 三相异步电动机调速控制线路的装配与检修。
◆ 三相异步电动机制动控制线路的装配与检修。

知识目标

◆ 熟悉电气控制系统中电气原理图、电器布置图及安装接线图的画法。重点掌握电气原理图的画法及国家电气制图标准。
◆ 掌握常用低压电器的结构、工作原理及使用、测试、拆装、检修方法。
◆ 理解、分析三相异步电动机直接起动控制、限位控制、顺序控制、多地控制、减压起动控制、调速控制、制动控制等控制过程，掌握其控制线路的设计及绘制原则。
◆ 熟悉其他常用的基本控制线路。

能力目标

◆ 掌握电气原理图的绘制方法。
◆ 能设计、绘制较复杂的三相异步电动机电气控制原理图。
◆ 会进行电气控制线路的元器件布局、电气接线、功能调试。
◆ 能进行电气控制线路的测试、维护与故障检修。

任务5.1 常用低压电器的认识与使用

任务描述

低压电器是电力拖动与自动控制系统的基本组成器件，控制系统的优劣与所用低压电器的性能有直接的关系。作为电气工程技术人员，必须掌握常用低压电器的结构与工作原理、用途、规格等，掌握其使用与维护等方面的知识和技能。本任务学习常用低压电器的结构、动作过程、选用及维修。

 任务目标

熟悉低压开关、按钮、熔断器、交流接触器、热继电器、断路器、时间继电器等的基本结构；理解它们的动作原理和用途；掌握常用低压电器的用途、规格、图形符号与文字符号、检修方法；会选用常用低压电器。

子任务1　常用开关类低压电器的认识与使用

低压电器是工作在1200V交流额定电压、1500V直流额定电压及以下电路中起通断、保护、控制或调节作用的电气设备。它是构成电气控制线路的基本元件。低压电器的分类如下：

（1）按用途或所控制的对象分类

1）低压配电电器。低压配电电器主要用于配电电路，对电路及设备进行保护以及通断、转换电源或负载的电器，如刀开关、转换开关、熔断器和断路器。

2）低压控制电器。低压控制电器主要用于控制电气设备，使其达到预期要求的工作状态的电器，如接触器、控制继电器、主令控制器。

（2）按动作方式分类

1）自动切换电器。依靠电器本身参数变化和外来信号（如电、磁、光、热等）而自动完成接通或分断的电器，如接触器、继电器和电磁铁。

2）非自动切换电器。依靠人力直接操作的电器，如按钮、负荷开关等。

（3）按低压电器的执行机构分类

1）有触点电器。这类电器具有机械可分动的触点系统，利用动、静触点的接触和分离来实现电路的通断。

2）无触点电器。这类电器没有可分动的机械触点，主要利用功率晶体管的开关效应，即导通或截止来控制电路的阻抗，以实现电路的通断与保护。

1. 开启式负荷开关

（1）开启式负荷开关的结构及作用

开启式负荷开关俗称胶盖闸刀开关，是一种手动电器，主要用作电气照明电路、电热回路的控制开关，也可作为分支电路的配电开关，并具有短路或过电流保护功能，还可作为小容量（功率在5.5kW及以下）动力电路不频繁起动的控制开关。它主要由刀开关和熔断器组合而成，瓷质底座上装有静触点（刀座）、熔丝接头等，并用上、下胶盖来遮盖电弧。它的主要结构及电气符号如图5-1所示。它具有结构简单，价格便宜，安装、使用、维修方便等优点。

开启式负荷开关可分为二极和三极两种，二极式的额定电压为220V，三极式的额定电压为380V。使用较为广泛的开启式负荷开关为HK系列，其型号含义如下：

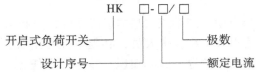

常用的开启式负荷开关有HK1和HK2两个系列。

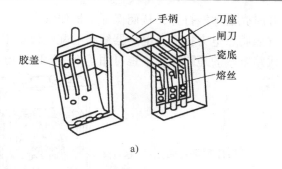
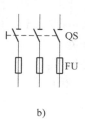

图 5-1 　开启式负荷开关

a）结构　b）符号

（2）开启式负荷开关的选用

选用开启式负荷开关的注意事项如下：

1）额定电压、额定电流及极数的选择应符合电路的要求。控制单相负载时选用 220V 或 250V 二极开关；控制三相负载时，选用 380V 三极开关。用于控制照明电路或其他电阻性负载时，开关额定电流应不小于各负载额定电流之和；若控制电动机或其他电感性负载时，其开关额定电流是最大的一台电动机额定电流的 2.5 倍加其余电动机额定电流之和；若只控制一台电动机，则开关额定电流为该电动机额定电流的 2.5 倍。

2）选择开关时，应注意检查各刀片与对应刀座是否接触良好，各刀片与刀座开、合是否同步。如有问题，应予以修理或更换。

（3）开启式负荷开关的常见故障及处理方法

开启式负荷开关的常见故障及处理方法见表 5-1。

表 5-1 　开启式负荷开关的常见故障及处理方法

故障现象	故障原因	处理方法
合闸后，开关一相或两相开路	1. 静触点弹性消失，开口过大，造成动、静触点接触不良 2. 熔丝熔断或虚连 3. 动、静触点氧化或有尘污 4. 开关进线或出线线头接触不良	1. 修整或更换静触点 2. 更换或紧固熔丝 3. 清洁触点 4. 重新连接
合闸后，熔丝熔断	1. 外接负载短路 2. 熔体规格偏小	1. 排除负载短路故障 2. 按要求更换熔体
触点烧坏	1. 开关容量太小 2. 拉、合闸动作过慢，造成电弧过大，烧坏触点	1. 更换开关 2. 修整或更换触点，并改善操作方法

2. 封闭式负荷开关

（1）封闭式负荷开关的结构及作用

封闭式负荷开关与开启式负荷开关的不同之处是将熔断器和刀座等安装在薄钢板制成的防护外壳内，在铁壳内部有速断弹簧，用以加快刀片与刀座的分断速度，减少电弧。封闭式负荷开关的外形如图 5-2 所示。在半封闭式负荷开关的外壳上，还设有机械联锁装置，使壳盖打开时开关不能闭合，开关断开时壳盖才能打开，从而保证了操作安全。

封闭式负荷开关一般用于电气照明、电力排灌、电热器线路的配电设备中，供手动不频繁地接通和分断负荷电路及作为线路末端的短路保护，也可用于 15kW 以下电动机不频繁全压起动的控制开关。

其型号含义如下：

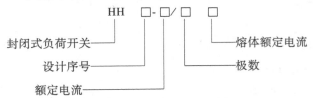

常用的半封闭式负荷开关有 HH3 和 HH4 两个系列。

（2）封闭式负荷开关的选用

1）作为隔离开关或控制电热、照明等电阻性负载时，封闭式负荷开关的额定电流等于或稍大于负载的额定电流即可。

2）用于控制电动机起动和停止时，封闭多负荷开关的额定电流可按大于或等于两倍电动机额定电流选取。

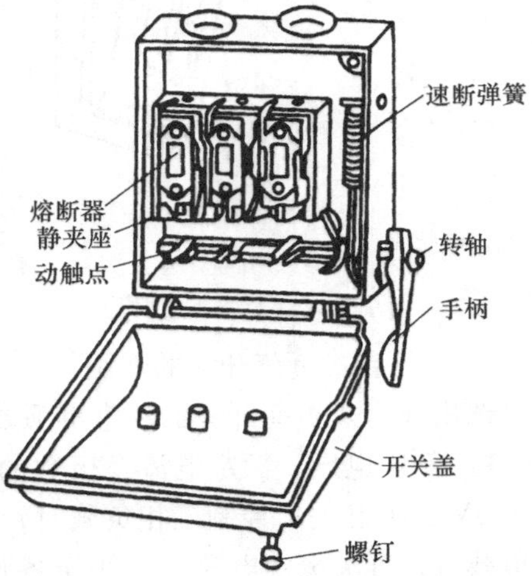

图 5-2　封闭式负荷开关

（3）封闭式负荷开关的常见故障及处理方法

封闭式负荷开关的常见故障及处理方法见表 5-2。

表 5-2　封闭式负荷开关的常见故障及处理方法

故障现象	故障原因	处理方法
操作手柄带电	1. 外壳未接地或接地线松脱 2. 电源进出线绝缘损坏碰壳	1. 检查后，加固接地导线 2. 更换导线或恢复绝缘
夹座（静触点）过热或烧坏	1. 夹座表面烧毛 2. 闸刀与夹座压力不足 3. 负载过大	1. 用细锉修整夹座 2. 调整夹座压力 3. 减轻负载或更换大容量开关

3. 组合开关

（1）组合开关的结构及作用

组合开关又称为转换开关，也属于手动控制电器。组合开关的结构主要由静触点、动触点和绝缘手柄组成，静触点一端固定在绝缘板上，另一端伸出盒外，并附有接线柱，以便和电源线及其他用电设备的导线相连；动触点装在另外的绝缘垫板上，垫板套装在附有绝缘手柄的绝缘杆上，手柄能沿顺时针或逆时针方向转动，带动动触点分别与静触点接通或断开。图 5-3 为组合开关的结构、接线和符号。

组合开关一般用于电气设备中作为电源引入开关，用来非频繁地接通和分断电路，换接电源或作为 5.5kW 以下电动机直接起动、停止、反转和调速等之用，其优点是体积小、寿命长、结构简单、操作方便、灭弧性能好，多用于机床控制线路。其额定电压为 380V，额定电流有 6A、10A、15A、25A、60A、100A 等多种。

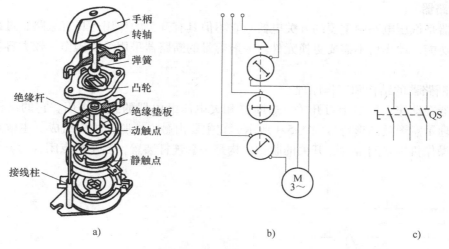

图 5-3　组合开关

a）结构　b）接线　c）符号

其型号含义如下：

常用的组合开关有 HZ5、HZ10、HZ15 等系列，其中 HZ5 系列与万能转换开关类似，HZ10 系列为全国统一设计产品，应用很广，而 HZ15 系列为新型号产品，可取代 HZ10 系列产品。

（2）组合开关的选用

1）用于一般照明、电热电路，其额定电流应大于或等于被控电路的负载电流的总和。

2）当用作设备电源引入开关时，其额定电流稍大于或等于被控电路的负载电流的总和。

3）当用于直接控制电动机时，其额定电流一般可取电动机额定电流的 2～3 倍。

（3）组合开关的常见故障及处理方法

组合开关的常见故障及处理方法见表 5-3。

表5-3　组合开关的常见故障及处理方法

故障现象	故障原因	处理方法
手柄转动后，内部触点未动	1. 手柄上的轴孔磨损变形 2. 绝缘杆变形（由方形磨为圆形） 3. 手柄与方轴，或轴与绝缘杆配合松动 4. 操作机构损坏	1. 调换手柄 2. 更换绝缘杆 3. 紧固松动部件 4. 修理更换
手柄转动后，动、静触点不能按要求动作	1. 组合开关型号选用不正确 2. 触点角度装配不正确 3. 触点失去弹性或接触不良	1. 更换开关 2. 重新装配 3. 更换触点，清除氧化层或污染
接线柱间短路	因铁屑或油污附着在接线柱间，形成导电层，将胶木烧焦，绝缘损坏而形成短路	更换开关

4. 断路器

断路器是低压电路中重要的开关电器。它不但具有开关的作用还具有短路、过载和欠电压保护等功能，动作后不需要更换元件。一般容量的断路器采用手动操作，较大容量的采用电动操作。

（1）断路器的结构和工作原理

断路器在动作上相当于刀开关、熔断器和欠电压继电器的组合作用。它的结构形式很多，其原理示意图及图形符号如图5-4所示，它主要由触点、脱扣机构组成。主触点通常是由手动的操作机构来闭合的，开关的脱扣机构是一套连杆装置，当主触点闭合后就被锁钩扣住。

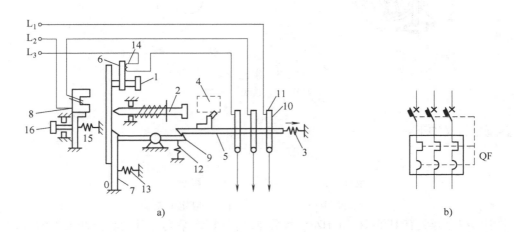

图5-4　断路器的工作原理图和符号

a）原理示意图　b）符号

1—热脱扣器的整定按钮　2—手动脱扣按钮　3—脱扣弹簧　4—手动合闸机构
5—合闸连杆　6—热脱扣器　7—锁钩　8—电磁脱扣器　9—脱扣连杆
10、11—动、静触点　12、13—弹簧　14—发热元件
15—电磁脱扣弹簧　16—调节按钮

断路器利用脱扣机构使主触点处于"合"与"分"状态，正常工作时，脱扣机构处于"合"位置，此时触点连杆被搭钩锁住，使触点保持闭合状态；扳动脱扣机构置于"分"位置时，主触点处于断开状态，断路器的"分"与"合"在机械上是联锁的。

当被保护电路发生短路或严重过载时，由于电流很大，过电流脱扣器的衔铁被吸合，通过杠杆将搭钩顶开，主触点迅速切断短路或严重过载的电路。当被保护电路发生过载时，通过发热元件的电流增大，产生的热量使双金属片弯曲变形，推动杠杆顶开搭钩，主触点断开，切断过载电路。过载越严重，主触点断开越快，但由于热惯性，主触点不可能瞬时动作。

当被保护电路失电压或电压过低时，欠电压脱扣器中衔铁因吸力不足而将被释放，经过杠杆将搭钩顶开，主触点被断开；当电源恢复正常时，必须重新合闸后才能工作，实现了欠电压和失电压保护。

断路器的型号含义如下：

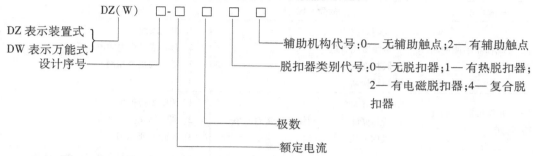

（2）断路器的选用

断路器的种类很多，按其用途和结构特点分为塑料外壳式、框架式、直流快速式、限流式和漏电保护式等。塑料外壳式断路器一般用作照明电路和电动机的控制开关，也用作配电网络的保护开关；塑料外壳式断路器常用的型号有 DZ5、DZ10、DZ15、DZ20 等系列。

断路器的选用方法如下：

1）断路器的额定电压应高于线路的额定电压。

2）用于控制照明电路时，电磁脱扣器的瞬时脱扣整定电流一般取负载的 6 倍。用于电动机保护时，装置式断路器电磁脱扣器的瞬时脱扣整定电流应为电动机起动电流的 1.7 倍。万能式断路器的上述电流应为电动机起动电流的 1.35 倍。

3）用于分断或接通电路时，其额定电流和热脱扣器整定电流均应等于或大于电路中负载额定电流的 2 倍。

4）选用断路器作为多台电动机短路保护时，电磁脱扣器整定电流为功率最大的一台电动机起动电流的 1.3 倍加上其余电动机额定电流的 2 倍。

5）选用断路器时，在类型、等级、规格等方面要配合上、下级开关的保护特性，不允许因本级保护失灵导致越级跳闸，扩大停电范围。

（3）断路器的常见故障及处理方法

断路器的常见故障及处理方法见表5-4。

表5-4　断路器的常见故障及处理方法

故障现象	故障原因	处理方法
手动操作断路器，触点不能闭合	1. 失压脱扣器无电压或线圈烧毁 2. 储能弹簧变形，闭合力减小 3. 反作用弹簧力过大 4. 机构不能复位	1. 加电压或更换新线圈 2. 更换储能弹簧 3. 调整弹簧反作用力 4. 调整脱扣器
电动操作断路器，触点不能闭合	1. 电源电压不符合操作电压 2. 电磁铁拉杆行程不够 3. 电机操作定位开关失灵 4. 控制器中整流器或电容器损坏 5. 电源容量不够	1. 更换电源 2. 重新调或更换拉杆 3. 重新定位 4. 更换损坏的元件 5. 更换操作电源
有一相触点不闭合	开关的一相连杆断裂	更换连杆

（续）

故障现象	故障原因	处理方法
合/分脱扣器不能使断路器分断	1. 线圈短路 2. 电源电压太低 3. 脱扣面太小 4. 螺钉松动	1. 更换线圈 2. 升高或更换电源电压 3. 重新调整脱扣面 4. 紧固松动螺钉
失电压脱扣器不能使断路器分断	1. 反力弹簧变小 2. 若为储能释放，则储能弹簧力变小 3. 机构卡死	1. 调整更换弹簧 2. 调整储能弹簧 3. 消除卡死原因
起动电动机时，断路器立即分断	过电流脱扣器瞬动延时整定值不对	1. 调整过电流脱扣器瞬时整定弹簧 2. 空气式脱扣器阀门可能失灵或橡胶膜破裂，查明后更换
断路器工作一段时间后自行分断	1. 过电流脱扣器长延时整定值不对 2. 热元件和半导体延时元件变质	1. 重新调整 2. 更换元件
失电压脱扣器有噪声	1. 反力弹簧力太大 2. 铁心工作面有油污 3. 短路环断裂	1. 调整触点压力或更换弹簧 2. 清除油污 3. 更换衔铁或铁心短路环
断路器温度过高	1. 触点压力过低 2. 触点表面磨损严重或接触不良 3. 两个导电元件连接处螺钉松动	1. 调整触点压力 2. 更换或清扫接触面，如不能换触点时，应更换整个开关 3. 拧紧
辅助触点不能闭合	1. 辅助开关的动触点卡死或脱落 2. 辅助开关传动杆断裂或滚轮脱落	1. 更换或重装好触点 2. 更换
半导体过电流脱扣器误动作，使断路器断开	在查找故障时，确认半导体脱扣器本身无故障后，在大多数情况下，可能是别的电器动作产生巨大电磁场脉冲，错误触发半导体脱扣器	需要仔细查找引起错误触发的原因，如大型电磁铁的分断、接触器的分断、电焊等，找出错误触发源并隔离或更换线路

子任务 2　主令电器的认识与使用

1. 按钮

（1）按钮的结构及作用

按钮是一种简单的手动电器。它不能直接控制主电路的通断，而是通过短时接通或分断 5A 以下的小电流控制电路，向其他电器发出指令性的电信号，控制其他电器的动作。

按钮主要由按钮帽、复位弹簧、常闭触点、常开触点、接线柱及外壳组成，其种类很多，常用的有 LA10、LA18、LA19 和 LA25 等系列，其中 LA19 系列按钮的结构、外形及符号如图 5-5 所示。

当用手按下按钮帽时，动触点向下移动，上面的常闭（动断）触点先断开，下面的常开（动合）触点后闭合；当松开按钮帽时，在复位弹簧的作用下，动触点自动复位，使得常开触点先断开，常闭触点后闭合。这种在一个按钮内分别安装有常闭和常开触点的按钮称为复合按钮。

由于按钮触点结构、数量和用途的不同，它又分为起动按钮（常开按钮）、停止按钮

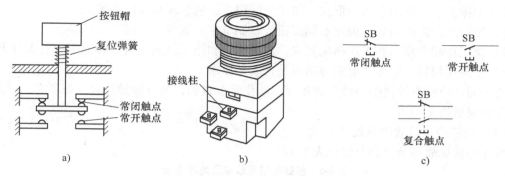

图 5-5　LA19 系列按钮的结构、外形及符号
a）结构　b）外形　c）符号

（常闭按钮）和复合按钮（既有常开触点又有常闭触点），图 5-5 所示的 LA19 系列即为复合按钮。

　　常用按钮的型号含义如下：

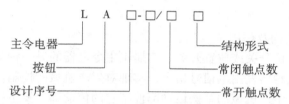

　　不同结构形式的按钮，分别用不同的字母表示：如 K 表示开启式，H 表示保护式，X 表示旋钮式，D 表示带指示灯式，DJ 表示紧急式带指示灯，J 表示装有寮起的蘑菇形按钮帽（以便紧急操作），S 表示防水式，F 表示防腐式，Y 表示钥匙式；若无标示则表示平钮式。

　　（2）按钮颜色的含义

　　按钮颜色的含义见表 5-5。

表 5-5　按钮颜色的含义

颜色	含义	说明	应用示例
红	紧急	危险或紧急情况时操作	急停
黄	异常	异常情况时操作	干预、制止异常情况；干预、重启中断了的自动循环
绿	安全	安全情况或为正常情况准备时操作	起动/接通
蓝	强制性的	要求强制动作情况下的操作	复位功能
白	未赋予特定含义	除急停以外的一般功能的起动	起动/接通（优先）；停止/断开
灰			起动/接通；停止/断开
黑			起动/接通；停止/断开（优先）

　　（3）按钮的选用

　　1）根据使用场合，选择按钮的种类，如开启式、保护式、防水式和防腐式等。

2）根据用途，选用合适的形式，如手把旋钮式、紧急式和带灯式等。

3）按控制回路的需要，确定不同按钮数，如单钮、双钮、三钮和多钮等。

4）按工作状态指示和工作情况要求，选择按钮和指示灯的颜色（参照国家有关标准）。

5）核对按钮额定电压、电流等指标是否满足要求。

使用前，应检查按钮帽弹性是否正常，动作是否自如，触点接触是否良好可靠，触点及导电部分应清洁无油污。

（4）按钮的常见故障及处理方法

按钮的常见故障及处理方法见表5-6。

表5-6 按钮的常见故障及处理方法

故障现象	故障原因	处理方法
触点接触不良	1. 触点烧损 2. 触点表面有尘垢 3. 触点弹簧失效	1. 修整触点或更换产品 2. 清洁触点表面 3. 重绕弹簧或更换产品
触点间短路	1. 塑料受热变形，导致接线螺钉相碰短路 2. 杂物或油污在触点间形成通路	1. 更换产品，并查明发热原因 2. 清洁按钮内部

2. 行程开关

（1）行程开关的结构及作用

行程开关又称为限位开关或位置开关，它属于主令电器的另一种类型，其作用与按钮相同，都是向继电器、接触器发出电信号指令，实现对生产机械的控制。不同的是按钮靠手动操作，行程开关则是靠生产机械的某些运动部件与它的传动部位发生碰撞，令其内部触点动作，分断或切换电路，从而限制生产机械的行程、位置或改变其运动状态，指令生产机械停车、反转或变速等。

常用行程开关有 LX19 系列和 JLXK1 系列。LX19 系列的型号含义如下：

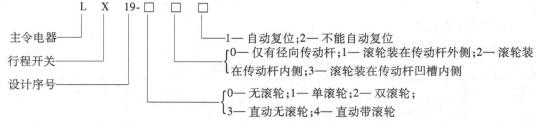

JLXK1 系列的型号含义如下：

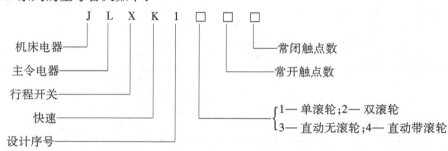

为了适应生产机械对行程开关的碰撞，行程开关与生产机械的碰撞部分有不同的结构形式，常用碰撞部分有直动式（按钮式）和滚轮式（旋转式），其中滚轮式又有单滚轮式和双

滚轮式两种，其外形和符号如图 5-6 所示。

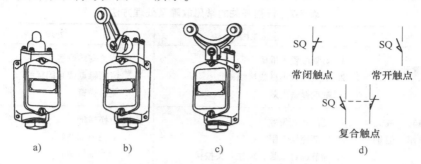

图 5-6   常用行程开关的外形和符号

a）按钮式   b）单滚轮式   c）双滚轮式   d）符号

各种系列的行程开关结构基本相同，区别仅在于使行程开关动作的传动装置和动作速度不同。JLXK1 系列快速行程开关的结构和动作原理如图 5-7 所示。

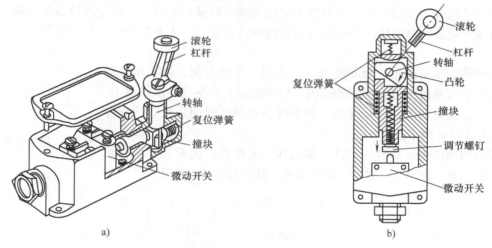

图 5-7   JLXK1 系列行程开关的结构和动作原理

a）结构   b）动作原理

当生产机械挡铁碰撞行程开关滚轮时，传动杠杆连同转轴一起转动，使凸轮推动撞块，当撞块被推到一定位置时，推动微动开关快速动作，接通常开触点，分断常闭触点；当滚轮上的挡铁移开后，复位弹簧使行程开关各部分恢复到动作前的位置，为下一次动作做好准备。这就是单滚轮自动恢复行程开关的动作原理。对于双滚轮行程开关，在生产机械挡铁碰撞第一只滚轮时，内部微动开关动作；当挡铁离开滚轮后不能自动复位时，必须通过挡铁碰撞第二个滚轮，才能将其复位。

（2）行程开关的选用

行程开关触点允许通过的电流较小，一般不超过 5A。选用行程开关时，应根据被控制电路的特点、要求及使用环境和所需触点数量等因素综合考虑。

（3）行程开关的常见故障及处理方法

行程开关的常见故障及处理方法见表5-7。

表 5-7 行程开关的常见故障及处理方法

故障现象	故障原因	处理方法
挡铁碰撞行置开关后，触点不动作	1. 安装位置不准确 2. 触点接触不良或接线松脱 3. 触点弹簧失效	1. 调整安装位置 2. 清刷触点或紧固接线 3. 更换弹簧
杠杆已经偏转，或无外界机械力作用，但触点不复位	1. 复位弹簧失效 2. 内部撞块卡阻 3. 调节螺钉太长，顶住开关按钮	1. 更换弹簧 2. 清扫内部杂物 3. 检查调节螺钉

子任务 3 保护电器的认识与使用

1. 低压熔断器的认识与使用

熔断器有高压熔断器和低压熔断器两种，本任务只学习低压熔断器。低压熔断器是低压电路和电动机控制线路中最简单最常用的过载和短路保护电器，它以金属导体作为熔体，串联于被保护电器或电路中，当电路或设备过载或短路时，大电流使熔体发热熔化，从而分断线路。

熔断器的结构简单，分断能力强，使用、维修方便，体积小，价格低，在电气系统中得到广泛的使用。但熔断器大多只能一次性使用，功能简单，且更换需要一定时间，使系统恢复供电时间较长。熔断器的符号如图5-8所示。

图 5-8 熔断器的符号

常用的低压熔断器有瓷插式、螺旋式、无填料封闭管式、填料封闭管式等几种，如RCL、RL1、RT0系列，其型号的含义如下：

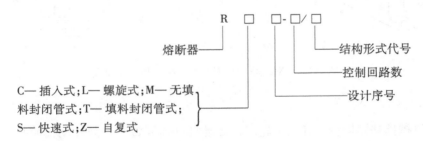

（1）瓷插式熔断器

瓷插式熔断器主要用于380V三相线路和220V单相线路，用作短路保护，其结构如图5-9所示。

瓷插式熔断器主要由瓷座、瓷盖、静触点、动触点、熔丝等组成，瓷座中部有一个空腔，与瓷盖的凸出部分组成灭弧室。60A以上的瓷插式熔断器在空腔中垫有编织石棉层，以加强灭弧功能。当电路短路时，大电流将熔丝熔化，分断电路而起保护作用。它具有结构简单、价格低廉、熔丝更换方便等优点，应用非常广泛。

（2）螺旋式熔断器

螺旋式熔断器用于交流380V、200A以内的线路和用电设备，用作短路保护，其外形和结构如图5-10所示。

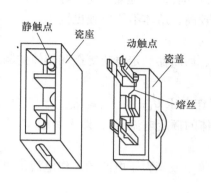

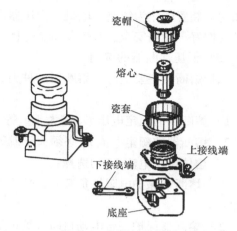

图5-9　瓷插式熔断器的结构　　　　图5-10　螺旋式熔断器

螺旋式熔断器主要由瓷帽，熔体（熔心），瓷套，上、下接线桩及底座等组成。熔心内除装有熔丝外，还填有灭弧的石英砂。熔心上盖中心装有标有红色的熔断指示器，当熔丝熔断时，指示器自动跳出，因此从瓷盖上的玻璃窗口可检查熔心是否完好。

螺旋式熔断器具有体积小、结构紧凑、熔断快、分断能力强、熔丝更换方便、使用安全可靠、熔丝熔断后能自动指示等优点，在机床线路中得到广泛应用。

（3）无填料封闭管式熔断器

无填料封闭管式熔断器用于交流380V、额定电流1000A以内的低压线路及成套配电设备的短路保护，其外形及结构如图5-11所示。

无填料封闭管式熔断器主要由熔断管、夹座组成。熔断管内装有熔体，当大电流通过时，熔体在狭窄处被熔断，钢纸管在熔体熔断所产生的电弧的高温作用下，分解出大量气体，增大管内压力，起到灭弧作用。

这种熔断器具有分断能力强、保护特性好、熔体更换方便等优点，但结构复杂、材料消耗大、价格较高。一般熔体被熔断和拆换三次以后，就要更换为新熔管。

（4）填料封闭管式熔断器

填料封闭管式熔断器主要由熔管、触刀、夹座、底座等部分组成，如图5-12所示，熔管内填满直径为0.5～1.0mm的石英砂，以加强灭弧功能。

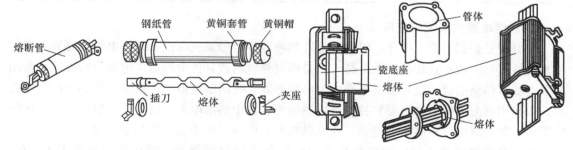

图5-11　无填料封闭管式熔断器　　　　图5-12　填料封闭管式熔断器

填料封闭管式熔断器主要用于交流380V、额定电流1000A以内的高短路电流的电力网络和配电装置中作为线路、电机、变压器及其他设备的短路保护电器。它具有分断能力强、保护特性好、使用安全、有熔断指示等优点，但价格较高，熔体不能单独更换。

（5）低压熔断器的选用

选择熔断器主要应考虑熔断器的种类、额定电压、熔断器额定电流等级和熔体的额定电流。

1）熔断器的额定电压 U_N 应大于或等于线路的工作电压 U_L，即 $U_N \geqslant U_L$。

2）熔断器的额定电流 I_N 必须大于或等于所装熔体的额定电流 I_{RN}，即 $I_N \geqslant I_{RN}$。

3）熔体额定电流 I_{RN} 的选择：

①当熔断器保护电阻性负载时，熔体的额定电流等于或稍大于电路的工作电流即可，即 $I_{RN} \geqslant I_L$。

②当熔断器保护一台电动机时，熔体的额定电流可按下式计算，即

$$I_{RN} \geqslant (1.5 \sim 2.5) I_N \tag{5-1}$$

式中，I_N 为电动机的额定电流。轻载起动或起动时间短时，系数可取得小些，相反若重载起动或起动时间长时，系数可取得大一些。

③当熔断器保护多台电动机时，熔体的额定电流可按下式计算，即

$$I_{RN} \geqslant (1.5 \sim 2.5) I_{N(max)} + \sum I_N \tag{5-2}$$

式中，$I_{N(max)}$ 为功率最大的电动机的额定电流；I_N 为其余电动机的额定电流之和。系数的选取方法同前面一样。

（6）熔断器的常见故障及处理方法

熔断器的常见故障及处理方法见表5-8。

表5-8 熔断器的常见故障及处理方法

故障现象	故障原因	处理方法
电路接通瞬间，熔体熔断	1. 熔体电流等级选择太小 2. 负载侧短路或接地 3. 熔体安装时受机械损伤	1. 更换熔体 2. 排除负载故障 3. 更换熔体
熔体未见熔断，但电路不通	熔体或接线座接触不良	重新连接

2. 热继电器的认识与使用

继电器是根据电流、电压、时间、温度和速度等信号来接通或分断小电流线路和电器的控制元件。它一般不直接控制主电路，而是通过接触器或其他电器对主电路进行控制。常用的继电器有热继电器、过电流继电器、欠电压继电器、时间继电器、速度继电器、中间继电器等，按作用可分为保护继电器和控制继电器两类，其中热继电器、过电流继电器、欠电压继电器属于保护继电器；时间继电器、速度继电器、中间继电器属于控制继电器。

热继电器的用途是对电动机和其他用电设备进行过载保护。常用的热继电器有JR0、JR2、JR16等系列，其型号的含义如下：

（1）热继电器的结构

热继电器如图5-13所示，它由发热元件、触点、动作机构、复位按钮和整定电流装置五部分组成。

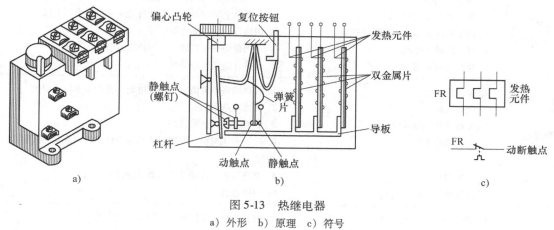

图5-13　热继电器

a）外形　b）原理　c）符号

发热元件由双金属片及绕在双金属片外面的电阻丝组成，双金属片由两种热膨胀系数不同的金属片复合而成。使用时将电阻丝直接串联在异步电动机的线路上。

（2）热继电器的工作原理

当线路正常工作时，对应的负载电流流过发热元件产生的热量不足以使双金属片产生明显的弯曲变形；当设备过载时，负载电流增大，与它串联的发热元件产生的热量使双金属片产生弯曲变形，经过一段时间后，当弯曲程度达到一定幅度时，由导板推动杠杆，使热继电器的触点动作，其常闭触点断开，常开触点闭合。

热继电器的整定电流，是指热继电器长期运行而不动作的最大电流。通常只要负载电流超过整定电流1.2倍，热继电器必须动作。整定电流的调整可通过旋转外壳上方的旋钮完成，旋钮上刻有整定电流标尺，作为调整时的依据。

（3）热继电器的选用

应根据保护对象、使用环境等条件选择相应的热继电器类型。

1）对于一般轻载起动、长期工作或间断长期工作的电动机，可选择两相保护式热继电器；当电源平衡性较差、工作环境恶劣或很少有人看守时，可选择三相保护式热继电器；三角形联结的电动机应选择带断相保护的热继电器。

2）额定电流或发热元件整定电流均应大于电动机或被保护电路的额定电流。当电动机起动时间不超过5s时，发热元件整定电流可以与电动机的额定电流相等。若电动机频繁起动、正、反转，起动时间较长或带有冲击性负载等情况下，发热元件的整定电流值应为电动机额定电流的1.1~1.5倍。

应注意：热继电器可以用作过载保护但不能用作短路保护；当电动机具有点动，重载起动，频繁正、反转及带反接制动等特点时，一般不宜采用热继电器作为过载保护。

（4）热继电器的常见故障及排除方法

热继电器的常见故障及处理方法见表5-9。

表5-9　热继电器的常见故障及处理方法

故障现象	故障原因	处理方法
热继电器误动作	1. 整定值偏小 2. 电动机起动时间过长 3. 反复短时工作，操作频率过高 4. 强烈的冲击振动 5. 连接导线太细	1. 合理调整整定值，如额定电流不符合要求应予更换 2. 从线路上采取措施，起动过程中使热继电器短接 3. 调换合适的热继电器 4. 选用带防冲击装置的专用热继电器 5. 调换合适的连接导线
热继电器不动作	1. 整定值偏大 2. 触点接触不良 3. 发热元件烧断或脱落 4. 运动部分卡住 5. 导板脱出 6. 连接导线太粗	1. 合理调整整定值，如额定电流不符合要求应予更换 2. 清理触点表面 3. 更换发热元件或补焊 4. 排除卡住现象，但用户不得随意调整，以免造成动作特性变化 5. 重新放入，推动几次看其动作是否灵活 6. 调换合适的连接导线
发热元件烧断	1. 负载侧短路，电流过大 2. 反复短时工作，操作频率过高 3. 机械故障，在起动过程中热继电器不能动作	1. 检查线路，排除短路故障及更换发热元件 2. 调换合适的热继电器 3. 排除机械故障及更换发热元件

子任务4　交流接触器的认识与使用

接触器是一种电磁式自动开关，它通过电磁机构动作，实现远距离频繁地接通和分断主电路。按其触点通过电流种类不同，接触器分为交流接触器和直流接触器两类，其中直流接触器用于直流电路中，它与交流接触器相比具有噪声低、寿命长、冲击小等优点，其组成、工作原理基本与交流接触器相同。

接触器的优点是动作迅速、操作方便和便于远距离控制，所以广泛地应用于电动机、电热设备、小型发电机、电焊机和机床线路中。由于它只能接通和分断负荷电流，不具备短路和过载保护作用，故必须与熔断器、热继电器等保护电器配合使用。

常用的交流接触器产品有 CJ0、CJ10、CJ12 等系列，其型号的含义如下：

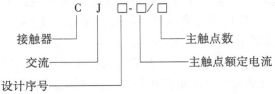

1. 交流接触器的结构

交流接触器主要由电磁系统、触点系统、灭弧装置等部分组成，其结构、原理及符号如图 5-14 所示。

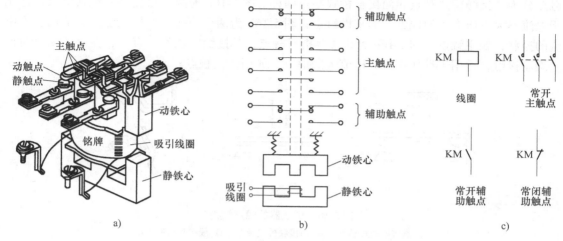

图 5-14　交流接触器的结构及符号

a) 结构　b) 原理　c) 符号

（1）电磁系统

交流接触器的电磁系统由线圈、静铁心、动铁心（衔铁）等组成，其作用是操纵触点的闭合与分断。

交流接触器的铁心一般用硅钢片叠压铆成，以减少交变磁场在铁心中产生的涡流及磁滞损耗，避免铁心过热。为了减少接触器吸合时产生的振动和噪声，铁心上装有一个短路铜环（又称减振环），如图 5-15 所示。

当线圈中通有交流电时，在铁心中产生的是交变磁通，它对衔铁的吸引是按正弦规律变化的。当磁通经过零值时，铁心对衔铁的吸力也为零，衔铁在弹簧的作用下有释放的趋势，使得衔铁不能被铁心紧紧吸住，产生振动，发出噪声，同时这种振动使衔铁与铁心容易磨损，造成触点接触不良。安装短路铜环后，它相当于变压器的一个副绕组，当电磁线圈通入交流电时，线圈电流 i_1 产生磁通 ϕ_1，

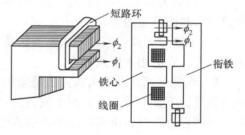

图 5-15　交流电磁铁的短路环

短路环中产生感应电流 i_2，形成磁通 ϕ_2，由于 i_1 与 i_2 的相位不同，故 ϕ_1 与 ϕ_2 的相位也不同，即 ϕ_1 与 ϕ_2 不同时为零。这样，在磁通 ϕ_1 过零时，ϕ_2 不为零而产生吸力，吸住衔铁，使衔铁始终被铁心吸牢，振动和噪声显著减小。

（2）触点系统

接触器的触点按功能不同分为主触点和辅助触点两类。主触点用于接通和分断电流较大的主电路，体积较大，一般由三对常开触点组成；辅助触点用于接通和分断小电流的控制电路，体积较小，有常开和常闭两种触点。如 CJO-20 系列交流接触器有三对常开主触点、两对常开辅助触点和两对常闭辅助触点。为使触点导电性能良好，通常触点用纯铜制成。由于铜的表面容易氧化，生成不良导体氧化铜，故一般都在触点的接触点部分镶上银块，使之接触电阻小、导电性能好、使用寿命长。

根据接触器触点形状不同，可分为桥式触点和指形触点，其形状如图 5-16 所示。桥式

触点分为点接触桥式触点和面接触桥式触点两种。图5-16a为两个点接触的桥式触点，适用于电流不大且压力小的地方，如辅助触点；图5-16b为两个面接触的桥式触点，适用于大电流的控制，如主触点；图5-16c为线接触指形触点，其接触区域为一直线，在触点闭合时产生滚动接触，适用于动作频繁、电流大的地方，如用作主触点。

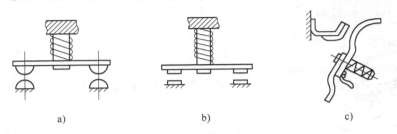

a)   b)   c)

图 5-16 接触器的触点结构

a）点接触桥式触点 b）面接触桥式触点 c）线接触指形触点

为了使触点接触更紧密，减小接触电阻，消除开始接触时产生的有害振动，桥式触点或指形触点都安装有压力弹簧，随着触点的闭合加大触点间的压力。

（3）灭弧装置

交流接触器在分断大电流或高电压线路时，其动、静触点间气体在强电场作用下产生放电，形成电弧，电弧发光、发热，灼伤触点，并使电路切断时间延长，引发事故。因此，必须采取措施，使电弧迅速熄灭。在交流接触器中，常用的灭弧方法有以下几种。

1）电动力灭弧。利用触点分断时本身的电动力将电弧拉长，使电弧热量在拉长的过程中散发冷却而迅速熄灭。

2）双断口灭弧。双断口灭弧方法是将整个电弧分成两段，同时利用上述电动力将电弧迅速熄灭。它适用于桥式触点。

3）纵缝灭弧。纵缝灭弧方法是采用一个纵缝灭弧装置来完成灭弧任务的。灭弧罩内有一条纵缝，下宽上窄。下宽便于放置触点，上窄有利于电弧压缩，并和灭弧室壁有很好的接触。当触点分断时，电弧被外界磁场或电动力横吹而进入缝内，其热量传递给室壁而迅速冷却熄灭。

4）栅片灭弧。栅片灭弧装置主要由灭弧栅和灭弧罩组成，灭弧栅用镀铜的薄铁片制成，各栅片之间互相绝缘；灭弧罩用陶土或石棉水泥制成。当触点分断电路时，在动触点与静触点间产生电弧，电弧产生磁场，由于薄铁片的磁阻比空气小得多，因此电弧上部的磁通容易通过灭弧栅形成闭合磁路，使得电弧上部的磁通很稀疏，而下部的磁通则很密，这种上稀下密的磁场分布对电弧产生向上运动的力，将电弧拉到灭弧栅片当中，栅片将电弧分割成若干短弧，一方面使栅片间的电弧电压低于燃弧电压，另一方面栅片将电弧的热量散发，使电弧迅速熄灭。

（4）其他部件

交流接触器除上述三个主要部分外，还包括反作用弹簧、复位弹簧、缓冲弹簧、触点压力弹簧、传动机构、接线柱、外壳等部件。

2. 交流接触器的工作原理

当交流接触器的电磁线圈接通电源时，线圈电流产生磁场，使静铁心产生足以克服弹簧反作用力的吸力，将动铁心（衔铁）向下吸合，使常开主触点和常开辅助触点闭合，常闭辅助触点断开。主触点将主电路接通，辅助触点则接通或分断与之相连的控制电路。

当接触器线圈断电时，静铁心吸力消失，动铁心在反作用弹簧力的作用下复位，各触点也随之复位，将有关的主电路和控制电路分断。

3. 交流接触器的选用

在选用交流接触器时，其工作电压不应低于被控制线路的最高电压，交流接触器主触点额定电流应大于被控制线路的最大工作电流。用交流接触器控制电动机时，电动机的最大电流不应超过交流接触器的额定电流允许值。用于控制可逆运行或频繁起动的电动机时，交流接触器要增大一至二级使用。

交流接触器电磁线圈的额定电压应与被控制辅助电路的电压一致，对于简单线路，多用380V 或 220V；在线路较复杂、有低压电源的场合或工作环境有特殊要求时，也可选用36V、127V 等。

接触器触点的数量、种类等应满足控制线路的要求。

4. 交流接触器的常见故障及处理方法

交流接触器的常见故障及处理方法见表 5-10。

表 5-10　交流接触器的常见故障及处理方法

故障现象	故障原因	处理方法
动铁心吸不上或吸力不足（触点闭合而铁心未完全闭合）	1. 电源电压过低 2. 操作回路电源容量不足或断线、配线错误及控制触点接触不良 3. 线圈参数及使用技术条件不符 4. 接触器受损 5. 触点弹簧压力与超程过大	1. 调整电源电压至额定值 2. 增加电源容量，更换线路，修理控制触点 3. 更换线圈 4. 更换线圈，排除机械故障，修理受损零件 5. 按要求调整触点参数
不释放或释放缓慢	1. 触点弹簧压力过小 2. 触点熔焊 3. 机械可动部分被卡住，转轴生锈或歪斜 4. 反力弹簧损坏 5. 铁心极面有油污或灰尘 6. E 形铁心使用寿命结束而使铁心不释放	1. 调整触点参数 2. 排除熔焊故障，修理或更换触点 3. 排除卡住现象，修理受损零件 4. 更换反力弹簧 5. 清理铁心极面 6. 更换铁心
线圈过热或烧损	1. 电源电压过高或过低 2. 线圈参数与实际使用条件不符 3. 交流操作频率过高 4. 线圈接触不良或机械损伤、绝缘损坏 5. 运动部分卡住 6. 交流铁心极面不平或中间气隙过大 7. 使用环境条件特殊（高湿、高温等）	1. 调整电源电压 2. 调换线圈或接触器 3. 调换合适的接触器 4. 更换线圈，排除机械、绝缘损伤的故障 5. 排除卡住故障 6. 清除铁心极面或更换铁心 7. 采用特殊设计的线圈
电磁噪声大	1. 电源电压过低 2. 触点弹簧压力过大 3. 电磁系统歪斜或机械卡住，使铁心不能吸平 4. 极面生锈或油污、灰尘等侵入铁心极面 5. 短路环断裂 6. 铁心极面磨损过度而不平	1. 调整操作回路的电压至额定值 2. 调整触点弹簧压力 3. 排除歪斜或卡住现象 4. 清除铁心极面 5. 更换短路环 6. 更换铁心

（续）

故障现象	故障原因	处理方法
触点熔焊	1. 操作频率过高或过载使用 2. 负载侧短路 3. 触点弹簧压力过小 4. 触点表面有金属颗粒凸起或异物 5. 操作回路电压过低或机械卡住，致使吸合过程中有停滞现象，触点停在刚接触的位置上	1. 调换合适的接触器 2. 排除短路故障，更换触点 3. 调整触点弹簧压力 4. 清理触点表面 5. 调整操作回路电压至额定值，排除机械卡住故障，使接触器吸合可靠
触点过热或灼伤	1. 触点弹簧压力过小 2. 触点的超程太小 3. 触点表面不平或有油污、有金属颗粒凸起 4. 工作频率过高或电流过大，触点断开容量不够 5. 环境温度过高或使用在密闭的控制箱中	1. 调整触点弹簧压力 2. 调整触点超程或更换触点 3. 清理触点表面 4. 调换容量较大的接触器 5. 接触器降容使用
触点过度磨损	1. 接触器选择不当，容量不足；操作频率过高 2. 三相触点动作不同步 3. 负载侧短路	1. 接触器降容使用或改用适于繁重任务的接触器 2. 调至同步 3. 排除短路故障，更换触点
相间短路	1. 灰尘堆积或沾有水气、油污，使绝缘性能变坏 2. 接触器零部件损坏（如灭弧室碎裂） 3. 可逆转换的接触器联锁不可靠，由误操作使两台接触器同时投入运行造成相间短路；因接触器动作过快，转换时间短，在转换过程中发生电弧短路	1. 经常清理，保持清洁 2. 更换损坏的零部件 3. 检查电气联锁与机械联锁；在控制线路中加中间环节或调换动作时间长的接触器，延长可逆转换时间

子任务5　继电器的认识与使用

1. 时间继电器的认识与使用

（1）时间继电器的种类及符号

时间继电器是一种利用电磁原理或机械原理来延迟触点闭合或分断的自动控制电器。它的种类很多，按其工作原理可分为电磁式、空气阻尼式、电子式、电动式；按延时方式可分为通电延时和断电延时两种。

图5-17为时间继电器的图形和文字符号。通常时间继电器上有好几组辅助触点，分为瞬动触点、延时触点。延时触点又分为通电延时触点和断电延时触点。所谓瞬动触点即是指当时间继电器的感测机构接收到外界动作信号后，该触点立即动作（与接触器一样），而通电延时触点则是指当接收输入信号（如线圈通电）后，要经过一定时间（延时时间）后，该触点才动作。断电延时触点，则在线圈断电后要经过一定时间后，该触点才恢复。

图 5-17 时间继电器的符号

a）线圈 b）瞬动触点 c）延时触点

（2）电子式时间继电器的特点及主要性能指标

电子式时间继电器具有体积小、延时范围大、精度高、寿命长以及调节方便等特点，目前在自动控制系统中的使用十分广泛。

以 JSZ3 系列电子式时间继电器为例进行介绍。JSZ3 系列时间继电器是采用集成电路和专业制造技术生产的新型时间继电器，具有体积小、质量小、延时范围广、抗干扰能力强、工作稳定可靠、精度高、延时范围宽、功耗低、外形美观、安装方便等特点，广泛应用于自动化控制中做延时控制之用。JSZ3 系列电子式时间继电器采用插座式结构，所有元件装在印制电路板上，用螺钉使之与插座紧固，再装上塑料罩壳组成本体部分，在罩壳顶部装有铭牌和整定电位器旋钮，并有动作指示灯。

JSZ3 系列电子式时间继电器型号的含义如下：

JS Z3 □-□

时间继电器────

设计序号────

延时范围代号

型式特点:A— 基型(通电延时,多档式);C— 瞬动型(通电延时,多档式);F— 断电延时;K— 断开延时;Y— 星形起动延时(通电延时);R— 往复循环定时(通电延时)

JSZ3A 型的延时范围：0.5s、5s、30s、3min。

JSZ3 系列时间继电器的性能指标有：电源电压（AC12V、24V、36V、110V、220V、380V（均为50Hz），DC12V、24V 等）、电寿命（不小于 10×10^4 次）、机械寿命（不小于 100×10^4 次）、触点容量（AC220V、5A，DC220V、0.5A）、重复误差（小于 2.5%）、功耗（不大于 1W）、使用环境（$-15 \sim +40℃$）。

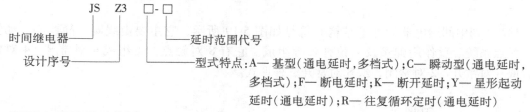

图 5-18 JSZ3 系列时间继电器的接线

JSZ3 系列时间继电器的接线如图 5-18 所示。

电子式时间继电器在使用时，先预置所需延时间，然后接通电源，此时红色 LED 闪烁，表示计时开始。当达到所预置的时间时，延时触点实行转换，红色 LED 停止闪烁，表示所设定的延时时间已到，从而实现定时控制。

（3）时间继电器的选用

1）应根据被控制线路的实际要求选择不同延时方式及延时时间、精度的时间继电器。

2）应根据被控制线路的电压等级选择电磁线圈的电压，使两者电压相符。

（4）时间继电器的常见故障及处理方法

时间继电器的常见故障及处理方法见表 5-11。

表 5-11 时间继电器的常见故障及处理方法

故障现象	故障原因	处理方法
开机不工作	电源线接线不正确或断线	检查接线是否正确，可靠
延时时间到继电器不转换	1. 继电器接线有误 2. 电源电压过低 3. 触点接触不良 4. 继电器损坏	1. 检查接线 2. 调高电源电压 3. 检查触点接触是否良好 4. 更换继电器
烧坏产品	1. 电源电压过高 2. 接线错误	1. 调低电源电压 2. 检查接线

2. 中间继电器

中间继电器一般用来控制各种电磁线圈使信号得到放大，或将信号同时传给几个控制元件，也可以代替接触器控制额定电流不超过 5A 的电动机控制系统。

常用的交流中间继电器有 JZ7 系列，直流中间继电器有 JZ12 系列，交、直流两用的中间继电器有 JZ8 系列，其型号的含义如下：

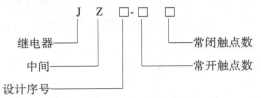

JZ7 系列中间继电器的外形结构和符号如图 5-19 所示，它主要由线圈、静铁心、动铁心、触点系统、反作用弹簧及复位弹簧等组成。它有 8 对触点，可组成 4 对常开、4 对常闭，或 6 对常开、2 对常闭，或 8 对常开三种形式。

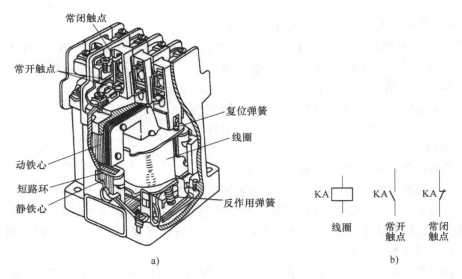

图 5-19 JZ7 系列中间继电器的外形结构和符号

a）外形结构   b）符号

　　中间继电器的工作原理与 CJ10-10 等小型交流接触器基本相同，只是它的触点没有主、辅之分，每对触点允许通过的电流大小相同。它的触点容量与接触器辅助触点差不多，其额定电流一般为 5A。

　　选用中间继电器的主要依据是控制线路的电压等级，同时还要考虑所需触点数量、种类及容量是否满足控制线路的要求。

3. 过电流继电器

　　电流继电器可分为过电流继电器和欠电流继电器。过电流继电器主要用于频繁、重载起动的场合，作为电动机的过载和短路保护。常用的过电流继电器有 JT4、JL12 及 JL14 等系列，其型号的含义如下：

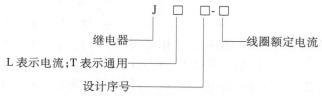

　　JT4 系列过电流继电器为交流通用继电器，即加上不同的线圈或阻尼圈后便可作为电流继电器、电压继电器或中间继电器使用。JT4 系列过电流继电器的外形结构和动作原理如图 5-20 所示，它由线圈、圆柱静铁心、衔铁、触点系统及反作用弹簧等组成。

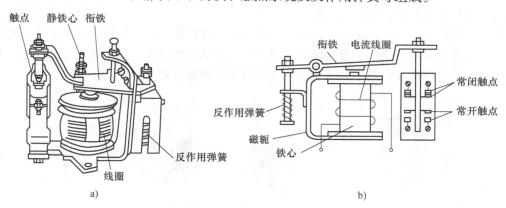

图 5-20　JT4 系列过电流继电器的外形结构及动作原理图

a) 外形结构　b) 动作原理

　　过电流继电器的线圈串接在主电路中，当通过线圈的电流为额定值时，它所产生的电磁吸力不足以克服反作用弹簧力，常闭触点保持闭合状态；当通过线圈的电流超过整定值后，电磁吸力大于反作用弹簧力，静铁心吸引衔铁使常闭触点分断，切断控制回路，使负载得到保护。调节反作用弹簧力，可整定继电器动作电流，这种过电流继电器是瞬时动作的，常用于桥式起重机线路中。为避免它在起动电流较大的情况下误动作，通常把动作电流整定在起动电流的 1.1～1.3 倍。

　　JL12 系列过电流继电器主要用于绕线转子异步电动机或直流电动机的过电流保护，它具有过载、起动延时和过电流迅速动作的保护特性。

　　在选用过电流继电器用于保护小功率直流电动机和绕线转子异步电动机时，其线圈的额定电流一般可按电动机长期工作额定电流来选择；对于频繁起动的电动机的保护，继电器线圈的额定电流可选大一些。考虑到动作误差，并加上一定裕量，过电流继电器的整定电流值可按电动机最大工作电流来整定。

4. 欠电压继电器

欠电压继电器又称为零电压继电器，用作交流线路的欠电压或零电压保护，常用的有JT4P 系列，其型号的含义如下：

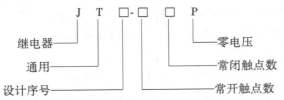

JT4P 系列欠电压继电器的外形结构及动作原理与 JT4 过电流继电器类似，不同点是欠电压继电器的线圈匝数多、导线细、阻抗大，可直接并联在两相电源上。

选用欠电压继电器时，主要根据电源电压、控制线路所需触点的种类和数量来选择。

5. 速度继电器

速度继电器又称为反接制动继电器，它的作用是与接触器配合，实现对电动机的反接制动。机床控制线路中常用的速度继电器有 JY1、JFZ0 系列。

（1）JY1 系列速度继电器的结构

JY1 系列速度继电器的外形、结构及符号如图 5-21 所示，图 5-21a 是速度继电器的外形，它主要包括由永久磁铁制成的转子、用硅钢片叠成的铸有笼型绕组的定子、支架、胶木摆杆和触点系统等组成，其中转子与被控电动机的转轴相连接。

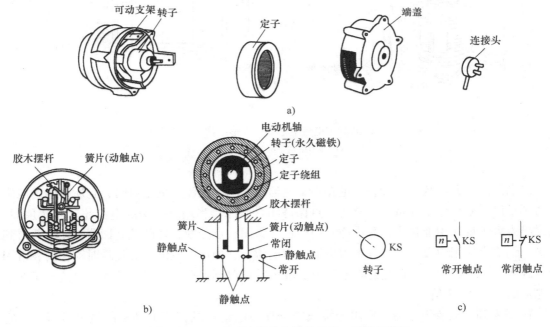

图 5-21　JY1 系列速度继电器的外形、结构及符号

a）外形　b）结构　c）符号

（2）JY1 系列速度继电器的工作原理

由于速度继电器与被控电动机同轴连接，当电动机制动时，由于惯性，它要继续旋转，从而带动速度继电器的转子一起转动，该转子的旋转磁场在速度继电器定子绕组中感应出电动势和电流，由左手定则可以确定。此时，定子受到与转子转向相同的电磁转矩的作用，使定子和转子沿着同一方向转动，定子上固定的胶木摆杆也随着转动，推动簧片（端部有动触点）与静触点闭合（按轴的转动方向而定）。静触点又起挡块作用，限制胶木摆杆继续转动，因此转子转动时，定子只能转过一个不大的角度。当转子转速接近于零（低于100r/min)时，胶木摆杆恢复原来状态，触点断开，切断电动机的反接制动线路。

速度继电器的动作转速一般不低于 300r/min，复位转速约在 100r/min 以下。使用时，应将速度继电器的转子与被控制电动机同轴连接，而将其触点（一般用常开触点）串联在控制电路中，通过控制接触器实现反接制动。

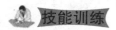 **技能训练**

1. 技能训练的内容

常用低压电器的拆装与检测。

2. 技能训练的要求

1）熟悉常用低压电器的结构，了解各部分的作用。

2）正确进行常用低压电器的拆装。

3）正地进行常用低压电器的检测。

3. 设备器材

1）按钮、开启式负荷开关、封闭式负荷开关、断路器　　　　　　　　　各1个

2）交流接触器、热继电器、时间继电器　　　　　　　　　　　　　　各1个

3）钢丝钳、尖嘴钳、螺钉旋具、镊子、扳手、万用表、绝缘电阻表等　　　1 套

4. 技能训练的步骤

1）把一个按钮拆开，观察其内部结构，将主要零部件的名称及作用记入表 5-12 中。然后将按钮组装还原，用万用表电阻档测量各触点之间的接触电阻，将测量结果记入表 5-12 中。

表 5-12　按钮的结构与测量记录

型　号		额定电流/A		主要零部件	
				名　称	作　用
触点数量/副					
常　开		常　闭			
触点电阻/Ω					
常　开		常　闭			
最大值	最小值	最大值	最小值		

2）把一个开启式负荷开关拆开，观察其内部结构，将主要零部件的名称及作用记入表 5-13 中。然后合上开启式负荷开关，用万用表电阻档测量各触点之间的接触电阻，用绝缘电阻表测量每两相触点之间的绝缘电阻，测量后将开关组装还原，将测量结果记入表 5-13 中。

表 5-13 开启式负荷开关的结构与测量记录

型 号		极 数	主要零部件	
			名 称	作 用
触点接触电阻/Ω				
L₁ 相	L₂ 相	L₃ 相		
相间绝缘电阻/Ω				
L₁-L₂ 间	L₁-L₃ 间	L₂-L₃ 间		

3）把一个封闭式负荷开关拆开，观察其内部结构，将主要零部件的名称及作用记入表 5-14 中。然后，合上封闭式负荷开关，用万用表电阻档测量各触点之间的接触电阻，用绝缘电阻表测量每两相触点之间的绝缘电阻，测量后将开关组装还原，将测量结果记入表 5-14 中。

表 5-14 封闭式负荷开关的结构与测量记录

型 号		极 数	主要零部件	
			名 称	作 用
触点接触电阻/Ω				
L₁ 相	L₂ 相	L₃ 相		
相间绝缘电阻/Ω				
L₁-L₂ 间	L₁-L₃ 间	L₂-L₃ 间		
熔断器				
型 号		规 格		

4）把一个交流接触器拆开，观察其内部结构，将拆装步骤、主要零部件的名称及作用、各对触点动作前后的电阻值、各类触点的数量、线圈的数据等记入表 5-15 中，然后再将这个交流接触器组装还原。

表 5-15 交流接触器的结构与测量记录

型 号		容量/A		拆卸步骤	主要零部件	
					名 称	作 用
触点数量/副						
主触点	辅助触点	常开触点	常闭触点			
触点电阻/Ω						
常 开		常 闭				
动作前	动作后	动作前	动作后			
电磁线圈						
线径	匝数	工作电压/V	直流电阻/Ω			

5）把一个热继电器拆开，观察其内部结构，用万用表测量各热元件的电阻值，将零部件的名称、作用及有关电阻值记入表 5-16 中，然后再将热继电器组装还原。

表 5-16　热继电器的结构与测量记录

型　号		极　数	主要零部件	
			名　称	作　用
热元件电阻/Ω				
L$_1$ 相	L$_2$ 相	L$_3$ 相		
整定电流调整值/A				

6）观察时间继电器的结构，用万用表测量线圈的电阻值，将主要零部件的名称、作用、触点数量及种类记入表 5-17 中。

表 5-17　时间继电器结构与测量记录

型　号	线圈电阻/Ω	主要零部件	
		名　称	作　用
常开触点数（副）	常闭触点数（副）		
延时触点数（副）	瞬时触点数（副）		
延时断开触点数（副）	延时闭合触点数（副）		

5．注意事项

在拆装低压电器时，要仔细，不要丢失零部件。

问题研讨

1）什么是低压电器？怎样分类？

2）试简述常用低压电器（如开启式负荷开关、封闭式负荷开关、按钮、交流接触器、热继电器、断路器等）的基本结构和工作原理。怎样选用？在使用中有哪些常见故障？可能的原因是什么？如何检修和排除？

3）熔断器和热继电器能否相互替代？

4）额定电压为 220V 的交流线圈，若误接到 AC 380V 或 AC 110V 的电路上，分别会引起什么后果？为什么？

5）有人为了观察接触器主触点的电弧情况，将灭弧罩取下后起动电动机，这样的做法是否允许？为什么？

6）中间继电器和交流接触器各有何异同处？在什么情况下，中间继电器可以代替交流接触器起动电动机？

任务 5.2　三相异步电动机直接起动控制线路的装配与检修

任务描述

生产机械的运动部件大多数是由电动机来拖动的，要使工业实际中的生产机械各部件按设定的要求进行运动，保证满足生产加工过程和工艺的需要，就必须对电动机进行自动控制，即控制电动机的起动、停止、单向旋转、双向旋转、调速、制动等。到目前为止，继电器、接触器、按钮等低压电器构成的继电器-接触器控制线路仍然是应用极为广泛的控制方式。本任务对三相异步电动机的点动控制，长动控制及点动、长动混合控制，正、反转控制等直接起动控制线路的装配与检修进行介绍。

任务目标

熟悉电气控制系统中电气原理图、电气元件布图及安装接线图的画法。掌握电气原理图的绘制方法；三相异步电动机的点动控制，长动控制及点动、长动混合控制，正、反转控制等直接起动控制线路的设计原则及设计方法；会进行电气控制线路的元器件布局、电气接线及功能调试；会进行电气控制线路的测试、线路维护和故障检修。

子任务 1　电气控制线路的设计、绘制及国家标准

对生产机械的控制可以采用机械、电气、液压和气动等方式来实现。现代化生产机械大多都以三相异步电动机作为动力，采用继电器-接触器组成的电气控制系统进行控制。电气控制线路主要根据生产生工艺要求，以电动机或其他执行器为控制对象。

继电器-接触器控制系统是由继电器、接触器、电动机及其他电气元件，按一定的要求和方式连接起来，实现电气自动控制的系统。

电气控制线路是由各种电气元件按一定要求连接而成的，从而实现对某种设备的电气自动化控制。为了表示电气控制线路的组成、工作原理及安装、调试、维修等技术要求，需要用统一的工程语言即用工程图的形式来表示，这种图就是电气控制系统图。

电气控制系统图（简称电气图）一般可分为：电气系统图和框图、电气原理图、电气元件布置图、电气安装接线图、功能图、电气元件明细表等。下面对各种电气图的特点、作用、绘图原则和标准进行简单的介绍。

1. 电气图的一般特点

（1）电气图的主要表达方式

电气图的主要表达方式是一种简图，它并不严格按照几何尺寸和绝对位置测绘，而是用规定标准符号和文字表示系统或设备的组成及相互关系。

（2）电气图的主要描述对象

电气图的主要描述对象是电气元件和连接线。连接线可用单线法和多线法表示，两种表示方法在同一张图上可以混用。电气元件在图中可以采用集中表示法、半集中表示法、分开表示法来表示。集中表示法是把一个元件的各组成部分的图形符号绘制在一起的方法；分开

表示法是将同一元件的各组成部分分开布置，有些可以画在主电路，有些画在控制电路；半集中表示法介于上述两种方法之间，在图中将一个元件的某些部分的图形符号分开绘制，并用虚线表示其相互关系。

在绘制电气图时，一般采用的线条有实线、虚线、点画线和双点画线。线宽的规格有 0.18mm、0.25mm、0.35mm、0.5mm、0.7mm、1.0mm、1.4mm、2.0mm。

绘制图线时还要注意：图线采用两种宽度，粗线与细线的宽度之比应不小于 2∶1，平行线之间的最小距离不小于粗线宽度的 2 倍，建议不小于 0.7mm。

（3）电气图的主要组成部分

一幅电气图是由各种电气元件组成的，在表示电气元件的构成、功能或电气接线时，没有必要也不可能一一画出各种电气元件的外形结构，通常是用一种简单的图形符号表示的。同时，为了区分作用不同的同一类型电气元件，还必须在符号旁标注不同的文字符号以区别其名称、功能、状态、特征及安装位置等。因此，通过图形符号和文字符号，就能使人们一看就知道它们是不同用途的电气元件。

2. 电气图的图形符号和文字符号

为了与各国科学技术领域开展交流与借鉴，促进我国电气技术的发展，参照 IEC（国际电工委员会）、TC3（图形符号委员会）等国际组织颁布的技术标准，我国先后制定了 28 个电气制图标准，以利于在电工技术方面与国际接轨。其中包括识图和画图使用的电气设备图形符号和文字符号标准。

（1）图形符号、文字符号

在电气图中，各种电气元件的图形符号和文字符号必须符合国家标准的统一要求。为了便于加强国内与国际间的技术交流，国家标准局修订并颁布了 GB/T 4728.3—2005《电气简图用图形符号　第 3 部分：导体和连接件》。国家标准中规定的图形符号基本上与国际电工委员会（IEC）发布的有关标准相同。图形符号由符号要素、限定符号、一般符号以及常用的非电操作控制的动作符号（如机械控制符号等），根据不同的具体电气元件情况组合构成，国家标准除给出各类电气元件的符号要求、限定符号和一般符号外，还给出了部分常用图形符号及组合图形符号示例。因为国家标准中给出的图形符号例子有限，实际使用中可通过已规定的图形符号适当组合进行派生。

（2）线路和接线端子的标志

线路采用字母、数字、符号及其组合标志。

接线端子标志是指用于连接电气元件和外部导电部件的标志。电气图中各电气元件的接线端子用字母、数字、符号标志，符合国家标准的规定。

三相交流电源和中性线采用 L1、L2、L3、N 标志。直流系统的电源正、负、中间线分别用 L+、L−、M 标志。保护接地线用 PE 标志，接地线用 E 标志。

连接在电源开关后的三相交流电源主电路分别按 U、V、W 顺序标志。分级三相交流电源主电路采用三相文字代号 U、V、W 前加阿拉伯数字 1、2、3 等来标志，如 1U、1V、1W 及 2U、2V、2W 等。

各电动机分支电路的各接点标志，采用三相文字代号后面加数字下角来表示，数字中的个位数表示电动机代号，十位数表示该支路各接点的代号，从上到下按数字大小顺序标志。如 U_{11} 表示电动机 M 第一相的第一个接点代号，U_{21} 为第一相的第二个接点代号，依次类推。

控制电路采用阿拉伯数字编号，一般由三位或三位以下的数字组成。标志方法按"等电位"原则进行。在垂直绘制控制电路时，标号顺序一般由上而下编号，凡被线圈、绕组、触点或电阻、电容元件所隔的线段，都应标以不同的线路标志。

3. 电气原理图

电气原理图是根据电气控制线路的工作原理绘制的，具有结构简单、层次分明、便于研究和分析线路工作原理的特征。电气原理图中只包括电气元件的导电部件和接线端之间的相互关系，并不按照电气元件的实际位置来绘制，也不反映电气元件的大小。其作用是便于详细了解控制系统的工作原理，指导系统或设备的安装、调试与维修。适用于分析研究线路的工作原理，是绘制其他电气图的依据，所以在设计部门和生产现场获得广泛应用。电气原理图是电气控制系统图中最重要的图形之一，也是识图的难点和重点。

下面以图 5-22 所示的电气原理图为例介绍电气原理图的绘制原则、方法以及注意事项。

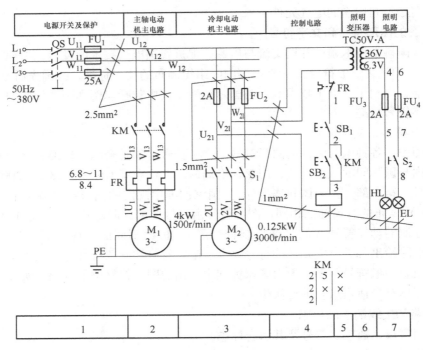

图 5-22　CW6132 型车床控制系统的电气原理图

（1）电气原理图的绘制原则

1）电气原理图一般分电源电路、主电路、控制电路和辅助电路四部分绘制。

①电源电路画成水平线，三相交流电源相序 L_1、L_2、L_3 自上而下依次画出，中性线 N 和保护地线 PE 依次画在相线之下。直流电源的"＋"端画在上边，"－"端在下边画出，电源开关要水平画出。

②主电路是指受电的动力装置及控制、保护电器的支路等，它是由主熔断器、接触器的主触点、热继电器的热元件以及电动机组成。主电路通过的电流是电动机的工作电流，电流较大，主电路图要画在电路图的左侧并垂直于电源电路。

③控制电路是控制主电路工作状态的电路；辅助电路包括显示主电路工作状态的指示电路和提供局部照明的照明电路等。它们由主令电器的触点、接触器的线圈及辅助触点、继电器的线圈及触点、指示灯和照明灯等组成。辅助电路通过的电流都较小，一般不超过5A。画辅助电路图时，辅助电路要跨接在两相电源线之间，一般按照控制电路、指示电路和照明电路的顺序依次垂直画在主电路的右侧，且电路中与下边电源线相连的耗能元件（如接触器、继电器的线圈、指示灯、照明灯等）要画在电路图的下方，而电器的触点要画在耗能元件与上边电源线之间。为读图方便，一般应按照自左至右、自上而下的排列来表示操作顺序。

2）电气原理图中，各电器的触点位置都按电路未通电或电器未受外力作用时的常态位置画出。分析原理图时，应从触点的常态位置出发。

3）电气原理图中，不画各电气元件实际的外形图，而采用国家统一规定的电气图形符号画出。使触点动作的外力方向必须是：当图形垂直放置时从左到右，即垂线左侧的触点为常开触点，垂线右侧的触点为常闭触点；当图形水平放置时为从下到上，即水平线下方的触点为常开触点，水平线上方的触点为常闭触点。

4）电气原理图中，同一电器的各元件不按它们的实际位置画在一起，而是按其在线路中所起的作用分画在不同电路中，但它们的动作却是相互关联的，因此，必须标明相同的文字符号。若图中相同的电器较多时，需要在电器文字符号的后面加注不同的数字，以示区别，如KM_1、KM_2等。

5）电气元件应按功能布置，并尽可能地按工作顺序，其布局应该是从上到下，从左到右。电路垂直时，类似项目宜横向对齐；水平布置时，类似项目应纵向对齐。例如，电气原理的线圈属于类似项目，由于线路采用垂直布置，所以接触器的线圈应横向对齐。

6）画电气原理图时，应尽可能减少线条和避免线条交叉。对于需要测试和拆接的外部引线的端子，采用"空心圆"表示；有直接电联系的导线连接点，用"实心圆"表示；无直接电联系的导线交叉点不画黑圆点。

7）电路图采用电路编号法，即对电路中的各个接点用字母或数字编号。

①主电路在电源开关的出线端按相序依次编号为U_{11}、V_{11}、W_{11}。然后按从上至下、从左至右的顺序，每经过一个电气元件后，编号要递增，如U_{12}、V_{12}、W_{12}、U_{13}、V_{13}、W_{13}，……。单台三相交流电动机的三根引出线按相序依次编号为U、V、W，对于多台电动机引出线的编号，为了不致引起误解和混淆，可在字母前用不同的数字加以区别，如1U、1V、1W、2U、2V、2W，……。

②控制电路和辅助电路编号按"等电位"原则从上至下、从左至右的顺序用数字依次编号，每经过一个电气元件后，编号要依次递增。控制电路编号的起始数字必须是1，其他辅助电路编号的起始数字依次递增100，如照明电路编号从101开始，指示电路编号从201开始等。

（2）图幅分区

为了便于确定图上的内容，也为了便于在用图时查找图中各项目的位置，往往需要将图幅分区。图幅分区的方法是：在图的边框处，竖边方向用大写英文字母，横边方向用阿拉伯数字，编号顺序应从左上角开始，应按照图的复杂程度选分区的个数。建议组成分区的长方形的任何边长不小于25mm、不大于75mm。图区编号一般在图的下面，每个电路的功能，一般在图的顶部标明。图幅分区以后，相当于在图上立了一个坐标系。项目和连接线的位置可用如下方式表示：用行的代号（英文字母）表示；用列的代号（阿拉伯数字）表示；用区的代号表示（区的代号为字母和数字的组合，且字母在左，数字在右）。

（3）符号位置的索引

符号位置采用图号、页次和图区编号的组合索引法，索引代号的组成如下：

$$\square \quad / \quad \square \quad \cdot \quad \square$$

图号　　页次　　图区号（行号、列号）

当某图号仅有一页图样时，只写图号和图区的行、列号；在只有一个图号时，则图号可省略。而元件的相关触点只出现在一张图样中时，只标出图区号。

在电气原理图中，接触器和继电器线圈与触点的从属关系应用附图表示，即在电气原理图相应线圈的下方，给出触点的文字符号，并在其下面注明相应触点的索引代号，对未使用的触点用"×"标明（或不做标明），有时也可采用省去触点图形符号的表示法。

对接触器、附图中各栏表示的含义如下：

KM		
左栏	中栏	右栏
主触点所在图区号	辅助常开触点所在图区号	辅助常闭触点所在图区号

KM		
4	6	×
4	×	×
5		

继电器、附图中各栏的含义如下：

KA、KT	
左栏	右栏
常开触点所在图区号	常闭触点所在图区号

KA	
9	×
13	8
×	×
×	×

（4）电气原理图中技术数据的标注

电气元件的技术数据，除在电气元件明细表中标明外，也可用小号字体标注在电器代号下面。如图 5-22 中，FU_1 的额定电流标注为 25A。

（5）电气原理图的识读方法

在读电气原理图之前，先要了解被控对象对电力拖动的要求；了解被控对象有哪些运动部件以及这些部件是怎样动作的，各种运动部件之间是否有相互制约的关系；熟悉电路图的制图规则及电气元件的图形符号。

读电气原理图时先从主电路入手，掌握电路中电气元件的动作规律，根据主电路的动作要求再识读与此相关的电路，一般步骤如下：

1）看本设备所用的电源。一般设备多用三相电源（380V、50Hz），也有用直流电源的设备。

2）分析主电路有几台电动机，分清它们的用途、类别（笼型、绕线转子异步电动机，直流电动机或同步电动机）。

3）分清各台电动机的动作要求，如起动方式、转动方式、调速及制动方式，各台电动机之间是否有相互制约的关系。

4）了解主电路中所用的控制电器及保护电器。前者是指除常规接触之外的控制元件，如电源开关（转换开关及断路器）、万能转换开关；后者是指短路及过载保护器件，如断路器中的电磁脱扣器及热过载脱扣器的规格，熔断器及过电流继电器等的用途及规格。

一般在了解了主电路的上述内容后就可阅读和分析辅助电路了。由于存在着各种不同类型的生产机械，它们对电力拖动也就提出了各式各样的要求，表现在电路图上有各种不同的控制及辅助电路。

分析控制电路时首先分析控制电路的电源电压。一般生产机械，如仅有一台或较少电动机拖动的设备，其控制电路较简单。为减少电源种类，控制电路的电压也常采用 380V，可直接由主电路引入。对于采用多台电动机拖动且控制要求又比较复杂的生产设备，控制电压采用 110V 或 220V，此时的交流控制电压应由隔离变压器供给。然后了解控制电路中所采用的各种继电器、接触器的用途，如采用了一些特殊结构的控制电器时，还应了解它们的动作原理。只有这样，才能理解它们在电路中如何动作和具有何种用途。

控制电路总是按动作顺序画在两条垂直或水平的直线之间，因此也就从左到右或从上而下地进行分析。对于较复杂的控制电路，还可将它分成几个功能模块来分析，如起动部分、制动部分、循环部分等。对控制电路的分析必须随时结合主电路的动作要求来进行，只有全面了解主电路对控制电路的要求后，才能真正掌握控制电路的动作原理。不可孤立地看待各部分的动作原理，而应注意各个动作之间是否有相互制约的关系，如电动机正、反转之间设有机械或电气联锁等。

辅助电路一般比较简单，通常它包含照明和信号部分。信号灯是指示生产机械动作状态的，工作过程中可供操作者随时观察，掌握各运动部件的状况，判别工作是否正常。通常以绿色或白色灯指示正常工作，以红色灯指示出现故障。

4. 电气系统图和框图

电气系统图和框图是用符号或带注释的框，概略表示系统的组成、各组成部分相互关系及其主要特征的图样。它比较集中地反映了所描述工程对象的规模。

5. 电气元件布置图

电气元件布置图表明了电气设备上所有电气元件的实际位置，为电气设备的安装及维修提供必要的资料。电气元件布置图可根据电气设备的复杂程度集中绘制或分别绘制。

6. 电气安装接线图

电气安装接线图是为安装电气设备和电气元件进行配线或检修电气故障服务的，在图中显示出电气设备中各个元件的实际空间位置与接线情况。接线图是根据电气元件位置布置最合理、连接导线最方便且最经济的原则来安排的。

7. 功能图

功能图的作用是提供绘制电气原理图或其他有关图样的依据，它是表示理论的或理想的电路关系而不涉及实现方法的一种图。

8. 电气元件明细表

电气元件明细表将成套装置、设备中的元器件（包括电动机）的名称、型号、规格、数量列成表格，供准备材料及维修使用。

子任务 2 三相异步电动机单向点动控制线路

生产机械不仅需要连续运行，有的生产机械还需要点动运行，还有的生产机械要求用点动运行来完成调整工作。所谓点动控制就是按下按钮，电动机通电运行，松开按钮，电动机断电停转的控制方式。

用按钮和接触器组成的电动机单向点动控制电气原理图和元件布置图，如图 5-23 所示。其安装接线图如图 5-24 所示。

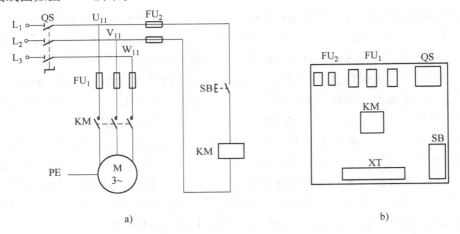

a)   b)

图 5-23　电动机单向点动控制电气原理图和元件布置图
a）电气原理图　b）元件布置图

该电气原理图分为主电路和控制电路两部分。主电路是从电源 L_1、L_2、L_3 经电源开关 QS、熔断器 FU_1、接触器 KM 的主触点到电动机 M 的电路，它流过的电流较大。熔断器 FU_2、按钮 SB 和接触器 KM 的线圈组成控制电路，接在两根相线之间（或一根相线、一根中线之间，视低压电器的额定电压而定），流过的电流较小。

主电路中开关 QS 起隔离作用，熔断器 FU_1 对主电路进行短路保护；接触器 KM 的主触点控制电动机 M 的起动、运行和停车。由于线路所控制的电动机只做短时间运行，且操作者在近处监视，一般不设过载保护环节。

当需要线路工作时，首先合上电源开关 QS，按下点动按钮 SB，接触器 KM 线圈通电，衔铁吸合，带动它的三对主触点 KM 闭合，电动机 M 接通三相电源起动正转。当按钮 SB 松开后，接触器 KM 线圈失电，衔铁受弹簧拉力作用而复位，带动三对主触点断开，电动机 M 断电停转。

子任务 3 三相异步电动机单向长动控制线路

前面介绍的点动控制线路不便于电动机长时间动作，所以不能满足许多需要连续工作的状况。电动机的连续运行控制也称为长动控制，是相对点动控制而言的，它是指在按下起动按钮起动电动机后，松开按钮，电动机仍然能够通电连续运行。实现长动控制的关键是在起动电路中增设了"自锁"环节。用按钮和接触器组成的单向长动控制线路电气原理图和元件布置图如图 5-25 所示，其安装接线图如图 5-26 所示。

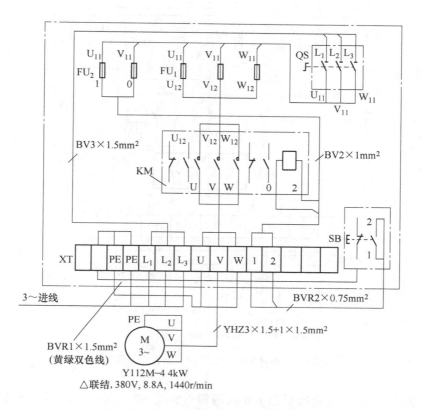

图 5-24 电动机单向点动控制安装接线图

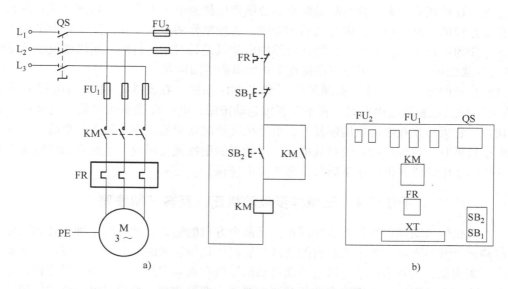

a) b)

图 5-25 三相异步电动机单向长动控制线路电气原理图和元件布置图

a）电气原理图 b）元件布置图

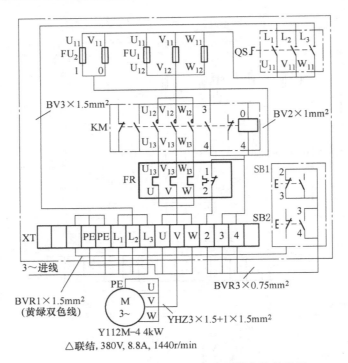

图 5-26　三相异步电动机单向长动控制安装接线图

按下起动按钮 SB_2，交流接触器 KM 线圈得电，与 SB_2 并联的 KM 常开辅助触点闭合，使接触器线圈有两条电路通电。这样即使 SB_2 松开，接触器 KM 的线圈仍可通过自己的辅助触点（称为"自保"或"自锁"触点，触点的上、下连线称为"自保线"或"自锁线"）继续通电。这种依靠接触器自身辅助触点而使线圈保持通电的现象称为自锁（或自保）。

在带自锁的控制电路中，因起动后 SB_2 即失去控制作用，所以在控制电路中串接了常闭按钮 SB_1 作为停止按钮。另外，因为该线路中电动机是长时间运行的，所以增设了热继电器 FR 进行过载保护。FR 的常闭触点串接在 KM 的电磁线圈回路上。

自锁控制的另一个作用是实现欠电压和失电压保护。在图 5-25 中，当电网电压消失（如停电）后又重新恢复供电时，若不重新按起动按钮，电动机就不能起动，这就构成了失电压保护。它可防止在电源电压恢复时，电动机突然起动而造成设备和人身事故。另外，当电网电压较低时，达到接触器的释放电压，接触器的衔铁就会释放，主触点和辅助触点都断开。它可防止电动机在低电压下运行，实现欠电压保护。

子任务 4　三相异步电动机正、反转控制线路

生产机械的运动部件往往要求实现正、反两个方向的运动，如机床主轴正转和反转、起重机吊钩的上升与下降、机床工作台的前进与后退、机械装置的夹紧与放松等，这就要求拖动电动机实现正、反转来控制。通过前面电动机原理有关知识的学习可知，只要将接至三相异步电动机的三相交流电源进线中的任意两相对调，即可实现三相异步电动机的反转。

根据单向长动正转的控制原理，要实现双向旋转可用两只接触器来改变电动机电源的相序，显然它们不能同时得电动作，否则将造成电源两相间短路，故可设计如下的控制线

路。

1. 按钮联锁的正、反向控制线路

按钮联锁的正、反向控制线路电气原理图如图 5-27 所示。图中 SB$_1$ 与 SB$_2$ 分别为正、反向起动按钮，每只按钮的常闭触点都与另一只按钮的常开触点串联，此种接法称为按钮联锁，又称机械联锁。每只按钮上起联锁作用的常闭触点称为"联锁触点"，其两端的连接线称为"联锁线"。当操作任意一只按钮时，其常闭触点先分断，使相反转向的接触器断电释放，可防止两只接触器同时得电造成电源短路。

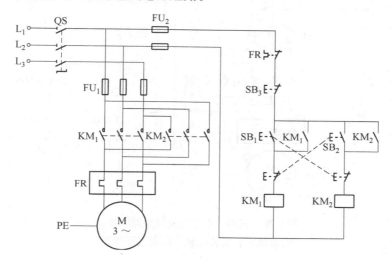

图 5-27　三相异步电动机按钮联锁的电动机
正、反转控制线路电气原理图

正向起动时，合上 QS，按下按钮 SB$_1$，其常闭触点先分断，使 KM$_2$ 线圈不得电，实现联锁。同时 SB$_1$ 的常开触点闭合，KM$_1$ 线圈得电并自锁，KM$_1$ 主触点闭合，电动机 M 得电正转。

反向起动时，按下 SB$_2$，其常闭触点先分断，KM$_1$ 线圈失电，解除自保，KM$_1$ 主触点断开，电动机停转。同时 SB$_2$ 常开触点闭合，KM$_2$ 线圈得电并自保，KM$_2$ 主触点闭合，电动机反转。

按钮联锁正、反转控制线路的优点是：电动机可以直接从一个转向过渡到另一个转向而不需要按停止按钮 SB$_3$，但存在的主要问题是容易产生短路事故。例如，电动机正转接触器 KM$_1$ 主触点因弹簧老化或剩磁的原因而延迟释放时，或因触点熔焊、被卡住而不能释放时，如按下 SB$_2$ 反转按钮，会造成 KM$_1$ 因故不释放或释放缓慢而没有完全将触点断开，KM$_2$ 接触器线圈又通电使其主触点闭合，电源会在主电路出现相间短路。可见，按钮联锁正、反转控制线路的特点是方便但不安全，控制方式是"正转→反转→停止"。

2. 接触器联锁的正、反转控制线路

为防止出现两个接触器同时得电引起主电路电源相间短路，要求在主电路中 KM$_1$、KM$_2$ 任意一个接触器主触点闭合，另一个接触器的主触点就应该不闭合，即任何时候在控制电路中，KM$_1$、KM$_2$ 只能有其中一个接触器的线圈通电。将正、反转接触器 KM$_1$、KM$_2$ 的常闭辅

助触点分别串接到对方线圈电路中，形成相互制约的控制，这种相互制约的控制关系也称为互锁，或称为联锁，这两对起联锁作用的常闭触点称为联锁触点。由接触器或继电器常闭触点构成的联锁也称为电气联锁。接触器联锁电动机正、反转控制线路电气原理图如图5-28所示。

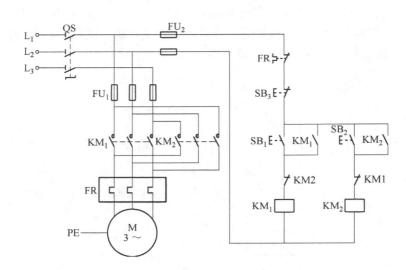

图 5-28　三相异步电动机接触器联锁的
电动机正、反转控制线路电气原理图

接触器联锁正、反转控制线路中，按下正转起动按钮 SB₁，正转接触器 KM₁ 线圈通电，一方面 KM₁ 主电路中的主触点和控制电路中的自锁触点闭合，使电动机连续正转；另一方面常闭联锁触点断开，切断反转接触器 KM₂ 线圈支路，使得它无法通电，实现联锁。此时即使按下反转起动按钮 SB₂，反转接触器 KM₂ 线圈因 KM₁ 联锁触点断开也不会通电。要实现反转控制，必须先按下停止按钮 SB₃，切断正转接触器 KM₁ 线圈支路，KM₁ 主电路中的主触点和控制电路中的自锁触点恢复断开，联锁触点恢复闭合，解除对 KM₂ 的联锁，然后按下反转起动按钮 SB₂，才能使电动机反向起动运行。

同理可知，反转起动按钮 SB₂ 按下时，反转接触器 KM₂ 线圈通电，一方面主电路中 KM₂ 三对常开主触点闭合，控制电路中自锁触点闭合，实现反转；另一方面反转联锁触点断开，使正转接触器 KM₁ 线圈支路无法接通，进行联锁。

接触器联锁正、反转控制线路的优点是可以避免由于误操作以及因接触器故障引起电源短路的事故发生，但存在的主要问题是：从一个转向过渡到另一个转向时要先按停止按钮 SB₃，不能直接过渡，显然这是十分不方便的。可见接触器联锁正、反转控制线路的特点是安全但不方便，运行状态转换必须是"正转→停止→反转"。

3. 双重联锁的正、反向控制线路

采用复式按钮和接触器复合联锁的正、反转控制线路如图5-29所示，它可以克服上述两种正、反转控制线路的缺点，图中，SB₁ 与 SB₂ 是两只复合按钮，它们各具有一对常开触点和一对常闭触点，该线路具有按钮和接触双重联锁作用。

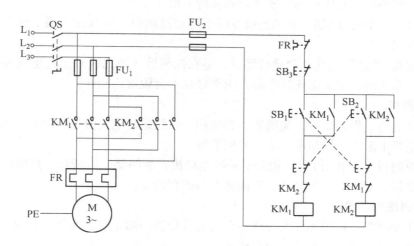

图 5-29　接触器按钮双重联锁的电动机正、
反转控制线路电气原理图

工作原理为：合上电源开关 QS，正转时，按正转按钮 SB$_1$，正转接触器 KM$_1$ 线圈通电，KM$_1$ 主触点闭合，电动机正转。与此同时，SB$_1$ 的常闭触点和 KM$_1$ 的联锁常闭触点都断开，双双保证反转接触器 KM$_2$ 线圈不会同时获电。

欲要反转，只要直接按下反转复合按钮 SB$_2$，其常闭触点先断开，使正转接触器 KM$_1$ 线圈断电，KM$_1$ 的主、辅助触点复位，电动机停止正转。与此同时，SB$_2$ 常开触点闭合，使反转接触器 KM$_2$ 线圈通电，KM$_2$ 主触点闭合，电动机反转，串接在正转接触器 KM$_1$ 线圈电路中的 KM$_2$ 常闭辅助触点断开，起到联锁作用。

技能训练

1. 技能训练的内容

三相异步电动机单向点动控制线路，长动控制线路，正、反转控制线路的制作。

2. 技能训练的要求

（1）元件安装工艺要求

1）断路器、熔断器的受电端子安装在网孔板的外侧，便于手动操作。

2）各元件间距合理，便于元件的检修和更换。

3）紧固各元件时应用力均匀，紧固程度适当，可用手轻摇，以确保其稳固。

（2）布线工艺要求

1）布线通道要尽可能减少。主电路、控制电路要分类清晰，同一类线路要单层密排，紧贴安装板面布线。

2）同一平面内的导线要尽量避免交叉。当必须交叉时，布线线路要清晰，便于识别。布线应横平竖直，走线改变方向时，应垂直转向。

3）布线一般按照先主电路，后控制电路的顺序。主电路和控制电路要尽量分开。

4）导线与接线端子或接线柱连接时，应不压绝缘层、不反圈及不露铜过长，并做到同一元件、同一回路的不同接点的导线间距离保持一致。

5）一个电气元件接线端子上的连接导线不得超过两根。每节接线端子板上的连接导线一般只允许连接一根。

6）布线时，严禁损伤线芯和导线绝缘，不在控制板（网孔板）上的电气元件，要从端子排上引出。布线时，要确保连接牢靠，用手轻拉不会脱落或断开。

3. 设备器材

工具：测电笔、螺钉旋具、尖嘴钳、斜嘴钳、剥线钳、电工刀等常用电工工具。

仪器：绝缘电阻表、钳形电流表、万用表等。

器材：控制板（网孔板）、三相笼型异步电动机、断路器、熔断器、热继电器、交流接触器、控制按钮、端子排、塑铜线、紧固体及编码套管等。

4. 技能训练的步骤

基本操作步骤为：选用元件及导线→电气元件检查→固定安装元件→布线→安装电动机并接线→连接电源→自检→交验→通电试车。

1）电气元件检查。配齐所有电气元件，并进行校验。

①电气元件的技术数据（如型号、规格、额定电压、额定电流等）应完整并符合要求，外观无损伤，备件、附件齐全完好。

②电气元件的电磁机构动作是否灵活，有无衔铁卡阻等不正常现象。用万用表检查电磁线圈的通断情况以及各触点的分、合情况。

③接触器线圈额定电压与电源电压是否一致。

④对电动机的质量进行常规检查。

2）根据元件布置图固定电气元件。在控制板（网孔板）上按布置图安装电气元件，并贴上醒目的文字符号。安装电气元件的工艺要求如上所述。安装好三相异步电动机的点动控制，单向长动控制，接触器联锁正、反转控制线路电气元件。

3）画出安装接线图。

4）先进行主电路配线，再进行控制电路配线。板前明线布线的工艺要求如上所述。

5）根据电气原理图及安装接线图，检验网孔板（控制板）内部布线的正确性。

6）安装电动机，可靠连接电动机和各电气元件金属外壳的保护接地线。

7）连接电源、电动机等控制板（网孔板）外部的导线。

8）自检。控制线路安装完毕，必须经过认真检查后，才允许通电试车，以防止接错、漏接造成不能正常运行和短路事故。

①按电路图或接线图从电源端开始，逐段核对连线是否正确，连接点是否符合要求。

②用万用表进行检查时，应选用电阻档的适当倍率，并进行校零，以防错漏短路故障。检查控制电路时，可将表笔分别搭在连接控制电路的两根电源线的接线端上，读数应为"∞"，按下点动按钮时，读数应为接触器线圈的直流电阻阻值。

③检查主电路时，可以用手动来代替接触器受电线圈励磁吸合时的情况。

④用绝缘电阻表检查电路的绝缘电阻应不得小于 $1M\Omega$。

9）交验。检查无误后可通电试车，试车前应检查与通电试车有关的电气设备是否有不安全的因素存在，若检查出应立即整改，然后方能试车。在试车时，要认真执行安全操作规程的有关规定，一人监护，一人操作。

10）通电试车前，必须经过指导老师的许可，并由指导老师接通三相电源 L_1、L_2、L_3，同时在现场监护。

①合上电源开关 QS 后，用验电笔检查熔断器出线端，氖管亮说明电源接通。按下起动按钮，观察接触器情况是否正常，是否符合功能要求，观察元件动作是否灵活，有无卡阻及噪声过大等现象，观察电动机运行是否正常，观察中若有异常现象应立即停车。当电动机运行平稳后，用钳形电流表测量三相电流是否平衡。

②试车成功率以第一次按下按钮时计算。

③出现故障后，学生应独立进行检查。若需带电检查时，教师必须在现场进行监护。检修完毕后，若需再次通车，也应有教师在现场进行监护，并做好事件记录。

④通电试车完毕，停转，切断电源。先拆除三相电源线，再拆除电动机线。

 知识拓展

三相异步电动机点动与长动混合控制线路

在实际生产过程中，电动机控制电路往往是既需要能实现点动控制也需要能实现连续控制。图 5-30 是常见的既可实现点动控制又可实现连续控制的控制电路。

各控制电路工作原理如下：在图 5-30a 中，点动与连续运行由手动开关 SA 进行选择。当 SA 断开时自锁电路断开，成为点动控制，工作原理与前述的点动控制电路工作原理相同；当 SA 闭合时，由于自锁电路接入成为连续控制，工作原理与前述的长动控制电路工作原理相同。

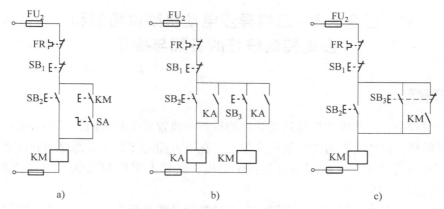

图 5-30　电动机点动与长动混合控制电路电气原理图
a）转换开关控制　b）中间继电器控制　c）按钮控制

在图 5-30b 中增加了一个中间继电器 KA。按下点动按钮 SB_3，接触器 KM 线圈通电，主电路中 KM 主触点闭合，三相异步电动机通电运行，松开 SB_3，KM 线圈断电，其主触点断开，电动机断电停转。按下长动按钮 SB_2，中间继电器 KA 线圈通电，其两对常开触点都闭合，其中一对闭合实现自锁，另一对闭合，接通接触器 KM 线圈支路，使 KM 线圈通电，主电路 KM 主触点闭合，电动机起动运行。此时，按下停止按钮 SB_1，KA、KM 线圈都断电，触点均恢复到初始状态，电动机断电停转。

在图 5-30c 中增加了一个复合按钮 SB_3。将 SB_3 的常闭触点串接在接触器自锁电路中，

其常开触点与连续运行起动按钮 SB$_2$ 常开触点并联，使 SB$_3$ 成为点动控制按钮。当按下 SB$_3$ 时，其常闭触点先断开，切断自锁电路，常开触点后闭合，接触器 KM 线圈通电并吸合，主触点闭合，电动机起动运行。当松开 SB$_3$ 时，它的常开触点先恢复断开，KM 线圈断电并释放，KM 主触点及与 SB$_3$ 常闭触点串联的常开辅助触点都断开，电动机停止运行。SB$_3$ 的常闭触点恢复闭合，这时也无法接通自锁电路，KM 线圈无法通电，电动机也无法运行。电动机需连续运行时，可按下连续运行起动按钮 SB$_2$，停机时按下停止按钮 SB$_1$，便可实现电动机的连续运行起动和停止控制。

问题研讨

1）绘制控制线路电气原理图的原则是什么？

2）什么是三相异步电动机的点动控制？实现点动控制的线路有哪几种？各有什么特点？

3）三相异步电动机可逆运行双重联锁控制线路中，已采用了控制按钮的机械联锁，为什么还要采用接触器的电气联锁？

4）什么是自锁？自锁线路由什么部件组成？如何连接？如果用接触器的常闭触点作为自锁触点，将会出现什么现象？

5）为什么说接触器自锁控制线路具有欠电压和失电压保护作用？

6）什么是联锁？常见电动机正、反转控制线路中有几种联锁形式？各是如何实现的？

任务 5.3 三相异步电动机限位控制和多地控制线路的装配与检修

任务描述

在生产过程中，一些生产机械运动部件的行程和位置要受到限制，或者需要在一定范围内自动往返循环，以便实现对工件的连续加工。在该方面的控制中，都要用到行程开关，又称限位开关或位置开关，其应用场合为：运料机、锅炉上煤机和某些机床（如万能铣床、镗床等）进给运动的电气控制。

能够在两个或多个不同的地方对同一台电动机的动作进行控制，称为多地控制。在一些大型机床设备中，为了工作人员操作方便，经常采用多地控制方式，在机床的不同位置各安装一套起动和停止按钮，在两个地方控制电动机的起动和停止。

本任务将进行位置控制线路、工作台自动往复循环控制线路和多地控制线路的装配与检修训练。

任务目标

掌握三相异步电动机的位置控制线路、三相异步电动机自动往复循环控制线路、三相异步电动机多地控制线路的设计原则及设计方法；会进行电气控制线路的元件布局、电气接线及功能调试；会进行电气控制线路的测试、线路维护、故障检修与排除。

子任务 1　三相异步电动机限位控制线路

1. 三相异步电动机限位控制线路的分析

限位控制（又称为行程控制或位置控制）线路的行程开关是一种将机械信号转换为电气信号，以控制运动部件位置或行程的自动控制电器。而限位控制就是利用生产机械运动部件上的挡铁与行程开关碰撞，使其触点动作，来接通或断开电路，以实现对生产机械运动部件的位置或行程的自动控制。三相异步电动机正、反转限位控制线路如图 5-31 所示。

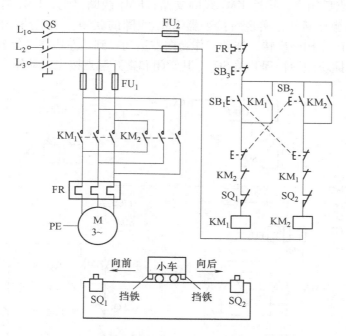

图 5-31　三相异步电动机正、反转限位控制线路电气原理图

小车在规定的轨道上运行时，可用行程开关实现行程控制和限位保护，控制小车在规定的轨道上运行。小车在轨道上的向前、向后运动可利用电动机的正、反转实现。若实现限位，应在小车行程的两个终端位置各安装一个限位开关，将限位开关的触点接于线路中，当小车碰撞限位开关后，使拖动小车的电动机停转，就可达到限位保护的目的。

合上电源开关 QS，按下按钮 SB₁ 后，KM₁ 线圈通电并自锁，联锁触点断开对 KM₂ 线圈进行联锁，使其不得电，同时 KM₁ 主触点吸合，电动机正转，小车向前运动。运动一段距离后，小车挡铁碰撞行程开关 SQ₁，SQ₁ 常闭触点断开，KM₁ 线圈失电，KM₁ 主触点断开，电动机断电停转，同时 KM₁ 自锁触点断开，KM₁ 联锁触点闭合。小车向后运动情况类似，不再叙述，读者可自行分析。

2. 自动往复循环控制线路的分析

在许多生产机械的运动部件往往要求在规定的区域内实现正、反两个方向的循环运动，例如，生产车间的行车运行到终点位置时需要及时停车，并能按控制要求回到起点位置，即要求工作台在一定距离内能做自由往复循环运动。这种特殊要求的行程控制，称为自动往复循环控制。

在图 5-32 所示线路中，按下 SB_1，接触器 KM_1 线圈通电，其自锁触点闭合，实现自锁，联锁触点断开，实现对接触器 KM_2 线圈的联锁，主电路中的 KM_1 主触点闭合，电动机通电正转，拖动工作台向右运动。到达右边终点位置后，安装在工作台上的限定位置的撞块碰撞行程开关 SQ_1，撞块压下 SQ_1，其常闭触点先断开，切断接触器 KM_1 线圈支路，KM_1 线圈断电，主电路中 KM_1 主触点分断，电动机断电，停止正转，工作台停止向右运动，控制电路中，KM_1 自锁触点分断解除自锁，KM_1 的常闭触点恢复闭合，解除对接触器 KM_2 线圈的联锁。SQ_1 的常开触点后闭合，接通 KM_2 线圈支路，KM_2 线圈得电，KM_2 自锁触点闭合实现自锁，KM_2 的常闭触点断开，实现对接触器 KM_1 线圈的联锁，主电路中的 KM_2 主触点闭合，电动机通电，改变相序反转，拖动工作台向左运动。到达左边终点位置后，安装在工作台上的限定位置的撞块碰撞行程开关 SQ_2，其常闭和常开触点按先后动作……

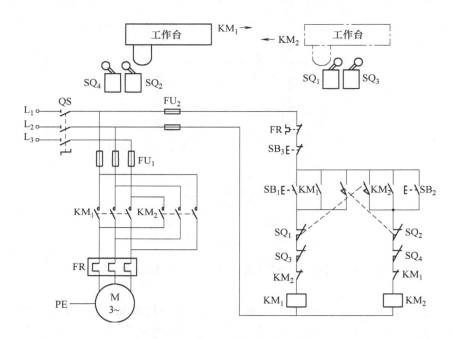

图 5-32　自动往复循环控制线路

以后重复上述过程，工作台在 SQ_1 和 SQ_2 之间周而复始地做往复循环运动，直到按下停止按钮 SB_1 为止，整个控制线路失电，接触器 KM_1（或 KM_2）主触点分断，电动机断电停转，工作台停止运动。

由以上分析可以看出，行程开关在电气控制线路中，若起行程限位控制作用时，总是用其常闭触点串接于被控制的接触器线圈的线路中；若起自动往返控制作用时，总是以复合触点形式接于线路中，其常闭触点串接于将被切除的线路中，其常开触点并接于将待起动的换向按钮两端。

子任务 2 三相异步电动机多地控制线路

多地控制是指能够在两个或多个不同的地方对同一台电动机的动作进行控制。

在一些大型机床设备中，为了工作人员操作方便，经常采用多地控制方式，在机床的不同位置各安装一套起动和停止按钮，如万能铣床控制主轴电动机起动、停止的两套按钮，分别装在床身和升降台上。

1. 三相异步电动机单向运行两地控制线路的分析

图 5-33 为常见的具有过载保护的接触器自锁三相异步电动机两地控制线路电气原理图，图中 SB_{11}、SB_{12} 为安装在甲地的起动按钮和停止按钮；SB_{21}、SB_{22} 为安装在乙地的起动按钮和停止按钮。

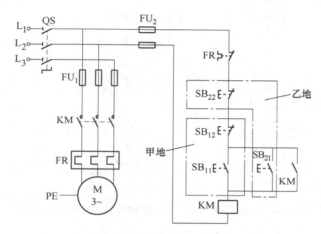

图 5-33 具有过载保护的接触器自锁三相异步
电动机两地控制线路电气原理图

起动时，合上电源开关 QS，按下起动按钮 SB_{11} 或 SB_{21}，接触器 KM 线圈通电，主电路中 KM 三对常开主触点闭合，三相异步电动机 M 通电运行，控制电路中 KM 自锁触点闭合，实现自锁，保证电动机连续运行。

停止时，按下停止按钮 SB_{12} 或 SB_{22}，接触器 KM 线圈断电，主电路中 KM 三对常开主触点恢复断开，三相异步电动机 M 断电停止运行，控制电路中 KM 自锁触点恢复断开，解除自锁。

2. 三相异步电动机正、反转两地控制线路的分析

图 5-34 为接触器联锁三相异步电动机正、反转两地控制线路电气原理图。图中 KM_1 为正转接触器，KM_2 为反转接触器，SB_{11}、SB_{12} 和 SB_{13} 为安装在甲地点的停止按钮、正转起动按钮和反转起动按钮；SB_{21}、SB_{22} 和 SB_{23} 为安装在乙地点的停止按钮、正转起动按钮和反转起动按钮。

起动时，合上电源开关 QS，按下正转起动按钮 SB_{11} 或 SB_{21}，正转接触器 KM_1 线圈通电，主电路中 KM_1 三对常开主触点闭合，三相异步电动机通电正转，同时正转接触器 KM_1 自锁触点闭合，实现正转自锁。此时按下停止按钮 SB_{13} 或 SB_{23}，正转接触器 KM_1 线圈断电，主电路 KM_1 三对常开主触点复位，电动机断电停止，同时正转接触器 KM_1 自锁触点也恢复断开，解除正转自锁。再按下反转起动按钮 SB_{12} 或 SB_{22}，反转接触器 KM_2 线圈通电，主电路中 KM_2 三对常开主触点闭合，电动机改变相序实现反转，同时反转接触器 KM_2 自锁触点闭合，实现反转自锁。

通过对以上两个多地控制线路工作原理的分析，不难看出，多地控制线路有一个重要的接线原则，那就是控制同一台电动机的几个起动按钮相互并联接在控制线路中，几个停止按钮要相互串联接于控制线路中。

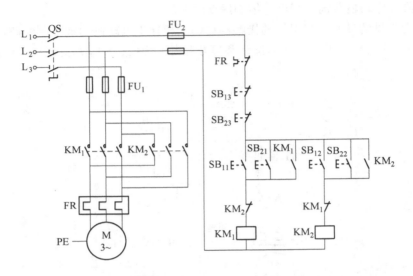

图 5-34　接触器互锁正、反转两地控制线路电气原理图

技能训练

1. 技能训练的内容

小车自动往复循环控制线路、三相异步电动机多地控制线路的装配与检测。

2. 技能训练的要求

元件安装工艺要求及布线工艺要求见任务 5.2。

3. 设备器材

工具：测电笔、螺钉旋具、尖嘴钳、斜嘴钳、剥线钳等常用电工工具。

仪器：绝缘电阻表、钳形电流表、数字式万用表等。

器材：三相笼型异步电动机、电源开关、熔断器、交流接触器、控制按钮、控制板、端子排、塑铜线、热继电器、行程开关、紧固体及编码套管、走线槽等（小型运动工作台可就具体条件灵活而定）。

4. 技能训练的步骤

1）电气元件检查。按图 5-32 和图 5-33 所示控制线路，配齐所有电气元件，并进行校验。重点检查各元件的动作情况，注意检查行程开关的滚轮、传动部件和触点是否完好，滚轮转动是否正常，检查、调整小车上的挡铁与行程开关滚轮的相对位置，保证控制动作准确、可靠。

2）根据元件布置图固定元件。

3）自行画出图 5-32 和图 5-33 所示控制线路的安装接线图，然后进行控制板（网孔板）配线。配线时特别注意区别行程开关的常开、常闭触点端子，防止接错。

4）安装电动机。可靠连接电动机和各电气元件金属外壳的保护接地线。

5）连接电源、电动机、行程开关等控制板（网孔板）外部的导线。

6）自检。安装完毕的控制线路板，必须经过认真检查后，才允许通电试车，以防止接错、漏接造成不能正常运行和短路事故。

自检的主要内容见任务 5.2 中所述。

7）通电试车前，必须经过指导老师的许可，并由指导老师接通三相电源 L_1、L_2、L_3，同时在现场监护。

①合上电源开关 QS 后，用验电笔检查熔断器出线端，氖管亮说明电源接通。按下起动按钮，观察接触器情况是否正常，是否符合功能要求，观察元件动作是否灵活，有无卡阻及噪声过大等现象，观察电动机运行是否正常，观察中若有异常现象应立即停车。当电动机运行平稳后，用钳形电流表测量三相电流是否平衡。

②试车成功率以第一次按下按钮时计算。

③出现故障后，学生应独立进行检查。若需带电检查时，教师必须在现场进行监护。检修完毕后，若需再次通车，也应有教师在现场进行监护，并做好事件记录。

④通电试车完毕，停转，切断电源。先拆除三相电源线，再拆除电动机线。

问题研讨

1）在图 5-32 中的控制线路中，为何设置 SB_1、SB_2 两个起动按钮？

2）在自动往复循环的正、反转控制线路中，限位开关的作用和接线特点是什么？

3）自动往复循环控制线路在试车过程中发现行程开关不起作用，若行程开关本身无故障，则故障的原因是什么？

4）简述多地控制复循环路的接线原则。

任务 5.4　三相异步电动机顺序控制线路的装配与检修

任务描述

在实际生产中，装有多台电动机的生产机械上，由于各电动机所起的作用不同，根据实际需要，有时需按一定的先后顺序起动或停止，才能符合生产工艺规程的要求，保证操作过程的合理和工作的安全可靠，如自动加工设备必须在前一工步完成且转换控制条件具备时，方可进入新的工步。这种要求几台电动机的起动或停止必须按一定的先后顺序来完成的控制方式，称为电动机的顺序控制。

顺序控制的具体要求可以各不相同，但实现的方法有两种：一种是通过主电路来实现顺序控制；另一种是通过控制电路来实现顺序控制。

本任务对三相异步电动机的顺序控制线路进行分析、装配与检修训练。

任务目标

理解三相异步电动机的顺序控制、多地控制线路的控制过程，掌握其设计原则及设计方法；会进行电气控制线路的元件布局、电气接线及功能调试；会进行电气控制线路的测试、维护、故障检修与排除。

子任务 1　主电路实现顺序控制的控制线路

图 5-35 为常见的通过主电路来实现两台电动机顺序控制的电路，由图可见线路的特点是：M_2 的主电路接在控制 M_1 的接触器主触点的下方。图 5-35 所示线路中，电动机 M_2 是通过接插器 X 和热继电器 FR_2 的发热元件接在接触器 KM 的主触点下面的，因此，只有当 KM 主触点闭合，电动机 M_1 起动运行后，电动机 M_2 才有可能接通电源运行。常见的平面磨床的砂轮电动机和冷却泵电动机就采用这种方式来实现两台电动机的顺序控制。而在图 5-36 所示电路中，电动机 M_1 和 M_2 分别通过接触器 KM_1 和 KM_2 来控制，接触器 KM_2 的主触点接在接触器 KM_1 主触点的下面，这样也保证了当 KM_1 主触点闭合、电动机 M_1 起动运行后，M_2 才有可能接通电源运行。

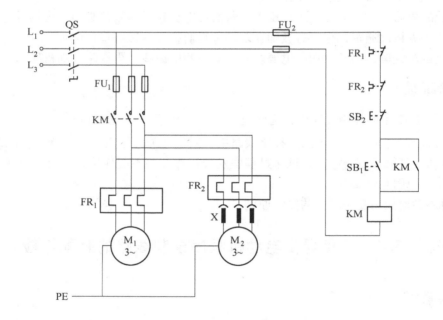

图 5-35　主电路实现顺序控制的控制线路电气原理图（1）

控制过程为：合上电源开关 QS，按下起动按钮 SB_1，接触器 KM_1 线圈通电，其主触点闭合，电动机 M_1 起动运行，自锁触点闭合，实现自锁。电动机起动运行后，这时在图 5-35 所示电路中，M_2 可随时通过接插器与电源相连或断开，使之起动运行或停止；在图 5-36 所示电路中，再按下 SB_2，接触器 KM_2 线圈通电，其主触点闭合，电动机 M_2 起动运行，自锁触点闭合，实现自锁。

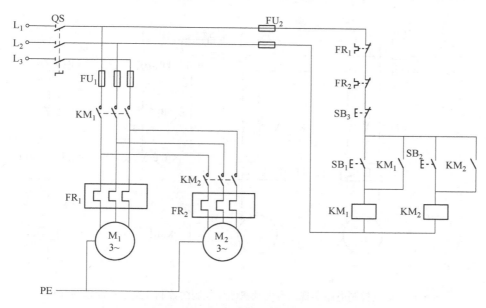

图 5-36　主电路实现顺序控制的控制线路电气原理图（2）

停止时，按下 SB_3，接触器 KM_1、KM_2 的线圈均断电，其主触点分断，电动机 M_1、M_2 同时断电停止运行，自锁触点均断开，解除自锁。

子任务 2　控制电路实现顺序控制的控制线路

图 5-37 ～ 图 5-41 为几种常见的通过控制电路来实现两台电动机顺序控制的控制线路电气原理图（图 5-38 ～ 图 5-41 各图的主电路与图 5-37 的主电路相同）。主电路的特点是：KM_1、KM_2 主触点是并列的，均接在熔断器 FU_1 的下方。

1）图 5-37 为实现 M_1 先起动，M_2 后起动；M_1 停止时，M_2 也停止；M_1 运行时，M_2 可以单独停止的电气控制线路的电气原理图。

图 5-37 的控制电路是将控制电动机 M_1 的接触器 KM_1 的常开辅助触点串入控制电动机 M_2 的接触器 KM_2 的线圈回路。这样就保证了在起动时，只有在电动机 M_1 起动，即 KM_1 吸合，其常开辅助触点 KM_1（7-8）闭合后，按下 SB_4 才能使 KM_2 的线圈通电动作，KM_2 的主触点闭合才能起动电动机 M_2。实现了电动机 M_1 起动后，M_2 才能起动。

停止时，按下 SB_1，KM_1 线圈断电，其主触点断开，电动机 M_1 停止，同时 KM_1 的常开辅助触点 KM_1（3-4）断开，切断自锁回路，KM_1 的常开辅助触点 KM_1（7-8）断开，使 KM_2 线圈断电释放，其主触点断开，电动机 M_2 断电。实现了当电动机 M_1 停止时，电动机 M_2 立即停止。当电动机 M_1 运行时，按下电动机 M_2 的停止按钮 SB_3，电动机 M_2 可以单独停止。

2）图 5-38 为实现 M_1 先起动，M_2 后起动；M_1、M_2 同时停止的控制线路。

图 5-38 实现的顺序起动，同样是通过将接触器 KM_1 的常开辅助触点串入 KM_2 线圈回路实现的。M_1 和 M_2 同时停止，只需要一个停止按钮控制两台电动机的停止。若一台电动机发生过载时，则两台电动机同时停止。

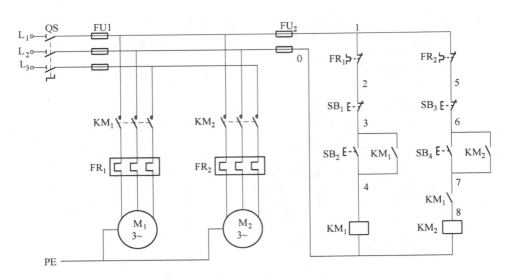

图 5-37　通过控制电路实现两台电动机顺序控制的控制线路电气原理图（1）

3）图 5-39 为 M_1 先起动，M_2 后起动；M_1、M_2 可以单独停止的控制电路。

图 5-39 实现的顺序起动，也是通过将接触器 KM_1 的常开辅助触点 KM_1（7-8）串入 KM_2 线圈回路实现。M_1 和 M_2 可以单独停止，需要两个停止按钮分别控制两台电动机的停止，但是 KM_2 自锁回路应将 KM_1 的常开辅助触点 KM_1（7-8）自锁在内，这样当 KM_2 通电后，其常开辅助触点 KM_2（6-8）闭合，KM_1 的常开辅助触点 KM_1（7-8）则失去了作用。SB_1 和 SB_3 可以单独使电动机 M_1 和 M_2 停止。

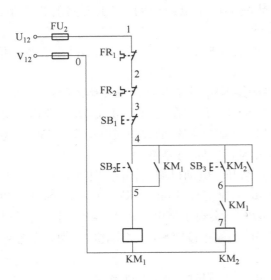

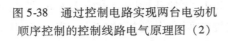

图 5-38　通过控制电路实现两台电动机
顺序控制的控制线路电气原理图（2）

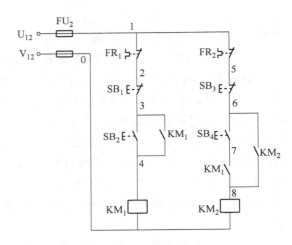

图 5-39　通过控制电路实现两台电动机
顺序控制的控制线路电气原理图（3）

4）图 5-40 为 M_1 先起动，M_2 后起动，M_2 停止后，M_1 才能停止，过载时两台电动机同时停止的控制线路。

在 M_1 的停止按钮 SB_1 两端并联 KM_2 的常开辅助触点 KM_2（3-4），只有 KM_2 接触器线圈断电（即电动机 M_2 停止后），其常开辅助触点 KM_2（3-4）断开，M_1 的停止按钮 SB_1 才起作用，此时按下 SB_1，电动机 M_1 停止。这种控制线路的特点是：电动机顺序起动，而逆序停止，当发生过载时，两台电动机同时停止。

5）图 5-41 为按时间顺序控制电动机顺序起动，即 M_1 起动后，经过 5s 后 M_2 自行起动，M_1、M_2 同时停止的控制电路。

这种控制需要用时间继电器实现延时，时间继电器的延时时间设置为 5s，如图 5-41 所示。按下 M_1 的起动按钮 SB_2，接触器 KM_1 的线圈通电并自锁，其主触点闭合，电动机 M_1 起动，同时时间继电器 KT 线圈通电，开始延时。经过 5s 的延时后，时间继电器的延时闭合常开触点 KT（6-7）闭合，接触器 KM_2 的线圈通电，其主触点闭合，电动机 M_2 起动，其常开辅助触点 KM_2（7-8）闭合自锁，同时其常闭辅助触点 KM_2（4-5）断开，时间继电器的线圈断电，退出运行。

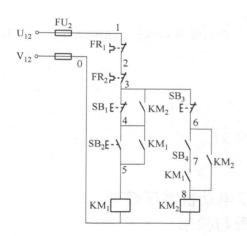

图 5-40　通过控制电路实现两台电动机
顺序控制的控制线路电气原理图（4）

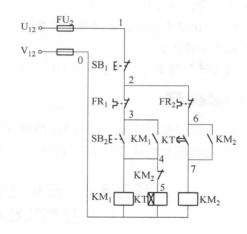

图 5-41　通过控制电路实现两台电动机
顺序控制的控制线路电气原理图（5）

技能训练

1. 技能训练的内容

三相异步电动机顺序控制线路的装配及检测。

2. 技能训练的要求

元件安装工艺要求及布线工艺要求见任务 5.2 中所述。

3. 设备器材

工具：测电笔、螺钉旋具、尖嘴钳、斜嘴钳、剥线钳等常用电工工具。

仪器：绝缘电阻表、钳形电流表、数字式万用表等。

器材：三相笼型异步电动机、电源开关、熔断器、交流接触器、控制按钮、控制板（网孔板）、端子排、塑铜线、热继电器、紧固体及编码套管、走线槽等。

4. 技能训练的步骤

1）电气元件检查。配齐所有电气元件，并进行校验。

2）根据元件布置图固定元件。

3）根据图 5-37 自行画出两台电动机顺序起动、逆序停止控制线路的安装接线图。然后进行控制板（网孔板）配线，配线时特别注意区别多个复合按钮的常开、常闭触点端子，防止接错。

4）安装电动机。可靠连接电动机和各电气元件金属外壳的保护接地线。

5）连接电源、电动机、行程开关等控制板（网孔板）外部的导线。

6）自检。安装完毕的控制线路板，必须经过认真检查后，才允许通电试车，以防止接错、漏接造成不能正常运行和短路事故。自检的主要内容见任务 5.2 中所述。

7）交验。检查无误后可通电试车，试车前应检查与通电试车有关的电气设备是否有不安全的因素存在，若检查出应立即整改，然后方能试车。试车时，要认真执行安全操作规程的有关规定，一人监护，一人操作。

8）通电试车前，必须经过指导老师的许可，并由指导老师接通三相电源 L_1、L_2、L_3，同时在现场监护。

通电试车的步骤及注意事项如以前所述。

问题研讨

1）什么是顺序控制？实现顺序控制的方法有哪些？

2）举出两台电动机顺序控制的实际应用的例子。

任务 5.5　三相笼型异步电动机减压起动控制线路的装配与检修

任务描述

前面叙述的是三相异步电动机的直接起动控制线路，由项目 2 的知识知道较大功率的电动机需要采用减压起动。本任务主要讨论三相笼型异步电动机的减压起动控制线路，并装配一个时间继电器控制的三相笼型异步电动机星形-三角形减压起动控制线路，对其典型故障进行检测和排除。

任务目标

掌握三相异步电动机的定子串电阻减压起动控制、星形-三角形减压起动控制、串自耦变压器减压起动控制线路的设计原则及设计方法，并能够绘制相应的电气原理图；会进行电气控制线路的元件布局、安装接线图绘制、电气接线及功能调试。会进行电气控制线路的测试、线路维护、线路及低压电器的故障检修与排除。

子任务1　三相笼型异步电动机定子串电阻减压起动控制线路

1. 按钮控制定子串电阻减压起动控制线路的分析

定子串电阻减压起动控制是指起动时通过定子回路串电阻降低加在定子绕组上的电压，待起动结束时，再将电阻短接，使定子绕组上的电压恢复至额定值，使其在额定电压下正常运行。串电阻可降低起动电压，从而减小起动电流。但电动机的电磁转矩与定子端电压的二次方成正比，所以电动机的起动转矩相应减小，故减压起动适用于空载或轻载。

如图 5-42 所示，电动机起动时，合上电源开关 QS，接通整个控制线路电源。按下起动按钮 SB_2，接触器 KM_1 线圈通电吸合，接触器 KM_1 常开主触点与并接在起动按钮 SB_2 两端的自锁触点同时闭合，电动机串接三相电阻 R_{st} 接通三相交流电源进行起动。当转速升至接近额定转速时，操作人员按下全压运行切换按钮 SB_3，接触器 KM_2 线圈通电吸合，KM_2 常闭联锁触点断开，KM_1 线圈断电释放，KM_1 触点复位；KM_2 常开主触点及常开辅助触点同时闭合，三相电阻 R_{st} 及 KM_1 主触点被短接，电动机加额定电压正常运行。

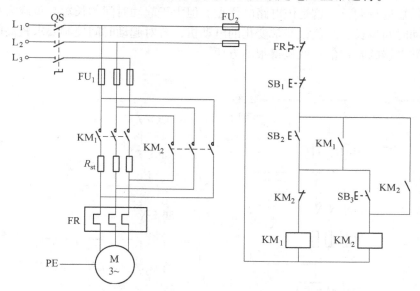

图 5-42　按钮控制的定子串电阻减压起动控制线路电气原理图

电动机停转时，可按下停止按钮 SB_1，接触器 KM_2 线圈断电释放，KM_2 的常开主触点、常开辅助触点均断开，切断电动机主电路和控制电路，电动机停止转动。

该线路从起动到全压运行都是由操作人员掌握，很不方便，且若由于某种原因导致 KM_2 不能动作时，电阻不能被短接，电动机将长期在低电压下运行，严重时将烧毁电动机。因此应对电路进行改进，如增加信号提示电路等，改进的方法请读者自行探讨。

电动机定子串电阻减压起动由于不受电动机定子绕组接线方式的限制，设备简单，因而在中、小功率生产机械中应用广泛，机床上也用来限制点动调整时的起动电流。但由于起动电阻一般采用铸铁电阻或电阻丝绕制的板式电阻，电能损耗大，且使制作的电气控制柜体积增大，因此大功率电动机往往采用串接电抗器起动。

2. 时间继电器控制定子串电阻减压起动控制线路的分析

如图 5-43 所示，电动机起动时，合上电源开关 QS，接通整个控制线路电源，按下串电阻起动按钮 SB_2，接触器 KM_1 线圈、时间继电器线圈 KT 通电吸合，接触器 KM_1 常开主触点闭合，电动机串接三相电阻 R_{st} 接通三相交流电源进行起动。接触器 KM_1 常开辅助触点同时闭合，对 KM_1 线圈和 KT 线圈进行自锁。时间继电器按设定的延时时间开始工作，当转速升至接近额定转速时，时间继电器的延时结束，时间继电器 KT 延时闭合的常开触点闭合，接触器 KM_2 线圈通电吸合，KM_2 常闭联锁触点断开，KM_1 线圈断电释放，KT 线圈断电释放，KT 触点复位；KM_2 常开主触点及常开辅助触点（自锁触点）同时闭合，三相电阻 R_{st} 及 KM_1 主触点被短接，电动机加额定电压正常运行。

电动机停转时，可按下停止按钮 SB_1，接触器 KM_2 线圈断电释放，KM_2 的常开主触点、常开辅助触点（自锁触点）均断开，切断电动机主电路和控制电路，电动机停止转动。

该线路在正常运行时只保留 KM_2 通电，使电路的可靠性增加，能量损耗减少。电路从串电阻减压起动到全压运行由时间继电器自动切换，且延时时间可调，延时时间根据电动机起动时间的长短进行调整，这是该电路的优点。但由于起动时间的长短与负载大小有关，负载越大，起动时间越长。对负载经常变化的电动机，若对起动时间控制要求较高时，需要经常调整时间继电器的整定值，就显得很不方便。

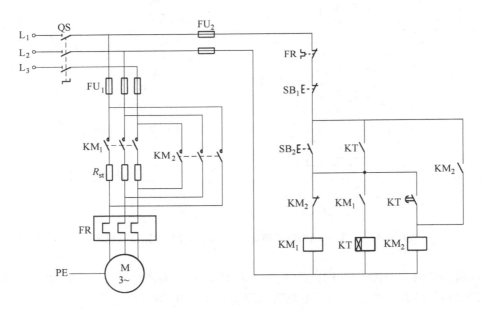

图 5-43 时间继电器控制的定子串电阻减压起动控制线路电气原理图

子任务 2 三相笼型异步电动机星形-三角形减压起动控制线路

1. 按钮控制的星形-三角形减压起动控制线路的分析

如图 5-44 所示，电动机起动时，合上电源开关 QS，接通整个控制线路电源。其控制过程为：按下星形减压起动按钮 $SB_2 \rightarrow KM_1$、KM_3 线圈同时通电 $\rightarrow KM_1$ 辅助触点吸合自锁，

KM$_1$主触点吸合接通三相交流电源；KM$_3$主触点吸合将电动机三相定子绕组末端短接，电动机星形起动；KM$_3$的常闭辅助触点（联锁触点）断开对KM$_2$线圈联锁，使KM$_2$线圈不能通电→电动机转速上升至一定值时，按下三角形全压运行切换按钮SB$_3$→SB$_3$常闭触点先断开→KM$_3$线圈断电→KM$_3$主触点断开，解除定子绕组的星形联结；KM$_3$常闭辅助触点（联锁触点）恢复闭合，为KM$_2$线圈通电做好准备→SB$_3$按钮常开触点闭合后，KM$_2$线圈通电并自锁→KM$_2$主触点闭合，电动机定子绕组首尾顺次连接成三角形运行；KM$_2$常闭辅助触点（联锁触点）断开，使KM$_3$线圈不能通电。

电动机停转时，可按下停止按钮SB$_1$，接触器KM$_1$线圈断电释放，KM$_1$的常开主触点、常开辅助触点（自锁触点）均断开，切断电动机主电路和控制电路，电动机停止转动。接触器KM$_2$的常开主触点、常开辅助触点（自锁触点）均断开，解除电动机定子绕组的三角形联结，为下次星形减压起动做准备。

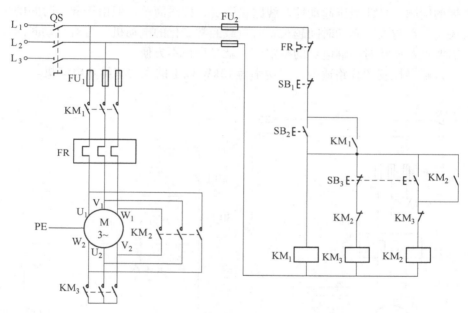

图 5-44　按钮控制的星形-三角形减压起动控制线路电气原理图

2. 时间继电器控制星形-三角形减压起动控制线路的分析

按钮手动控制的星形-三角形切换，存在操作不方便、切换时间不易掌握的缺点，因此可采用时间继电器控制的自动星形-三角形减压起动控制线路进行改造。

图 5-45 所示为使用三个接触器和一个时间继电器按时间原则控制的电动机星形-三角形减压起动控制线路。图中 KM$_1$ 为电源接触器，KM$_2$ 为定子绕组三角形联结接触器，KM$_3$ 为定子绕组星形联结接触器。

电动机起动时，合上电源开关 QS，接通整个控制线路电源。其控制过程为：按下起动按钮 SB$_2$→KM$_1$、KM$_3$、KT 线圈同时通电→KM$_1$ 辅助触点吸合自锁，KM$_1$ 主触点吸合接通三相交流电源；KM$_3$ 主触点吸合将电动机三相定子绕组末端短接，电动机星形起动；KM$_3$ 的常闭辅助触点（联锁触点）断开对 KM$_2$ 线圈联锁，使 KM$_2$ 线圈不能通电；KT 按设定的星形减压起动时间工作→电动机转速上升至一定值（接近额定转速）时，时间继电器 KT 的延时时间结束→KT 延时断开的常闭触点断开，KM_3 断电，KM_3 主触点恢复断开，电动机断开星形联结；KM_3 常闭辅助触点（联锁触点）恢复闭合，为 KM_2 通电做好准备→KT 延时闭合的常开触点闭合，KM_2 线圈通电自锁，KM_2 主触点将电动机三相定子绕组首尾顺次连接成三角形，电动机接成三角形全压运行，同时 KM_2 的常闭辅助触点（联锁触点）断开，使 KM_3 和 KT 线圈都断电。

停止时，按下停止按钮 SB_1→KM_1、KM_2 线圈断电→KM_1 主触点断开，切断电动机的三相交流电源，KM_1 自锁触点恢复断开解除自锁，电动机断电停转；KM_2 常开主触点恢复断开，解除电动机三相定子绕组的三角形联结，为电动机下次星形起动做准备，KM_2 自锁触点恢复断开解除自锁，KM_2 常闭辅助触点（联锁触点）恢复闭合，为下次星形起动 KM_3、KT 线圈通电做准备。

此电路中时间继电器的延时时间可根据电动机起动时间的长短进行调整，解决了切换时间不易把握的问题，且此减压起动控制线路投资少、接线简单。但由于起动时间的长短与负载大小有关，负载越大，起动时间越长。对负载经常变化的电动机，若对起动时间控制要求较高时，需要经常调整时间继电器的整定值，就显得很不方便。

用三个接触器控制的线路适合控制功率为 13kW 以上的大功率异步电动机。

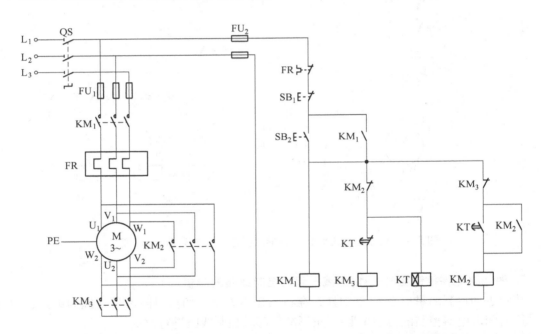

图 5-45　时间继电器控制的星形-三角形减压起动控制线路电气原理图

子任务 3　三相笼型异步电动机定子串自耦变压器减压起动控制线路

自耦变压器减压起动是指电动机起动时，利用自耦变压器来降低加在电动机定子绕组上的起动电压，当电动机起动，转速上升到接近额定值时，切除自耦变压器，电动机进入全压运行。采用自耦变压器减压起动时，由于用于电动机减压起动的自耦变压器通常有三个不同的中间抽头（匝数比一般为65%、73%、85%），使用不同的中间抽头，可以获得不同的限流效果和起动转矩等级，因此有较大的选择余地。

时间继电器控制的三接触器定子串自耦变压器减压起动控制线路如图5-46所示。三个接触器的作用分别为：KM_1 将三相自耦变压器的绕组接成星形联结；KM_2 是串自耦变压器减压起动控制接触器；KM_3 是电动机全压运行控制接触器。

电动机起动时按下起动按钮 SB_2，KM_1 线圈通电自锁，KM_1 主触点吸合，将三相自耦变压器三相绕组接成星形；KM_1 常开辅助触点吸合，KT、KM_2 线圈同时通电，KM_2 主触点吸合，将电源电压加到自耦变压器的一次绕组，电动机串自耦变压器减压起动；KT 开始延时，经过一段时间，转速上升到一定值（接近额定转速），时间继电器延时时间到，KT 延时闭合的常开触点闭合，KA 线圈通电自锁，KA 常闭触点断开，KM_1 线圈失电，KM_1 主触点恢复断开，解除自耦变压器的星形联结；KM_1 常开辅助触点恢复断开，KM_2、KT 同时失电；KA 常开触点闭合后，KM_3 线圈通电，KM_3 主触点吸合，电动机全压正常运行。

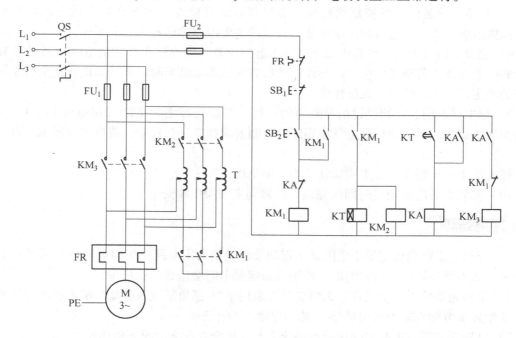

图5-46　时间继电器控制的三接触器定子串自耦变压器减压起动控制线路电气原理图

技能训练

1. 技能训练的内容

时间继电器控制三相电动机星形-三角形减压起动控制线路的装配与检测。

2. 技能训练的要求

元件安装工艺要求及布线工艺要求如任务5.2中所述。

3. 设备器材

工具：测电笔、螺钉旋具、尖嘴钳、斜嘴钳、剥线钳等常用电工工具。

仪器：绝缘电阻表、钳形电流表、数字式万用表等。

器材：三相笼型异步电动机、电源开关、熔断器、交流接触器、控制按钮、控制板（网孔板）、端子排、塑铜线、热继电器、紧固体及编码套管等。

4. 技能训练的步骤

1）电气元件检查。配齐所有电气元件，并进行校验。

2）根据图 5-45 元件布置图固定元件。

3）画出安装接线图。根据电气原理图自行画出时间继电器控制星形-三角形减压起动控制线路的安装接线图，然后进行控制板（网孔板）配线。

4）安装电动机。可靠连接电动机和各电气元件金属外壳的保护接地线。

5）连接电源、电动机等控制板（网孔板）外部的导线。

6）时间继电器的调整。应在不通电时预先整定好，并在试车时校正。

7）自检。安装完毕的控制线路板，必须经过认真检查后才允许通电试车，以防止接错、漏接造成不能正常运行和短路事故。自检的主要内容如任务 5.2 中所述。

8）交验。检查无误后可通电试车。试车前应检查与通电试车有关的电气设备是否有不安全的因素存在，若检查出应立即整改，然后方能试车。试车时，要认真执行安全操作规程的有关规定，一人监护，一人操作。

9）通电试车前，必须经过指导老师的许可，并由指导老师接通三相电源 L_1、L_2、L_3，同时在现场监护。学生应根据电气原理图的控制要求独立进行校验，若出现故障也应自行排除。

通电试车的步骤及注意事项如任务 5.2 中所述。

10）安装训练应在规定时间内完成，要做到文明操作和安全生产。

问题研讨

1）三相异步电动机定子串电阻减压起动控制线路的主电路中所串电阻一般采用什么电阻？为什么不能使用普通碳膜电阻？使用普通碳膜电阻会造成什么后果？

2）三相笼型异步电动机在什么情况下可采用星形-三角形减压起动？定子绕组为星形联结的笼型异步电动机能否采用星形-三角形起动？为什么？

3）自耦变压器减压起动的优缺点是什么？它适合在什么情况下使用？

4）简述图 5-46 所示控制线路的工作原理。

任务 5.6　三相异步电动机调速控制线路的装配与检修

任务描述

在项目 3 中已经学习了三相异步电动机负载不变的情况下的调速方法有：改变电动机的磁极对数 p、交流电源的频率 f、转差率 s。本任务对三相笼型异步电动机的变极调速控制线路进行分析、装配与检修训练。

任务目标

掌握三相笼型异步电动机变极调速的控制原理和控制方式，双速、三速异步电动机控制线路的设计原则及设计方法，并能够绘制相应的电气原理图。会进行电气控制线路的元件布局、安装接线图绘制、电气接线及功能调试，会进行电气控制线路的测试、转速调整，控制线路及低压电器的故障检修与排除。

子任务1　双速异步电动机控制线路

1. 双速异步电动机的变速原理

双速异步电动机是通过改变电动机定子绕组的连接方式，来获得不同的磁极数，使电动机同步转速发生变化，从而达到电动机调速的目的。

双速异步电动机定子绕组的结构如图5-47a所示，从三个连接点引出三个接线端1、2、3，从每相绕组的中点各引出一个接线端4、5、6，这样定子绕组共有6个接线端。把三相交流电源分别接到定子绕组的接线端1、2、3上，另外三个接线端4、5、6空着不接，如图5-47b所示，此时电动机定子绕组接成三角形，磁极为4极，同步转速为1500r/min，这是一种低速接法。当把三个接线端1、2、3并接在一起，另外三个接线端4、5、6分别接到三相交流电源上，如图5-47c所示，此时电动机定子绕组接成双星形，磁极为2极，同步转速为3000r/min，这是一种高速接法。三相异步电动机转子的转速略小于同步转速，双速异步电动机高速运行时的转速几乎是低速运行时转速的两倍。

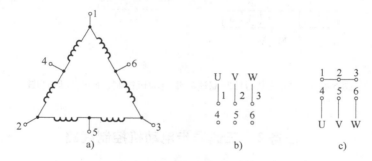

图5-47　双速电动机定子绕组的三角形-双星形联结

a）定子绕组的结构　b）三角形联结　c）双星形联结

2. 双速异步电动机的控制线路分析

图5-48为转换开关SA选择电动机高、低速的双速控制线路。图中转换开关SA断开时选择低速，SA闭合时选择高速。

工作原理：低速控制时，转换开关SA置断开位置，此时时间继电器KT未接入线路，接触器KM_2、KM_3无法接通。按下起动按钮SB_2，接触器KM_1线圈通电，自锁触点闭合，实现自锁。KM_1主触点接通三相交流电源，电动机低速运行。

当SA置闭合位置时，选择低速起动、高速运行。按下起动按钮SB_2，接触器KM_1线圈、时间继电器KT线圈同时通电。KM_1线圈通电，同上面所述，电动机低速起动运行。由于图5-48中所示时间继电器为通电延时型，因此当KT线圈通电，时间继电器开始计时。当

时间继电器延时结束时，其延时断开的常闭触点先断开，切断 KM₁ 线圈支路，电动机处于暂时断电、自由停车状态；其延时闭合的常开触点后闭合，同时接通 KM₂、KM₃ 线圈支路，同上所述，电动机由三角形联结转入双星形联结，即实现高速运行。

注意：图 5-48 所示的控制电路中，电动机在低速运行时可用转换开关直接切换到高速运行，但不能从高速运行直接用转换开关切换到低速运行，必须先按停止按钮后，再进行低速运行操作。

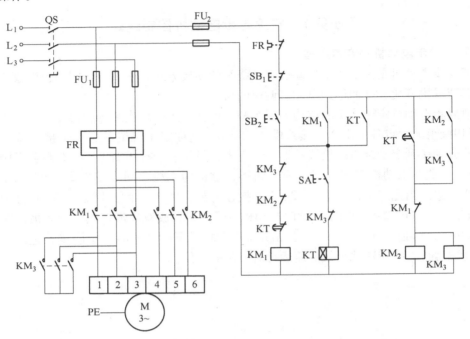

图 5-48 时间继电器控制双速异步电动机控制线路电气原理图

子任务 2 三速异步电动机控制线路

1. 三速异步电动机的变速原理

三速异步电动机同双速电动机一样，也是通过改变电动机定子绕组的连接方式，来获得不同的磁极数，使电动机同步转速发生变化，从而达到电动机调速的目的。经常采用的方法是三角形-星形-双星形联结，如图 5-49 所示。

（1）定子绕组的三角形联结

三速笼型异步电动机定子绕组的结构与双速笼型异步电动机定子绕组的结构不同，三速笼型异步电动机定子槽嵌有两套绕组，第一套绕组（双速）有七个接线端 U_1、V_1、W_1、U_3、U_2、V_2、W_2，可做三角形或双星形联结；第二套绕组（单速）有三个接线端 U_4、V_4、W_4，只做星形联结，其结构如图 5-49a 所示。当把三相交流电源分别接到定子绕组的接线端 U_1、V_1、W_1 上，U_3、W_1 连接在一起，另外六个接线端空着不接，如图 5-49b 所示，此时电动机定子绕组接成三角形，这是一种低速接法。

（2）定子绕组的星形联结

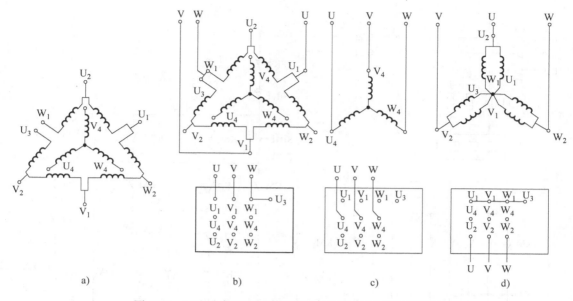

图 5-49　三速异步电动机定子绕组三角形-星形-双星形联结

a) 二套变极绕组　b) 三角形联结　c) 绕组星形联结　d) 双星形联结

当只把三个接线端 U_4、V_4、W_4 分别接到三相交流电源上，另外七个接线端空着不接，如图 5-49c 所示，此时电动机定子绕组接成星形，这是一种中速接法。

（3）定子绕组的双星形联结

当把三相交流电源分别接到定子绕组的接线端 U_2、V_2、W_2 上，U_1、V_1、W_1、U_3 连接在一起，另外三个接线端空着不接，如图 5-49d 所示，此时电动机定子绕组接成双星形，这是一种高速接法。

2. 三速异步电动机控制线路工作原理分析

图 5-50 所示的时间继电器控制三速异步电动机控制线路的工作过程为：合上 QS，按下低速起动按钮 SB_2，中间继电器 KA 线圈通电，其自锁触点闭合，实现自锁。KA 串接在时间继电器 KT_1 线圈和接触器 KM_1 线圈支路中的常闭触点闭合，使得时间继电器 KT_1 线圈和接触器 KM_1 线圈同时通电。接触器 KM_1 线圈通电后，其联锁触点断开，实现对 KM_2、KT_2、KM_3 的联锁，从而使 KM_2、KT_2、KM_3 线圈均无法得电。主电路中的 KM_1 主触点闭合，电动机定子绕组为三角形联结，电动机运行在低速状态。

时间继电器 KT_1 线圈通电，时间继电器开始计时。当延时时间到，它的延时断开常闭触点先断开，使 KM_1 线圈断电，其联锁触点恢复闭合，解除对 KM_2、KT_2、KM_3 的联锁，使得时间继电器 KT_2 线圈通电，KT_2 开始计时，主电路中 KM_1 主触点断开，电动机定子绕组暂时脱离电源。KT_1 的延时闭合常开触点后闭合，此时接通 KM_2 线圈支路，其联锁触点断开，实现对 KM_1、KM_3 的联锁。主电路中 KM_2 主触点闭合，电动机定子绕组为星形联结，电动机运行在中速状态。

若时间继电器 KT_2 延时时间到，它的延时断开常闭触点先断开，使接触器 KM_2 线圈断电，其联锁触点恢复闭合，解除对 KM_3 的联锁，另外主电路中的 KM_2 主触点断开，电动机

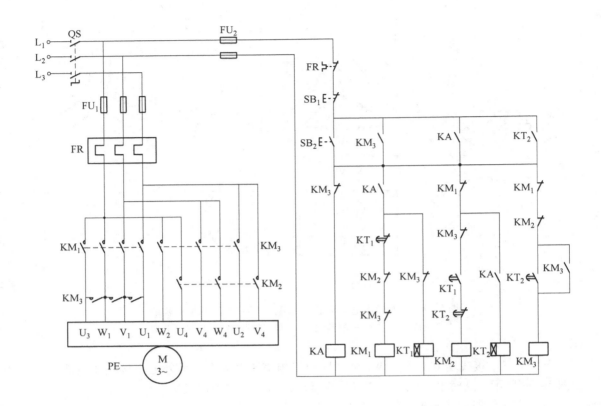

图 5-50   时间继电器控制三速异步电动机控制线路

定子绕组暂时脱离电源。KT_2 的延时闭合常开触点后闭合，接通接触器 KM_3 线圈支路，它的联锁触点断开，实现对 KM_1、KM_2 以及中间继电器 KA 的联锁。主电路中 KM_3 主触点闭合，电动机定子绕组为双星形联结，电动机运行在高速状态。

此线路特点是：在自动加速过程中，KM_1、KM_2、KM_3 逐级通电动作，使得电动机定子绕组依次为三角形、星形、双星形联结，实现电动机低速→中速→高速的自动过渡，这显然很方便。另外，在电动机进入高速运行状态后，控制电路将中间继电器 KA、接触器 KM_1、KM_2 和时间继电器 KT_1、KT_2 的线圈支路全部切断，使它们处于断电状态，这样既延长了电器的使用寿命，又保证了电路的可靠性。

技能训练

1. 技能训练的内容

时间继电器控制的双速异步电动机控制线路的装配与检测。

2. 任务实施的要求

元件安装工艺要求及布线工艺要求如任务 5.2 所述。

3. 设备器材

工具：测电笔、螺钉旋具、尖嘴钳、斜嘴钳、剥线钳等常用电工工具。

仪器：绝缘电阻表、钳形电流表、数字式万用表等。

器材：三相笼型异步电动机、电源开关、熔断器、交流接触器、控制按钮、控制板（网孔板）、端子排、塑铜线、热继电器、时间继电器、紧固体及编码套管、走线槽等。

4. 技能训练的步骤

1）电气元件检查。配齐所有电气元件，并进行校验。

2）根据元件布置图固定元件。

3）画出安装接线图。根据电气原理图自行画出时间继电器控制双速、三速异步电动机控制线路的安装接线图，然后进行控制板（网孔板）配线。布线时，注意主电路中接触器 KM_1、KM_2 在两种转速下电源相序的改变，不能接错。否则，两种转速下电动机的转向相反，换相时将产生很大的冲击电流。

4）安装电动机。可靠连接电动机和各电气元件金属外壳的保护接地线。

5）连接电源、电动机、行程开关等控制板（网孔板）外部的导线。

6）自检。安装完毕的控制线路板，必须经过认真检查后，才允许通电试车，以防止接错、漏接造成不能正常运行和短路事故。自检的主要内容如任务 5.2 中所述。

7）交验。检查无误后可通电试车。试车前应检查与通电试车有关的电气设备是否有不安全的因素存在，若检查出应立即整改，然后方能试车。在试车时，要认真执行安全操作规程的有关规定，一人监护，一人操作。

8）通电试车前，必须经过指导老师的许可，并由指导老师接通三相电源 L_1、L_2、L_3，同时在现场监护。通电试车的步骤及注意事项如任务 5.2 所述。

问题研讨

1）三相异步电动机调速的方法有哪些？双速异步电动机的双速控制是如何实现的？

2）简述图 5-48 所示的时间继电器控制双速异步电动机控制线路的工作原理，并说明时间继电器三个触点的名称和功能。

3）观察三速异步电动机定子绕组接线图，说明图 5-49 所示控制线路中，满足各种速度要求的定子绕组的具体连接方法。

4）简述图 5-50 所示的三速异步电动机时间继电器控制线路的工作原理，并说明该控制线路有何特点。

任务 5.7　三相异步电动机制动控制线路的装配与检修

任务描述

项目 2 中已介绍了三相异步电动机的电气制动，本任务介绍讨论三相异步电动机的各种制动控制线路，装配和检修三相异步电动机能耗制动、反接制动控制线路。

任务目标

能分析三相异步电动机的各种制动控制线路原理，熟悉各种制动原理图；会进行电气控制线路的元件布局、安装接线图绘制、电气接线及功能调试；能进行电气控制线路的测试、控制线路及低压电器的故障检修与排除。

子任务1 三相异步电动机能耗制动控制线路

1. 按时间原则控制的单向运行能耗制动控制线路分析

当电动机切断交流电源后,立即在定子绕组中通入直流电,迫使电动机停止运行的方法称为能耗制动。用时间继电器按时间原则控制的单向运行能耗制动控制线路如图5-51所示。该线路采用单相桥式整流器作为直流电源,图中KT瞬动常开触点的作用是当有KT线圈断线或机械卡住等故障时,按下SB₂后能使电动机制动后脱离直流电源。

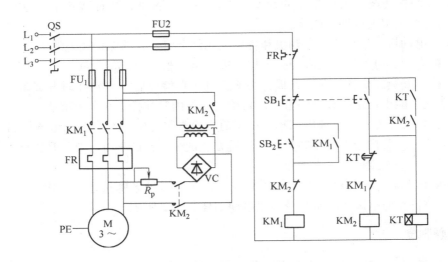

图5-51 时间继电器按时间原则控制的单向
运行能耗制动控制线路

工作原理分析:按下SB₂,KM₁线圈通电并自锁,电动机通电正常起动,若要停机,按下按钮SB₁,KM₁失电,电动机断电,同时SB₁的常开触点让KM₂线圈通电,KT线圈也同时通电,KT瞬动触点闭合,使KM₂和KT线圈产生自锁,KT开始延时。KM₂得电以后,电动机定子两相绕组通入一个直流电,产生一恒定磁场,电动机转子在恒定磁场作用下,转速迅速下降,当定时时间到,KT延时触点断开,KM₂线圈断电,电动机定子绕组断电,同时KT线圈也断电,制动过程结束。

2. 按速度原则控制的可逆运行能耗制动控制线路的分析

用速度继电器按速度原则控制的可逆运行能耗制动控制线路如图5-52所示,该线路采用单相桥式整流器作为直流电源。

工作原理分析:按下按钮SB₁,KM₁线圈通电并自锁,电动机通入三相正序电源,电动机正转,同时KM₁的辅助常闭触点断开,确保KM₃线圈不会得电,也就是电动机不会通入直流电源,保证电动机的正常运行。当电动机转速升高到一定值以后,速度继电器KS动作,常开触点闭合,为能耗制动做准备。要停车时,按下停止按钮SB₃,首先KM₁线圈断电,KM₁辅助常闭触点闭合,SB₃的常开触点闭合,使KM₃线圈得电,电动机三相电源线断开,在电动机两相绕组中经过电阻通入一直流电,电动机定子绕组中的旋转磁场变为一恒

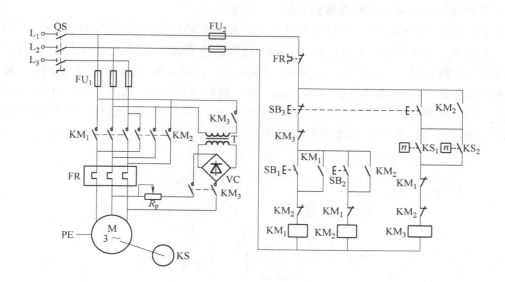

图 5-52　速度继电器按速度原则控制的可逆运行能耗制动控制线路

定磁场，转动的转子在恒定磁场的作用下，转速下降，实现制动，当转速下降到一定值以后，速度继电器的常开触点断开，KM_3 线圈失电，制动过程结束。

要使电动机反转，只要按下按钮 SB_2 即可，要使电动机停转，按下按钮 SB_3，反转制动过程与正转制动过程基本相同，这里不再赘述。

子任务 2　三相异步电动机反接制动控制线路

1. 单向运行反接制动控制线路的分析

当电动机的电源反接时，转子与定子旋转磁场的相对转速接近电动机同步转速的两倍，此时转子中流过的电流相当于全压起动电流的两倍，因此反接制动转矩大，制动迅速，为减小制动电流，必须在制动电路中串入电阻。电动机反接制动的要求是：三相电动机的电源应能实现反接；当电动机制动转速接近零时，应及时切断电源；对笼型三相异步电动机进行反接制动时，应在电动机定子回路中串入电阻。

单向运行反接制动控制线路如图 5-53 所示，其控制过程为：按下 SB_1，KM_1 线圈通电，KM_1 辅助触点闭合并自锁，KM_1 主触点闭合，电动机得正序电源起动，转速升高，当电动机的转速升高到一定值时，速度继电器常开触点闭合，因 KM_1 辅助常闭触点断开，确保 KM_2 线圈不会得电，为实现电动机反接制动做准备。

如果要使电动机停止运行，按下 SB_2，KM_1 线圈首先断电释放，电动机正序电源断开，做惯性运行，同时 KM_1 辅助常闭触点闭合，使 KM_2 线圈通电，KM_2 主触点将反序电源通过电阻接入电动机，使电动机实现反接制动，KM_2 的辅助常闭触点使 KM_1 不能得电，确保电源不会短路。在反接制动的过程中，电动机的转速迅速下降，当转速下降到较小值时，速度继电器的常开触点断开复位，KM_2 线圈断电释放，电动机反序电源断开，制动过程结束。

2. 可逆运行反接制动控制线路的分析

可逆运行反接制动控制线路如图 5-54 所示，正转起动过程：按下起动按钮 SB_1，KA_3 线圈通电并自锁，常开触点 KA_{3-3} 闭合，为 KM_3 线圈通电做准备，常开触点 KA_{3-2} 闭合，KM_1 线圈通电，主触点闭合，电动机串电阻 R_{bk} 减压起动，同时 KM_1 常开辅助触点闭合，为 KA_1 线圈通电做准备。当电动机转速达一定值时，KS_1 触点闭合，KA_1 线圈通电并自锁，KA_{1-3} 触点闭合，KM_3 线圈通电，其主触点闭合，短接电阻 R_{bk}，电动机全压运行。由于 KA_1 线圈得电，KA_{1-1} 触点闭合，为 KM_2 线圈得电做准备。

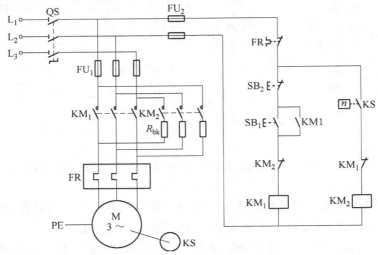

图 5-53　单向运行反接制动控制线路

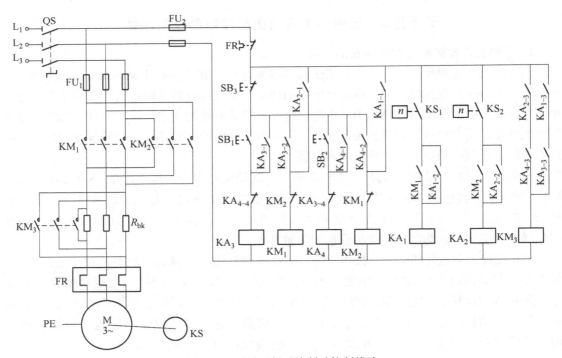

图 5-54　可逆运行反接制动控制线路

停车制动过程：按下停止按钮 SB$_3$，KA$_3$ 线圈断电，KA$_{3-1}$、KA$_{3-2}$、KA$_{3-3}$ 均断开，KM$_1$、KM$_3$ 线圈断电，KM$_3$ 主触点断开，电阻 R_{bk} 串入线路。同时 KM$_1$ 断电，使电动机断电靠惯性运行。由于 KM$_1$ 联锁触点闭合，KM$_2$ 线圈通电，KM$_2$ 主触点闭合，电动机反接制动，当电动机转速 n 下降到一定值时，KS$_1$ 断开，KA$_1$ 线圈断电，KA$_{1-1}$、KA$_{1-2}$、KA$_{1-3}$ 触点均断开，KM$_2$ 线圈断电，KM$_2$ 主触点断开，制动过程结束。

相反方向的起动和制动控制原理和上述相同，只是起动时按动的是反转起动按钮 SB$_2$，电路便通过 KA$_4$ 接通 KM$_2$，三相电源反接，使电动机反向起动。停止运行时，通过速度继电器的常开触点 KS$_2$ 及中间继电器 KA$_2$ 的控制，反接制动过程完成，不过这时接触器 KM$_1$ 便成为反转运行的反接制动接触器了。

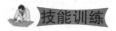 **技能训练**

1. 技能训练的内容

三相异步电动机单向运行能耗制动控制线路、反接制动控制线路的装配与检测。

2. 技能训练的要求

元件安装工艺要求及布线工艺要求如任务 5.2 中所述。

3. 设备器材

工具：测电笔、螺钉旋具、尖嘴钳、斜嘴钳、剥线钳等常用电工工具。

仪器：绝缘电阻表、钳形电流表、数字式万用表等。

器材：三相笼型异步电动机、电源开关、熔断器、交流接触器、控制按钮、控制板（网孔板）、端子排、塑铜线、热继电器、时间继电器、速度继电器、紧固体及编码套管、走线槽等。

4. 技能训练的步骤

1）电气元件检查。配齐所有电气元件，并进行校验。

2）根据元件布置图固定元件。

3）画出安装接线图。根据图 5-51 和图 5-53 分别画出时间继电器按时间原则控制的单向运行能耗制动控制线路及单向运行反接制动控制线路的安装接线图。

4）安装电动机、速度继电器（反接制动）。可靠连接电动机和各电气元件金属外壳的保护接地线。

5）连接电源、电动机、变压器（能耗制动）、整流器（能耗制动）、电阻器等控制板（网孔板）外部元件的导线。

6）自检。安装完毕的控制线路板，必须经过认真检查后，才允许通电试车，以防止接错、漏接造成不能正常工作和短路事故。自检的主要内容如任务 5.2 中所述。

7）交验。检查无误后可通电试车。试车前应检查与通电试车有关的电气设备是否有不安全的因素存在，若检查出应立即整改，然后方能试车。在试车时，要认真执行安全操作规程的有关规定，一人监护，一人操作。

8）通电试车前，必须经过指导老师的许可，并由指导老师接通三相电源 L1、L2、L3，同时在现场监护。能耗制动中时间继电器的整定时间不要调得过长，以免制动时间过长引起定子绕组发热。通电试车的步骤及注意事项如任务 5.2 中所述。

 知识拓展

电气故障检修的一般方法

在实际生产中，尽管对电气设备采取了日常维护保养工作，降低了电气故障的发生率，但绝不可能杜绝电气故障的发生。工厂中最常见的电气故障是电动机基本控制线路故障，因此维修电工必须要学会对其检修的正确方法。下面简单介绍电气故障发生后的一般分析和检修方法。

（1）检修前的故障调查

当工业机械发生电气故障后，切忌盲目动手检修。在检修前，通过问、看、听、摸（如项目 2 中所述）来了解故障前后的操作情况和故障发生后出现的异常现象，以便根据故障现象判断出故障发生的部位，进而准确地排除故障。

（2）用测量法确定故障点

测量法是维修电工工作中用来准确确定故障点的一种行之有效的检查方法。常用的测试工具和仪表有校验灯、测电笔、万用表、钳形电流表、绝缘电阻表等，主要通过对线路进行带电或断电时有关参数（如电压、电阻、电流等）的测量，来判断电气元件的好坏、设备的绝缘情况以及线路的通断情况。随着科学技术的发展，测量手段也在不断更新。

在用测量法检查故障点时，一定要保证各种测量工具和仪表完好，使用方法正确，还要注意防止感应电、回路电及其他并联支路的影响，以免造成误判断。下面介绍几种常见的用测量法确定故障点的方法。

1）电压分阶测量法。测量检查时，首先把万用表的转换开关置于交流电压 500V 的档位上，然后按图 5-55 所示方法进行测量。断开主电路，接通控制电路的电源。若按下起动按钮 SB$_1$ 时，接触器 KM 不吸合，则说明控制电路有故障。

检测时，需要两人配合进行。一人先用万用表测量 0 和 1 两点之间的电压，若电压为 380V，说明控制电路的电源电压正常。然后由另一人按下 SB$_1$ 不放，一人把黑表笔接

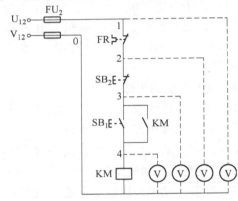

图 5-55 电压分阶测量法

到 0 点上，红表笔依次接到 2、3、4 各点上，分别测量出 0-2、0-3、0-4 两点间的电压。根据测量结果即可找出故障点，见表 5-18。

表 5-18　电压分阶测量法查找故障点

故障现象	测量状态	0-2	0-3	0-4	故障点
按下 SB$_1$，KM 不吸合	按下 SB$_1$ 不放	0	0	0	FR 的常闭触点接触不良
		380V	0	0	SB$_2$ 的常闭触点接触不良
		380V	380V	0	SB$_1$ 的常开触点接触不良
		380V	380V	380V	KM 的线圈断路

这种测量方法像下（或上）台阶一样依次测量电压，所以称为电压分阶测量法。

2）电阻分阶测量法。测量检查时，首先把万用表的转换开关置于倍率适当的电阻档，然后按图 5-56 所示方法进行测量。断开主电路，接通控制电路电源。若按下起动按钮 SB$_1$ 时，接触器 KM 不吸合，则说明控制电路有故障。

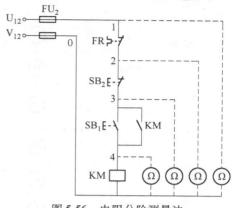

图 5-56　电阻分阶测量法

检测时，首先切断控制电路电源（这点与电压分阶测量法不同），然后一人按下 SB$_1$ 不放，另一人用万用表依次测量 0-1、0-2、0-3、0-4 各两点之间的电阻值，根据测量结果可找出故障点，见表 5-19。

表 5-19　电阻分阶测量法查找故障点

故障现象	测量状态	0-1	0-2	0-3	0-4	故障点
按下 SB$_1$，KM 不吸合	按下 SB$_1$ 不放	∞	R	R	R	FR 的常闭触点接触不良
		∞	∞	R	R	SB$_2$ 的常闭触点接触不良
		∞	∞	∞	R	SB$_1$ 的常开触点接触不良
		∞	∞	∞	∞	KM 的线圈断路

注：R 为 KM 线圈电阻值。

3）电压分段测量法。首先把万用表的转换开关置于交流电压 500V 的档位上，然后按以下方法进行测量：先用万用表测量图 5-57 所示 0-1 两点间的电压，若为 380V，则说明电源电压正常；然后一人按下起动按钮 SB$_2$，若接触器 KM$_1$ 不吸合，则说明线路有故障；这时另一人可用万用表的红、黑两根表笔逐段测量相邻两点（1-2、2-3、3-4、4-5、5-6、6-0）之间的电压，根据测量结果即可找出故障点，见表 5-20。

表 5-20　电压分段测量法查找故障点

故障现象	测量状态	1-2	2-3	3-4	4-5	5-6	6-0	故障点
按下 SB$_1$，KM$_1$ 不吸合	按下 SB$_1$ 不放	380V	0	0	0	0	0	FR 的常闭触点接触不良
		0	380V	0	0	0	0	SB$_1$ 的常闭触点接触不良
		0	0	380V	0	0	0	SB$_2$ 的常开触点接触不良
		0	0	0	380V	0	0	KM$_2$ 的常闭触点接触不良
		0	0	0	0	380V	0	SQ 常闭触点接触不良
		0	0	0	0	0	380V	KM$_1$ 的线圈断路

4）电阻分段测量法。测量检查时，首先切断电源，然后把万用表的转换开关置于倍率适当的电阻档，并逐段测量如图 5-58 所示相邻号点 1-2、2-3、3-4、4-5、5-6、6-0 之间的电阻（测量时由一人按下 SB$_2$）。如果测得某两点间电阻值很大（∞），即说明该两点间接触不良或导线断路，见表 5-21。

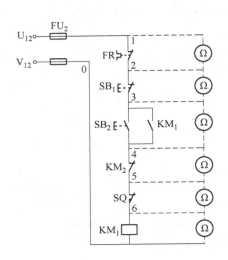

图 5-57　电压分段测量法

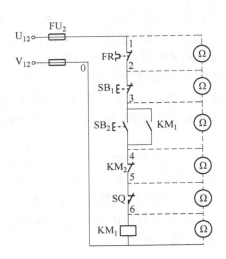

图 5-58　电阻分段测量法

电阻分段测量法的优点是安全，缺点是测量电阻值不准确时，易造成判断错误，为此应注意以下几点：用电阻分段测量法检查故障时，一定要先切断电源；所测量线路若与其他线路并联，必须将该线路与其他线路断开，否则所测电阻值不准确；测量高电阻电气元件时，要将万用表的电阻档转换到适当档位。

表 5-21　电阻分段测量法查找故障点

故障现象	测量点	电阻值	故障点
按下 SB$_1$，KM$_1$ 不吸合	1-2	∞	FR 的常闭触点接触不良或误动作
	2-3	∞	SB$_1$ 的常闭触点接触不良
	3-4	∞	SB$_2$ 的常开触点接触不良
	4-5	∞	KM$_2$ 的常闭触点接触不良
	5-6	∞	SQ 的常闭触点接触不良
	6-0	∞	KM$_1$ 的线圈断路

5）短接法。机床电气设备的常见故障为断路故障，如导线断路、虚连、虚焊、触点接触不良、熔断器熔断等。对这类故障有一种更为简便、可靠的方法，就是短接法。检查时，用一根绝缘良好的导线，将所怀疑的断路部位短接，若短接到某处线路接通，则说明该处断路。短接法分为局部短接法和长短接法。

①局部短接法。检查前，先用万用表测量如图 5-59 所示 1-0 两点间的电压，若电压正常，可一人按下起动按钮 SB$_2$ 不放，然后另一人用一根绝缘良好的导线分别短接标号相邻的两点 1-2、2-3、3-4、4-5、5-6（注意不要短接 6-0 两点，以免造成短路故障），当短接到某两点时，接触器 KM$_1$ 吸合，即说明断路故障就

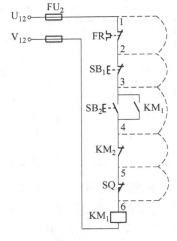

图 5-59　局部短接法

在该两点之间, 见表5-22。

表5-22　局部短接法查找故障点

故障现象	短接点标号	KM₁ 动作	故障点
按下 SB₁, KM₁ 不吸合	1-2	KM₁ 吸合	FR 常闭触点接触不良或误动作
	2-3	KM₁ 吸合	SB₁ 的常闭触点接触不良
	3-4	KM₁ 吸合	SB₂ 的常开触点接触不良
	4-5	KM₁ 吸合	KM₂ 的常闭触点接触不良
	5-6	KM₁ 吸合	SQ 的常闭触点接触不良

　　②长短接法。长短接法是指一次短接两个或多个触点来检查故障的方法。如图5-60所示, 当 FR 的常闭触点和 SB₁ 的常闭触点同时接触不良时, 若用局部短接法短接, 如1-2两点, 按下 SB₂, KM₁ 仍不能吸合, 则可能造成判断错误。而用长短接法将1-6两点短接, 如果 KM₁ 吸合, 则说明1-6这段线路上有断路故障, 然后再用局部短接法逐段找出故障点。

　　长短接法的另一个作用是可把故障点缩小到一个较小的范围。例如, 第一次先短接3-6两点, KM₁ 不吸合, 再短接1-3两点, KM₁ 吸合, 说明故障在1-3范围内。可见长短接法和局部短接法结合使用, 很快就可找出故障点。

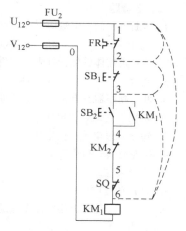

图5-60　长短接法

　　用短接法检查故障时必须注意以下几点: 第一, 用短接法检测时, 是用手拿绝缘导线带电操作的, 所以一定要注意安全, 避免触电事故; 第二, 短接法只适用于查找压降极小的导线及触点之类的断路故障, 对于压降较大的元件, 如电阻、线圈、绕组等断路故障, 不能采用短接法, 否则会出现短路故障, 损坏电源或其他电气元件; 第三, 对于工业机械的某些要害部位, 必须保证在电气设备或机械部件不会出现事故的情况下, 才能使用短接法。

　　总之, 电动机控制线路的故障不是千篇一律的, 即使是同一种故障现象, 发生的部位也不一定相同。所以在采用故障检修的一般步骤和方法时, 不要生搬硬套, 而应按不同的故障情况灵活处理, 力求迅速、准确地找出故障点, 判明故障原因, 及时正确排除故障。

问题研讨

　　1) 在能耗制动控制线路中, 为什么要在直流回路中串入一个电阻? 它的作用是什么?

　　2) 在反接制动控制线路中, 为什么要用速度继电器? 如果不用速度继电器, 能不能实现反接制动? 为什么?

　　3) 简述可逆运行反接制动控制线路反向起动及反向反接制动的工作过程。

　　4) 在反接制动控制线路的主电路中, 为什么要串入电阻? 其作用是什么? 如果没有电阻, 电动机能否正常工作?

　　5) 电气故障检修中, 用测量法确定故障点一般常用方法有哪些? 各自如何操作?

习　题

一、填空题

1. 为保证安全，封闭式负荷开关上设有_____，保证开关在_____状态下开盖不能开启，而当开关盖开启时又不能_____。

2. 在安装使用螺旋式熔断器时，电源线应接在_____上，负载应接在_____上。

3. 接触器可以按其_____所控制的线路的电流种类分为_____和_____。

4. 接触器是一种适用于_____频繁地接通和分断交、直流主电路及_____的电气元件。其主要控制对象是_____，也可用于控制其他_____。

5. 交流接触器的铁心一般用硅钢片叠压而成，是为了减小_____在铁心中产生的_____、_____，防止铁心_____。

6. 交流铁心上短路环的作用是_____。

7. 继电器与接触器比较，继电器触点的_____很小，一般不设_____。

8. 对某一组合开关若需要知其触点闭合情况，可用_____检测。

9. 主令电器是自控系统中用于发布_____的电器。

10. 低压断路器是具有_____、_____、_____保护的开关电器。

11. 三相笼型异步电动机串接电阻减压起动控制线路的起动电阻串接于_____中，而绕线转子异步电动机电阻减压起动控制线路的起动电阻串接于_____中。

二、选择题

1. 熔断器的额定电流应（　　）所装熔体的额定电流。

A. 大于　　　　　　　B. 大于或等于　　　　C. 小于　　　　　　　D. 小于或等于

2. 熔管是熔体的保护外壳，用耐热绝缘材料制成，在熔体熔断时兼有（　　）作用。

A. 绝缘　　　　　　　B. 隔热　　　　　　　C. 灭弧　　　　　　　D. 防潮

3. 低压断路器具有（　　）保护。

A. 短路、过载、欠电压　　　　　　　　　　B. 短路、过电流、欠电压

C. 短路、过电流、欠电压　　　　　　　　　D. 短路、过载、失电压

4. 单轮旋转式行程开关为（　　）。

A. 自动复位式　　　　　　　　　　　　　　B. 非自动复位式

C. 单自动复位式　　　　　　　　　　　　　D. 自动式或非复位自动式

5. （　　）是交流接触器发热的主要部件。

A. 触点　　　　　　　B. 线圈　　　　　　　C. 铁心　　　　　　　D. 衔铁

6. 交流接触器铁心端面上的短路环有（　　）的作用。

A. 增大铁心磁通　　　　　　　　　　　　　B. 减缓铁心冲击

C. 减小铁心振动　　　　　　　　　　　　　D. 减小剩磁影响

7. 交流接触器线圈电压过低将导致（　　）。

A. 线电流显著增大　　　　　　　　　　　　B. 线圈电流显著减小

C. 铁心电流显著增大　　　　　　　　　　　D. 铁心电流显著减小

8. 按复合按钮时，（　　）。

A. 常开触点先闭合　　　　　　　　　　　　B. 常闭触点先断开

C. 常开、常闭触点同时动作　　　　　　　　D. 常闭触点动作，常开触点不动作

9. 具有过载保护的接触器自锁控制线路中，实现短路保护的电器是（　　）。

A. 熔断器　　　　　　B. 热继电器　　　　　C. 接触器　　　　　　D. 电源开关

10. 具有过载保护的接触器自锁控制线路中，实现欠电压和失电压保护的电器是（　　）。

A. 熔断器   B. 热继电器   C. 接触器   D. 电源开关

11. 为避免正、反转接触器同时得电动作，线路采取（   ）。

A. 位置控制   B. 顺序控制   C. 自锁控制   D. 联锁控制

12. 操作接触器联锁正、反转控制线路时，要使电动机从正转变为反转，正确的操作方法是（   ）。

A. 直接按下反转起动按钮   B. 必须先按下停止按钮，再按下反转起动按钮

C. 直接按下正转起动按钮   D. 必须先按下反转起动按钮，再按下停止按钮

13. 在接触器联锁的正、反转控制线路中，其联锁触点应是对方接触器的（   ）。

A. 主触点   B. 主触点或辅助触点

C. 常开辅助触点   D. 常闭辅助触点

14. 多地控制线路中，各地的起动按钮和停止按钮分别是（   ）。

A. 串联   B. 并联   C. 并联、串联   D. 串联、并联

15. 要求几台电动机的起动或停止必须按一定的先后次序来完成的控制方式称为（   ）。

A. 位置控制   B. 多地控制   C. 顺序控制   D. 连续控制

16. 按钮、接触器控制的星形-三角形换接减压起动控制线路中使用了（   ）个接触器。

A. 2   B. 3   C. 4   D. 5

17. 反接制动常利用（   ）在制动结束时自动切断电源。

A. 时间继电器   B. 速度继电器   C. 压力继电器   D. 中间继电器

三、判断题

1. 热继电器既可作电动机的过载保护也可以作短路保护。（   ）

2. 熔断器只能作短路保护。（   ）

3. 速度继电器的动作特点是速度越高，动作越快。（   ）

4. 按钮和行程开关都需要人的手去碰动才能动作。（   ）

5. 开启式负荷开关常配合熔断器作电源开关。（   ）

6. 开启式负荷开关、封闭式负荷开关、组合开关的额定电流要大于实际线路的电流。（   ）

7. 接触器除通断电路外，还有短路和过载保护作用。（   ）

8. 为了消除衔铁振动，交流接触器装有短路环。（   ）

9. 中间继电器的输入信号为触点的通电和断电。（   ）

10. 热继电器在线路中的接线原则是发热元件串联在主电路中，常开触点串联在控制电路中。（   ）

11. 触点发热程度与流过触点的电流有关，与触点的接触电阻无关。（   ）

12. 低压断路器中电磁脱扣器的作用是实现失电压保护。（   ）

13. 低压断路器中热脱扣器的整定电流应大于控制负载的额定电流。（   ）

14. 熔断器的额定电流应大于或等于所装熔体的额定电流。（   ）

15. 双轮式行程开关在挡铁离开滚轮后能自动复位。（   ）

16. 点动控制就是点一下按钮就可以起动并连续运行的控制方式。（   ）

17. 接触器联锁的正、反转控制线路中，控制正、反转的接触器有时可以同时闭合。（   ）

18. 为保证三相异步电动机实现正、反转，接触器的主触点必须以相同的相序并联后接在主电路中。
（   ）

19. 按钮联锁的正、反转控制线路的缺点是易产生电源两相短路故障。（   ）

20. 自动往复循环控制线路需要对电动机实现自动转换的正、反控制才能达到要求。（   ）

21. 能在两地或多地控制同一台电动机的控制方式称为电动机的多地控制。（   ）

22. 对多地控制线路来说，只要把各地的起动按钮、停止按钮串联就可以实现多地控制。（   ）

四、综合题

1. 交流接触器线圈断电后，衔铁不能立即释放，从而使电动机不能及时停止，分析出现这种故障的原

因，应如何处理？

2. 试分析判断图 5-61 所示各控制线路能否实现点动控制？若不能，说明原因，并加以改正。

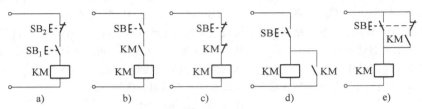

图 5-61 点动控制线路

3. 当点动控制线路进行空操作时，按下起动按钮后，接触器虽能动作，但衔铁剧烈振动，发出严重噪声。问故障的可能原因是什么？如何进行检查、排除故障？

4. 点动控制线路的空操作正常，但带负载试车时，按下起动按钮发现电动机"嗡嗡"响但不能起动。问故障原因是什么？如何进行检查、排除故障？

5. 什么是"自锁"？自锁线路由什么部件组成？如何连接？如果用接触器的常闭触点作为自锁触点，将会出现什么现象？

6. 在三相异步电动机长动控制线路中，当电源电压降低到某一值时电动机会自动停止运行，其原理是什么？若出现突然断电，恢复供电时电动机能否自行起动运行？

7. 试分析判断图 5-62 所示各控制线路能否实现自锁控制？若不能，说明原因，并加以改正。

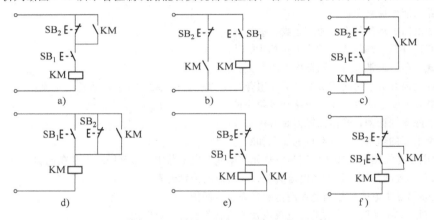

图 5-62 长动控制线路

8. 试画出能在两地控制同一台电动机既能实现正、反向连续运行又能实现正、反向点动运行的控制线路电气原理图。

9. 画出具有双重联锁的正、反转控制线路，当接线后按按钮时发生下列故障时，分析其故障（经检查，接线没错）。

（1）按正转按钮，电动机正转，按反转按钮，电动机停止，不能反转。

（2）按正转按钮，电动机正转，按反转按钮，电动机仍正转，按停止按钮，电动机停止。

10. 有一台三相笼型异步电动机，其工作要求如下：（1）电动机正、反转既能点动又能长动控制；（2）具有短路保护、过载保护和双重联锁保护。试设计符合要求的控制线路。

11. 在图 5-32 所示的自动往复循环控制线路中，若出现故障：（1）试车时向前行程控制动作正常，而反方向无行程控制作用，挡铁碰撞 SQ_2 而电动机不停车，检查接线未见错误；（2）试车时，电动机起动，小车前行，挡铁碰撞行程开关时接触器动作，但小车运动方向不变，继续向前移动而不能返回。试分析故障的可能原因，并进行检测和故障排除。

12. 在自动往复的正、反转控制线路中，限位开关的作用和接线特点是什么？

13. 自动往复控制线路在试车过程中发现行程开关不起作用，若开关本身无故障，则可能是什么原因造成的？

14. 某生产机械采用两台电动机拖动，要求主电动机 M_1 先起动，经过 $10s$ 后，辅助电动机 M_2 自动起动，试设计电气控制线路。

15. 有两台电动机 M_1、M_2，要求 M_1 先起动，经过 $10s$ 后，才能用按钮起动 M_2，并且 M_2 起动后 M_1 立即停止，试设计电气控制线路。

16. 设计两台三相异步电动机的顺序控制线路，要求电动机 M_1 先起动，M_2 后起动，停车时同时停止。

17. 画出用速度继电器实现双向能耗制动的控制线路。

项目 6　典型机床电气控制线路的分析与检修

项目内容

◆ CA6140 型卧式车床电气控制线路的分析与检修。

◆ M7140 型平面磨床电气控制线路的分析与检修。

◆ Z3040B 型摇臂钻床电气控制线路的分析与检修。

知识目标

◆ 了解常用典型机床的结构、运动形式、用途和典型机床的正确使用与维护方法。

◆ 应用典型基本控制环节，掌握常用机床电气控制线路的分析方法。

◆ 通过对常用机床控制线路的分析，加深对典型机床控制环节的理解，掌握生产机械、机床等电气设备的设计、安装、调试及其故障检修方法。

能力目标

◆ 掌握常用机床电气控制线路的分析方法。

◆ 了解机床等电气设备上机械装置、电气系统、液压部分之间的配合关系。

◆ 能够灵活运用电气控制的基本环节进行机床电气控制系统的分析，并能够进行电气控制系统的安装、调试、故障检修。

◆ 通过对机床结构、电气控制等方面的深入学习，提高实际工作中的综合（分析问题、解决问题）技能。

任务 6.1　CA6140 型卧式车床电气控制线路的分析与检修

任务描述

车床是应用最广泛的金属切削机床，卧式车床可用来切削工件的外圆、内圆、端面和螺纹等，并可以装上钻头或铰刀等进行钻孔或铰孔等的加工。本任务对 CA6140 型卧式车床的电气控制线路进行分析、调试与检修训练。

任务目标

能够分析 CA6140 型卧式车床电气控制线路的工作原理及常见故障；会进行 CA6140 型卧式车床电气控制线路的分析、故障检修与排除。

子任务 1 CA6140 型卧式车床的主要结构及运动形式

卧式车床有两个主要的运动部分：一是主轴（卡盘）的旋转运动；另一个是刀架的直线运动，称为进给运动。车床工作时，绝大部分功率消耗在主轴运动上。

1. CA6140 型卧式车床型号的意义

机床的型号是机床产品的代号，用以表明机床的类型、功用和结构特性、主要技术参数等。我国的机床型号由汉语拼音字母和阿拉伯数字按一定规律组合而成，如 CA6140 的含义如下：

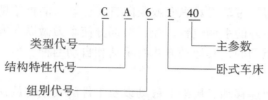

该型号中，C 表示车床；A 表示第一次重大改进；6 表示落地及卧式车床；1 表示卧式车床；40 表示机床主参数：回转直径为 400mm。

2. CA6140 型卧式车床的结构

CA6140 型卧式车床主要由有床身、主轴箱、进给箱、溜板箱、刀架、尾架、光杠和丝杆等组成，如图 6-1 所示。

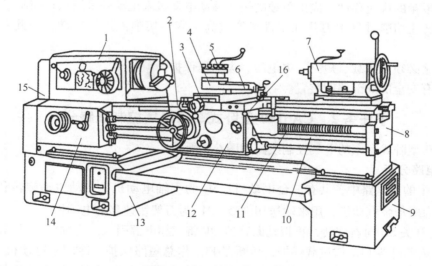

图 6-1 CA6140 型卧式车床的结构
1—主轴箱 2—纵溜板 3—横溜板 4—转盘 5—方刀架 6—小溜板
7—尾架 8—床身 9—右床座 10—光杠 11—丝杠 12—溜板箱
13—左床座 14—进给箱 15—挂轮箱 16—操纵手柄

3. 运动形式

车床运动形式有切削运动和辅助运动，切削运动包括工件的旋转运动（主运动）和刀具的直线进给运动（进给运动），除此之外的其他运动皆为辅助运动。

（1）主运动

主运动是指主轴通过卡盘带动工件旋转，主轴的旋转轴是由主轴电动机经传动机构拖动，根据工件材料性质、车刀材料及几何形状、工作直径、加工方式及冷却条件的不同，要求主轴有不同的切削速度。另外，为了加工螺钉，还要求主轴能够正、反转。主轴的变速是由主轴电动机经 V 带传递到主轴变速箱实现的（由机械部分实现正、反转和调速），CA6140 型卧式车床的主轴正转速度有 24 种（10～1400r/min），反转速度有 12 种（14～1580r/min）。

（2）进给运动

车床的进给运动是刀架带动刀具纵向或横向直线运动，溜板箱把丝杠或光杠的转动传递给刀架部分，变换溜板箱外的手柄位置，经刀架部分使车刀做纵向或横向进给。刀架的进给运动也是由主轴电动机拖动的，其运动方式有手动和自动两种。

（3）辅助运动

辅助运动指刀架的快速移动、尾架的移动以及工件的夹紧与放松等。

4. 电力拖动方式及控制要求

1）主轴电动机一般选用三相笼型异步电动机。为满足加工螺纹的要求，主运动和进给运动采用同一台电动机拖动。为满足调速要求，只用机械调速，不进行电气调速。

2）主轴要能够正、反转，以满足螺纹加工要求。

3）主轴电动机的起动、停止采用按钮操作。

4）溜板箱的快速移动，应由单独的快速移动电动机来拖动并采用点动控制。

5）为防止切削过程中刀具和工件温度过高，需要切削液进行冷却，因此要配有冷却泵。

6）电路必须有过载、短路、欠电压、失电压保护。

7）具有安全的局部照明装置。

子任务 2　CA6140 型卧式车床电气控制线路分析

CA6140 型卧式车床的电气控制线路如图 6-2 所示。

1. 主电路分析

图 6-2 中的主电路中，共有三台电动机：M_1 为主轴电动机，带动主轴旋转和刀架进给运动；M_2 为冷却泵电动机，用来输送切削液；M_3 为刀架快速移动电动机。

将钥匙开关 SB 向右旋转，再扳动断路器 QF 将三相电源引入。主轴电动机 M_1 由接触器 KM 控制，热继电器 FR_1 作过载保护，熔断器 FU_1 作总短路保护。冷却泵电动机 M_2 由中间继电器 KA_1 控制，热继电器 FR_2 作为过载保护。快速移动电动机 M_3 由中间继电器 KA_2 控制，因是点动控制，故未设置过载保护。

2. 控制电路分析

由控制变压器 TC 二次侧提供 110V 电压，在正常工作时，行程开关 SQ_1 的常开触点是闭合的（机床传动带罩保护），只有在床头传动带罩被打开时，SQ_1 的常开触点才断开。切断控制电路电源，确保人身安全。钥匙开关 SB 和行程开关 SQ_2 的常闭触点在车床正常工作时是断开的，QF 线圈不得电，断路器 QF 能合闸。当打开配电盘壁龛门时，行程开关 SQ_2 闭合，QF 线圈得电，断路器 QF 自动断开切断电源，保证维修人员的安全。

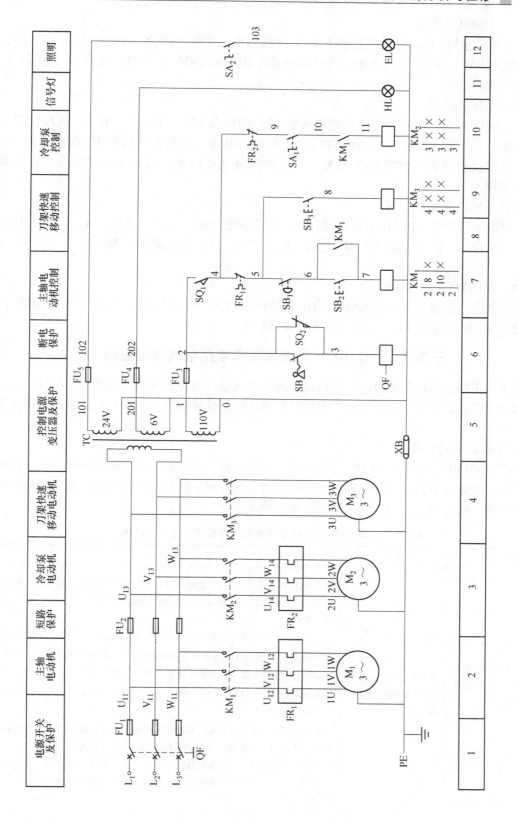

图6-2 CA6140型卧式车床的电气控制线路原理图

（1）主轴电动控制

按下起动按钮 SB$_2$，交流接触器 KM$_1$ 的线圈得电，主触点闭合，主轴电动机 M$_1$ 起动，其辅助触点 KM$_1$（6-7）闭合自锁，同时接触器的辅助触点 KM$_1$（10-11）闭合，为冷却泵电动机起动做好准备。

（2）冷却泵控制

在主轴电动机起动后，交流接触器 KM$_1$ 的辅助触点 KM$_1$（10-11）闭合，将旋钮开关 SA$_1$ 闭合，交流接触器 KM$_2$ 的线圈得电，其主触点吸合，冷却泵电动机 M$_2$ 起动。将 SA$_1$ 断开，交流接触器 KM$_2$ 的线圈失电复位，冷却泵电动机停止。将主轴电动机停止，冷却泵也自动停止。

（3）刀架快速移动控制

刀架快速移动电动机 M$_3$ 采用点动控制。按下按钮 SB$_3$，交流接触器 KM$_3$ 的线圈得电，其主触点闭合，快速移动电动机 M$_3$ 起动。松开 SB$_3$，交流接触器 KM$_3$ 释放，电动机 M$_3$ 停止。

（4）照明和信号灯电路

接通电源，控制变压器输出电压，HL 直接得电发光，作为电源信号灯。EL 为照明灯，将旋钮开关 SA$_2$ 闭合则 EL 亮，将 SA$_2$ 断开则 EL 灭。

子任务 3   CA6140 型卧式车床常见电气故障检修

卧式车床的工作过程是由电气与机械、液压系统紧密结合实现的，在维修中不仅要注意电气部分能否正常工作，也要注意它与机械和液压部分的协调关系。表 6-1 是卧式车床常见电气故障。

1. 技能训练的内容

根据 CA6140 型卧式车床的电气原理图（见图 6-2），在模拟 CA6140 型卧式车床上排除电气故障，故障现象为：主轴电动机点动时，合上 SA$_1$ 时，冷却泵电动机能跟着主轴电动机点动，照明、电源指示及刀架快速移动电动机均正常。

表 6-1   CA6140 卧式车床常见电气故障现象、原因、检修

故障现象	故障原因	故障检修
三台电动机均不能起动，且无电源指示和照明	设备供电电源不正常，控制变压器 TC 一次侧回路有开路现象	1. 因控制变压器 TC 的二次电路没有电源指示与照明，可以暂时排除二次侧存在的故障可能性，而把故障的可能部位定位在控制变压器 TC 的一次侧 2. 合上 QF→用万用表测量 TC 一次侧的 U$_{13}$ 与 V$_{13}$ 之间的电压，测量电压若为 0V→断定 TC 一次侧有开路现象→用万用表测量 U$_{11}$、V$_{11}$ 及 W$_{11}$ 两两之间的电压→若测得电压均为 380V，则三相电源正常 3. 故障范围可以确定在 U$_{11}$→FU$_2$→U$_{13}$→TC 一次绕组→V$_{13}$→FU$_2$→V$_{11}$ 回路里 4. 切断 QF，用万用表依次测量以上所指的故障回路的元件与线号间的直流电阻值，若测量到某处的阻值为无穷大，则说明该点断路 注意：在测量 TC 一次绕组直流电阻时，因线圈有一定阻值，故此时万用表量程应选择在 $R \times 10\Omega$ 或 $R \times 100\Omega$ 档，以免造成判断失误

（续）

故障现象	故障原因	故障检修
三台电动机均不能起动，但有电源指示，照明灯工作正常	控制变压器二次侧 FU_3 对应回路里有故障；L_3 电源断相；控制变压器 TC 二次侧提供 110V 电源的绕组出现故障	1. 用万用表测量三相交流电源电压是否正常，确定 L_3 电源是否断相 2. 用电阻测量法或电压测量法，判断 TC 二次侧 110V 电源绕组的两个线号 1 与 0 之间是否有开路故障 3. 若用万用表测量 TC 的二次电压为 $U_{1-0}=110V$，且操作控制回路的按钮或开关均不能起动三台电动机，则可把故障范围在控制电路中 4. 用电阻测量法，即依次用万用表电阻档测量：$FU_3(1\text{-}2)\rightarrow SQ_1(2\text{-}4)\rightarrow FR_1(4\text{-}5)$；$SB_3(5\text{-}8)\rightarrow KM_3(8\text{-}0)$；$FR_2(4\text{-}9)\rightarrow SB_4(9\text{-}10)\rightarrow KM_1(10\text{-}11)\rightarrow KM_2(11\text{-}0)$；控制变压器 TC 的 0 号线端→0 号线→$KM_1$、$KM_3$、$KM_2$ 的 0 号线端回路。若测量中某点的电阻 $R=\infty$，说明此处有开路或接触不良的故障
主轴电动机与冷却泵电动机不能起动，刀架快速移动电动机能起动，且有电源指示，照明灯工作正常	接触器 KM_1 线圈支路中有故障；接触器 KM_1 的线圈损坏或有机械故障	1. 若测量 KM_1 线圈的直流电阻约为 1200Ω（以实测值为准），则说明 KM_1 线圈无故障 2. 若用外力压合接触器可动部分，无异常阻力且触点能正常闭合，可以基本排除 KM_1 的机械故障 3. 故障范围可确定在 $FR_2(4\text{-}5)\rightarrow SB_1(5\text{-}6)\rightarrow SB_2(6\text{-}7)\rightarrow KM_1(7\text{-}0)\rightarrow 0$ 号线→TC 的 0 号接线端的回路里 对以上所示的回路用万用表依次测量进行故障排查。若测量某两点的电阻 $R=\infty$，说明此处有开路

2. 技能训练的要求

1）必须穿戴好劳保用品并进行安全文明操作。

2）能正确地操作模拟 CA6140 型卧式车床，能再次准确验证故障现象。

3）能根据故障现象在电气原理图上准确标出最小的故障范围。

4）能依据线路原理图快速查找到模拟机床上的对应元件及导线。

5）正确使用电工工具和仪表。

6）用电阻测量法快速检测出故障点，并安全修复。

7）充分发挥小组学习的作用，对故障现象及可能存在的原因及排除方法做全面的讨论。

3. 设备器材

工具：测电笔、螺钉旋具、尖嘴钳、斜嘴钳、剥线钳、电工刀等常用电工工具。

仪器：万用表。

设备：模拟 CA6140 型卧式车床及配套电路图。

4. 技能训练的步骤

1）在教师指导下，分析理解 CA6140 型卧式车床的电气原理图，从安装接线图和元件布置图出发，在车床上通过测量等方法找出实际走线路径。

2）在 CA6140 型卧式车床人为设置一个故障点，教师示范检修，学生观摩，教师边讲解边操作示范。

3）练习一个故障点的检修。在实训教师指导下逐步完成一个指定电气故障的排除过程，故障排除的一般过程为：故障现象的确认→故障原因的分析→故障部位的分析→故障部位的检测→故障部位的修复→故障修复后的再次试车。

①确认故障现象。仔细观察和记录实训指导教师操作 CA6140 卧式车床的步骤，查看和确认在有故障情况下车床的故障现象，记录故障排除所需的相关线索。记录故障现象：

_____

_____。

②分析故障原因。根据机床的电气原理图、运动形式、工作要求及故障现象进行故障产生原因的全面分析，必要时通过检测性的通电试车排除不可能的原因，缩小故障范围。写出故障原因：

a. _____。

b. _____。

c. _____。

③分析故障部位。根据故障原因的分析，排除不可能的原因，确定最小的故障范围。写出最小的故障范围：

_____

_____。

④检测故障部位。设备断电的情况下，利用万用表的电阻档对最小的故障范围逐一检测，直到检查出线路的故障点。电气故障主要表现为：接触不良、开路、短路、接错线、元件烧毁等。考虑到实训教学设备的反复使用率，一般不设置破坏性的短路故障。另外，使用中的电气设备接错线也是不可能的，故机床上的电气故障主要是开路故障。确定的故障部位为：

_____

_____。

⑤修复部位。对检查出的故障部位进行修复，如用带绝缘层的导线将断开的线路段进行可靠连接。是否确认故障已修复？注意：切记不要进行异号线短接！

_____。

⑥故障修复后的再试车。修复故障后，清理留在现场的工具、导线、木螺钉等电工材料，恢复维修时开启的箱、盖、门等防护设施，使通电试车没有其他安全隐患，查看无误后，通电试车，直到测试出该模拟机床的所有功能均为正常为止。为确保通电试车的安全性，通常在试车前还会做普及性的安全性能检测，如被控电动机的绝缘性能检测、三相绕组的电阻平衡度的检测、线路之间绝缘性能的检测、设备金属外壳与导线之间的绝缘性能检测、设备金属外壳的接地性能的检测、更换损坏的部件等，这些都要根据现场的维修需要及设备在生产中的重要性进行必要的检查，以发现其他故障隐患，延长设备使用的寿命。

a. 故障修复做了哪些事？

_____

b. 是否做好了再次试车的全部检查？

_____。

c. 试车的所有功能是否正常？

_____。

4）试车成功后，待教师对该任务的训练情况进行评价，并回答教师提出的问题后，方可进行设备的断电和短接线的拆除。

5）排除一个故障后，学生可再用类似的方法排除教师设置的其他故障。

问题研讨

1）CA6140型卧式车床的型号的含义是什么？主要结构是怎样的？有哪些运动形式？

2）CA6140型卧式车床的电力拖动的特点与控制要求有哪些？

3）CA6140型卧式车床照明灯采用多少伏电压？为什么要用这个电压等级？

4）简述CA6140型卧式车床主轴电动机控制线路的工作原理。

5）简述CA6140型卧式车床电气控制线路的工作原理。

6）从主轴电动机的电气控制线路图可见CA6140型卧式车床并没有电气控制要求上的正、反转，而实际生产中我们却见到主轴电动机能正、反转，那么主轴电动机是如何实现正、反转控制的？

7）CA6140型卧式车床的主轴电动机因过载而自动停车后，操作者立即按起动按钮，但电动机不能起动，试分析可能的故障原因。

8）CA6140型卧式车床中，行程开关SQ_2的作用是什么？怎样操作能实现打开配电壁龛门进行带电检修？

9）刀架快速移动电动机M_3是如何实现控制的？

任务6.2　M7140型平面磨床电气控制线路的分析与检修

任务描述

磨床是用砂轮的周边或端面对工件的表面进行机械加工的一种精密机床。磨床的种类很多，根据用途不同分为平面磨床、内圆磨床、外圆磨床、无心磨床以及螺纹磨床、球面磨床、齿轮磨床、导轨磨床等专用磨床。平面磨床用砂轮磨削加工各种零件的平面。M7140型平面磨床是平面磨床中使用较为普遍的一种机床。

该磨床的工作台纵向运动由叶片泵驱动，运转平稳，噪声小，油池温升低，精度达到卧轴矩台平面磨床国家标准；可进行槽和凸缘侧面的磨削；改进后的磨头横向进给机构，有液压自动进给和手动进给，操作方便；磨头垂直运动有快速升降机构，同时亦能手动进给。本任务对M7140型平面磨床的电气控制线路进行分析、调试与检修训练。

任务目标

了解M7140型平面磨床的结构，熟悉其运动形式，能分析M7140型平面磨床的电气控制线路的工作原理，学会检修平面磨床的电气控制线路的常见故障。

子任务 1 M7140 型平面磨床的主要结构及运动形式

1. M7140 型平面磨床型号的意义

M7140 型平面磨床型号的意义如下：

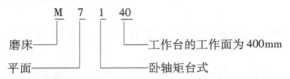

2. M7140 型平面磨床的主要结构

M7140 型平面磨床的外形如图 6-3 所示。床身中装有液压传动装置，工作台通过活塞杆由液压驱动做往复运动，床身导轨由自动润滑装置进行润滑。工作台表面有 T 形槽，用以固定电磁吸盘，再用电磁吸盘来吸持加工工件。工作台往复运动的行程长度可通过调节装在工作台正面槽中的换向撞块的位置来改变，换向撞块通过碰撞工作台往复运动换向手柄来改变油路方向，以实现工作台往复运动。

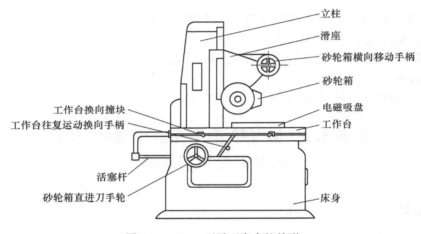

图 6-3 M7140 型平面磨床的外形

在床身上固定有立柱，沿立柱的导轨上装有滑座，砂轮箱能沿滑座的水平导轨做横向移动。砂轮轴由装入式砂轮电动机直接拖动。在滑座内部也装有液压传动机构。

滑座可在立柱导轨上做上、下垂直移动，并可由垂直进刀手轮操作。砂轮箱的水平轴向移动可由横向移动手轮操作，也可由液压传动做连续或间断横向移动，连续移动用于调节砂轮位置或整修砂轮，间断移动用于进给。

3. M7140 型平面磨床的运动形式

M7140 型平面磨床的主运动是砂轮的旋转运动，进给运动有垂直进给（即滑座在立柱上的上、下运动）、横向进给（即砂轮箱在滑座上的水平运动）和纵向进给（即工作台沿床身的往复运动）。工作时，砂轮做旋转运动并沿其轴向做定期的横向运进给运动。工件固定在工作台上，工作台做直线往返运动。矩形工作台每完成一纵向行程时，砂轮做横向进给，当加工整个平面后，砂轮做垂直方向的进给，以此完成整个平面的加工。

4. 电力拖动方式及控制要求

1）M7140 型平面磨床的主运动是由一台砂轮电动机带动砂轮的旋转而实现的。砂轮架由一台交流电动机带动，使砂轮在垂直方向做快速移动；砂轮在垂直方向上可进行手动控进给和液压自动进给。

2）工件的纵向和横向进给运动由工作台的纵向往复运动和横向移动实现。

3）工件的夹紧采用电磁吸盘，其励磁电压由一台直流发电机提供，直流发电机则由一台交电流电动机手动。

4）冷却液由一台冷却泵电动机带动冷却泵供给。

5）液压系统的压力油由一台交流电动机带动液压泵提供。

子任务2　M7140 型平面磨床电气控制线路分析

M7140 型平面磨床的电气控制线路如图 6-4 所示。合上电源开关 QS，电磁吸盘转换开关 SA_2 处于反向"接通"位置。

（1）砂轮电动机 M_1 和冷却泵电动机 M_2 控制

1）起动。按下起动按钮 SB_2，接触器 KM_1 得电吸合并自锁，其主触点闭合，砂轮电动机 M_1 和冷却泵电动机 M_2 同时起动。

2）停止。按下停止按钮 SB_1，接触器 KM_1 断电释放，M_1 和 M_2 同时停止运转。

M_1 和 M_2 的过载保护分别由 FR_1 和 FR_2 承担。

（2）液压泵电动机 M_3 控制

1）起动。按下起动按钮 SB_3，接触器 KM_2 得电吸合并自锁。KM_2 吸合后，其主触点闭合，液压泵电动机 M_2 起动。当压力达到正常值后，压力继电器 KP（201-205）触点断开，信号灯 HL_3 熄灭。

2）停止。按下停止按钮 SB_4，接触器 KM_2 断电释放，液压泵电动机停止运转。

液压泵电动机的过载保护由 FR_3 承担。

（3）砂轮架垂直快速移动电动机 M_5 控制

1）向上移动控制。按下按钮 SB_8，接触器 KM_4 得电吸合，其主触点闭合，砂轮架电动机 M_5 转动，砂轮架快速向上移动。当松开 SB_8 时，接触器 KM_4 断电释放，M_5 停止运转，砂轮架停止移动。

2）向下移动控制。按下按钮 SB_9，接触器 KM_5 得电吸合，其主触点闭合，砂轮架电动机 M_5 反向运转，砂轮架反向快速向下移动。当松开 SB_9 时，接触器 KM_5 断电释放，M_5 停止运转，砂轮架停止移动。

3）限位控制。当砂轮架向上运动到顶端位置时，限位开关 SQ_4 被顶开，接触器 KM_4 断电释放，砂轮架电动机 M_5 停止运转，砂轮架停止向上移动。

（4）液压自动进给控制

微动开关 SQ_3 是垂直进给的手动互锁开关。当需要液压自动进给时，按下按钮 SB_6，中间继电器 KA_1 吸合，动合触点 KA_1（1-18）闭合，电磁铁 YA 接通，磨床进入液压自动进给状态。当要停止液压自动进给时，按下 SB_5，中间继电器 KA_1 断电，触点 KA_1（1-18）释放，电磁铁 YA 断电，磨床停止液压自动进给。

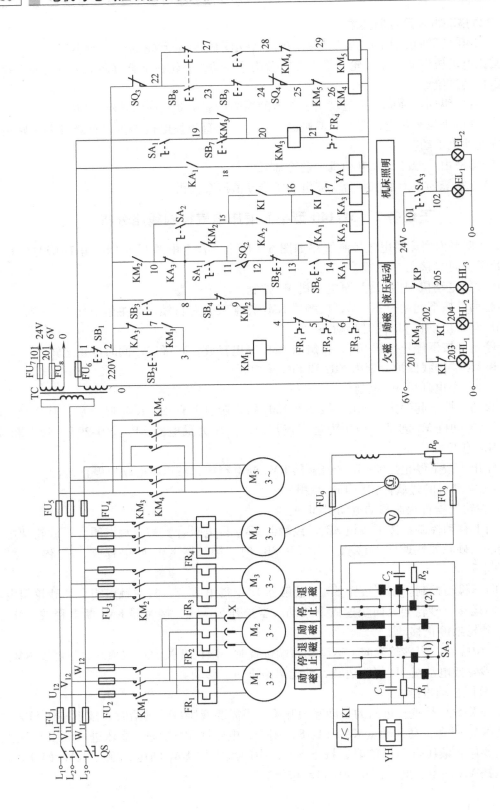

图6-4　M7140型磨床的电气控制线路原理图

（5）电动机 M_4 控制

合上手动开关 SA_1，按下按钮 SB_7，接触器 KM_3 得电吸合，其主触点闭合，电动机 M_4 运转，带动直流发电机 G 运转发电。电动机 M_4 的过载保护由 FR_4 承担。

（6）电磁吸盘（YH）控制电路

1）电磁吸盘的结构及工作原理。电磁吸盘是用来吸持工件进行磨削加工的。整个电磁吸盘是钢制的箱体，在它中部凸起的心体上绕有电磁线圈，如图 6-5 所示。电磁吸盘的线圈通以直流电，使心体被磁化，磁力线经钢制吸盘体、钢制盖板、工件、钢制盖板、钢制吸盘体闭合，将工件牢牢吸住。电磁吸盘的线圈不能用交流电，因为通过交流电会使工件产生振动并且使铁心发热。钢制盖板被由非导磁材料构成的隔磁层分成许多条，其作用是使磁力线通过工件后再闭合，不直接通过钢制盖板闭合。电磁吸盘与机械夹紧装置相比，它的优点是不损伤工件，操作快速简便，磨削中工件发热可自由伸缩，不会

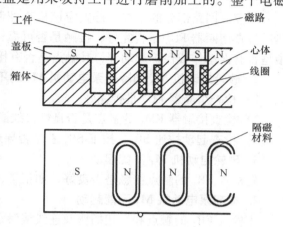

图 6-5 电磁吸盘的结构

变形。缺点是只能吸持磁导性材料的工件（如钢、铁），对非磁导性材料的工件（如铜、铝）没有吸力。

2）电磁吸盘控制电路的分析。M7140 型平面磨床是用交流电动机 M_4 拖动直流发电机 G 来提供电磁吸盘所需的直流电的。电容 C_1、C_2 的作用是熄灭触点间的电弧；电阻 R_1、R_2 的作用是当手柄置于"停止"位置时，避免断电时因线圈自感而产生的过电压损坏线圈绝缘。

①励磁。将转换开关 SA_2 置于"接通"位置，按下按钮开关 SB_7，电动机 M_4 运转，带动直流发电机 G 运转发电，电磁吸盘 YH 得电励磁。同时欠电流继电器 KI 得电，动合触点闭合，动断触点断开，信号灯 HL_1 熄灭，HL_2 亮，KA_2 得电，KA_3 断电。

②电磁吸盘欠磁保护。KI、KA_2、KA_3 组成电磁吸盘欠磁保护电路。当线路电压正常时，KI 得电后 KA_2 得电，KA_3 断电，砂轮、冷却泵和液压泵电动机均能起动。当线路电压因故下降，使流过欠电流继电器的电流相应下降时，电磁吸盘的电磁力也随着下降。当降低到调定值以下时，KI 复位，其动合触点断开，动断触点闭合，即 KI（202-204）断开，信号灯 HL_2 熄灭；KI（202-203）闭合，信号灯 LH_1 亮，发出危险信号。同时，KI（16-17）闭合，液压自动进给停止，从而保证操作安全。

③退磁。工件磨好后，停止发电机组运行，将吸盘转换开关 SA_2 置于"退磁"位置，利用发电机惯性使电流反向通入，电磁吸盘退磁。

（7）照明电路

照明工作灯为 EL_1、EL_2，控制开关为 SA_3。

子任务3　M7140型平面磨床常见电气故障检修

1. 磨床中的电动机都不能起动

先检查电源开关 QS 前、后三相电源电压是否正常，判断 QS 的触点是否接触不良或损坏。

对控制回路部分的检查，首先应该检查控制变压器 TC 的输入、输出端电压是否正常；然后检查熔断器 FU_6 是否完好，接触是否可靠；最后检查热电继电器 FR_1、FR_2、FR_3、FR_4 中是否有误动作或保护起动等，其触点是否有接触不良或损坏等。

2. 砂轮电动机 M_1 和冷却泵电动机 M_2 均不能起动

1）检查熔断器 FU_2 是否完好。

2）检查接触器 KM_1 的触点是否良好，线圈是否断线或接触不良。

3）检查起动按钮 SB_2，按下 SB_2 看是否导通。

3. 砂轮电动机 M_1 不能起动

先检查 FR_1 的触点接触是否良好，如正常，则电动机已损坏。

4. 冷却泵电动机 M_2 不能起动

先检查 FR_2 的触点和三相插座及连线接触是否正常，如正常，则电动机已损坏。

5. 液压泵电动机 M_3 不能起动

1）检查停止按钮 SB_4 是否良好。

2）检查接触器 KM_1 的触点是否接触不良，线圈是否断线或接触不良。

3）检查起动按钮 SB_3，按下 SB_3 后看接触是否良好。

4）检查熔断器 FU_3 是否完好。

5）检查电动机 M_3 是否正常。

6. 砂轮垂直快速移动电动机 M_5 不能起动

1）检查熔断器 FU_5 是否完好。

2）检查接触器 KM_4、KM_5 的触点是否接触不良，线圈是否断线或接触不良。

3）检查互锁开关 SQ_3、行程开关 SQ_4 是否接触不良。

7. 个别电动机转速偏低

1）检查电动机是否缺相运行。

2）检查笼型转子是否断条。该故障最明显的特征是电流表指针伴有来回摆动的现象。

3）检查负载是否过载或机械部分是否传动不灵活。

8. 电动机温升过高或冒烟

1）检查电源电压是否稳定，是否过高或过低。

2）检查电动机是否为超载运行，尤其是砂轮电动机。

3）检查电动机是否缺相运行，特别要重点检查有关熔断器、开关、接触器的触点等部位，排除断路和接触不良因素。

4）检查定子绕组匝间是否短路，绕组是否有接地现象。

5）查看是否有其他原因，如电动机、电风扇损坏或环境温度过高等。

9. 电动机起动后，松开起动按钮不能自保

该故障的发生显然与各电动机控制回路中的自保电路部分有关，对不同的电动机应着重检查与之相应的自保电路部分。

1) 砂轮电动机 M_1 和冷却泵电动机 M_2 不能自保。应重点检查中间继电器 KA_3 的动断触点 KA_3（2-7）接触是否良好，起动后接触器 KM_1 的自保触点 KM_1（3-7）能否自保。

2) 液压泵电动机 M_3 不能自保。应重点检查中间继电器 KA_3 的动断触点 KA_3（8-10）接触是否良好，起动后接触器 KM_2 的自保触点 KM_2（2-10）能否自保。

3) 直流电动机、拖动电动机 M_4 不能自保。应重点检查接触器 KM_3 的自保触点 KM_3（19-20）起动后接触是否良好。

10. 按停止按钮，电动机不停

1) 检查接触器主触点是否熔焊或机械卡死。

2) 检查接触器的铁心是否存在剩磁或铁心接触面存在油污。在维修和安装接触器时，特别要注意将铁心吸合面上的铁锈和油污清洗干净。对于铁心剩磁，只有更换铁心或进行退磁处理。

3) 检查停止按钮绝缘是否击穿。可从下面 3 种情况来分析该故障的检修。

①按下停止按钮 SB_1 以后，所有电动机都不停，则造成该故障的原因只有第 1）种情况。

②按下停止按钮 SB_1 以后，个别电动机不停止运转。发生该故障的可能性有第 1）和第 2）种情况，可按有关部位和零件进行检查。

③按下停止按钮 SB_4 以后，液压泵电动机不停止运转，则首先按下 SB_4，同时检查接触器线圈 KM_2 两端是否有电压。如果有电压，则是 SB_4 击穿；如果无电压，可按第 1）和 2）种情况对接触器 KM_2 进行检查。

11. 按下液压自动进给工作按钮 SB_6，机床不能进行自动进给

1) 检查中间继电器 KA_1 线圈两端有无电压。

2) 如无电压，应检查 KM_2（2-10）、KA_3（8-10）、KM_2（8-11）、SQ_2（11-12）和 SB_5（12-13）的触点接触是否良好，同时应检查起动按钮 SB_6 的触点是否到位，接触是否良好。

12. 按下液压自动停止按钮 SB_5，机床不能停止自动进给

1) 检查停止按钮 SB_5 是否击穿。

2) 检查中间继电器 KA_1 的触点是否熔焊，铁心是否卡死、粘住或存在剩磁现象。

13. 直流发电机无电压输出

1) 剩磁消失。可采用外接直流电源通入并励磁场绕组以产生磁场。

2) 励磁绕组接反。

3) 旋转方向错误。可调整拖动电动机 M_4 的相序。

4) 励磁绕组断路。可检查励磁绕组及磁场变阻器 R_P 的接线是否松脱或接错、是否短路或断路。

5) 发电机电枢绕组断路或短路、换向器表面及接触片短路。

6) 电刷接触不良。

7) 磁场回路电阻过大，重新调整回路电阻。

14. 直流发电机输出电压过低

1) 并励磁场绕组部分短路。可分别检查每个磁砀绕组的电阻，阻值较低的那一组即为部分短路的绕组。

2）转速太低。检查拖动电动机 M_4 的转速太低的原因。

3）电刷位置不正。

4）换向片之间存在导电体，可用汽油或无水酒精清除杂物。

5）换向极绕组接反。

6）发电机过载，电磁盘或其控制电路中存在短路或局部短路故障。

15. 电磁盘（YH）无吸力

1）若无输出，则检查熔断器 FU_9 是否完好；再检查发电机输出端是否有电压输出，若无输出，可按故障 13 的方法检查直流发电机。

2）若有输出，可检查转换开关 SA_2 的触点是否接触不良或损坏，欠电流继电器 KI 线圈是否断路，电磁盘 YH 是否接触不良或损坏。

16. 电磁盘（YH）吸力不足

1）将转换开关 SA_2 置于"停"位置，检查发电机空载输出电压，若低于 110V，则说明发电机输出电压太低造成吸盘吸力不足，可按故障 14 的方法进行检查。

2）若发电机空载输出电压在 130V 左右，则发电机正常，应检查转换开关 SA_2 的触点是否接触不良，电磁吸盘内部线圈是否接触不良，或存在局部短路。

技能训练

1. 技能训练的内容

依据 M7140 型平面磨床的电气原理图，在模拟 M7140 型平面磨床上排除电气故障，故障现象为：在电磁吸盘退磁时，各电动机均能正常工作，但电磁吸盘在励磁时，各电动机均不能正常工作，只有照明灯正常工作。

2. 技能训练的要求

1）必须穿戴好劳保用品并进行安全文明操作。

2）能正确地操作模拟 M7140 型平面磨床，能再次准确验证故障现象。

3）能根据故障现象在电气原理图上准确标出最小的故障范围。

4）能依据电路原理图快速查找到模拟机床上的对应元器件及导线。

5）正确使用电工工具和仪表。

6）用电阻测量法快速检测出故障点，并安全修复。

7）充分发挥小组学习的作用，对故障现象及可能存在的原因及排除方法做全面的讨论。

3. 设备器材

工具：测电笔、螺钉旋具、尖嘴钳、斜嘴钳、剥线钳、电工刀等常用电工工具。

仪器：万用表。

设备：模拟 M7140 型平面磨床及配套电路图。

4. 技能训练的步骤

1）六步故障排除法的训练。

①记录故障现象：

②写出故障原因：

a. _____。

b. _____。

c. _____。

③写出最小的故障范围：

_____

_____。

④确定的故障部位：

_____。

⑤是否确认故障已修？

_____。

⑥故障修复后的再试车：

a. 修复故障时做了哪些事？

_____。

b. 是否做好了再次试车的全部检查？

_____。

c. 试车的所有功能是否正常？

_____。

2）试车成功后，待教师对该任务的训练情况进行评价，并回答教师提出的问题后，方可进行设备的断电和短接线的拆除。

3）完成一个故障后，学生可再用类似的方法排除教师设置的其他故障。

5. 注意事项

1）通电检查时，最好将电磁吸盘拆除，用 110V、100W 的白炽灯作负载，一是便于观察整流电路的直流输出情况，二是因为整流二极管为电流器件，通电检查必须要接入负载。

2）通电检查时，必须熟悉电气原理图，弄清机床线路走向及元器件所在位置。检查时要核对好导线线号，而且要注意安全防护和监护。

3）用万用表测电磁吸盘线圈电阻值时，因吸盘的直流电阻较小，要先调好零，选用低阻值档。

4）用万用表测直流电压时，要注意选用的量程和档位，还要注意检测点的极性。选用量程可根据说明书所注电磁吸盘的工作电压和电气原理图中图注选择。

问题研讨

1）M7140 型平面磨床的型号的含义是什么？主要结构是怎样的？有哪些运动形式？

2）M7140 型平面磨床的电力拖动的特点与控制要求有哪些？

3）电磁吸盘为何用直流供电而不能采用交流供电？

4）M7140 型平面磨床中的电磁吸盘的控制电路由哪几部分组成？C_1、C_2 以及 R_2、R_3 的作用分别是什么？

5）电磁吸盘没有吸力的原因有哪些？吸力不足的原因有哪些？电磁吸盘退磁效果差，

退磁后工件难以取下的原因是什么?

6)在 M7140 型平面磨床在电磁吸盘退磁时,各电动机工作正常,但当电磁吸盘在充磁时,各电动机均不能工作。试分析故障的可能原因及故障部位。

7)在 M7140 型平面磨床中,若砂轮电动机 M_1 能工作,而液压泵电动机 M_3 不能工作。试分析故障的可能原因及故障部位。

任务 6.3   Z3040B 型摇臂钻床电气控制线路的分析与检修

任务描述

钻床的主要功能是钻孔、扩孔、铰孔、攻螺纹等。钻床按结构可以分为立式钻床、台式钻床、摇臂钻床、卧式钻床。摇臂钻床应用广泛,操作方便灵活。本任务对 Z3040B 型摇臂钻床电气控制线路进行分析、调试与检修训练。

任务目标

能够分析 Z3040B 型摇臂钻床电气控制线路的工作原理、线路设计原则及常见故障;会进行 Z3040B 型摇臂钻床电气控制线路的测试、线路日常维护、故障检修与排除。

子任务 1   Z3040B 型摇臂钻床的主要结构及运动形式

1. Z3040B 型摇臂钻床型号的意义

Z3040B 型摇臂钻床型号的意义如下:

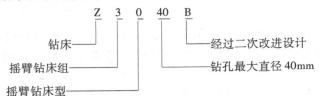

钻床——
摇臂钻床组——
摇臂钻床型——

——经过二次改进设计
——钻孔最大直径 40mm

2. Z3040B 型摇臂钻床的结构

图 6-6 是 Z3040B 型摇臂钻床的结构。它主要由底座、内立柱、外立柱、摇臂、主轴箱、工作台等组成。内立柱固定在底座上,在它外面套着空心的外立柱,外立柱可绕着内立柱回转一周,摇臂一端的套筒部分与外立柱滑动配合,借助于丝杠,摇臂可沿着外立柱上、下移动,但两者不能做相对移动,所以摇臂将与外立柱一起相对内立柱回转。主轴箱是一个复合的部件,它具有主轴及主轴旋转部件及主轴进给的全部变速和操纵机构,主轴箱可沿着摇臂上的水平导轨做径向移动。当进行加工时,可利用特殊的夹紧机构将外立柱紧固在内立柱上,摇臂紧固在外立柱上,主轴箱紧固在摇臂导轨上,

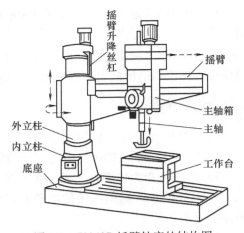

图 6-6   Z3040B 摇臂钻床的结构图

然后进行钻削加工。

3. Z3040B 型摇臂钻床的运动形式

主运动是主轴的旋转，进给运动是主轴的轴向进给。

摇臂钻床除主运动与进给运动外，还有外立柱、摇臂和主轴箱的辅助运动，它们都有夹紧装置和固定位置。摇臂的升降及夹紧放松由一台异步电动机拖动，摇臂的回转和主轴箱的径向移动采用手动，立柱的夹紧松开由一台电动机拖动一台齿轮泵来供给夹紧装置所用的压力油来实现，同时通过电气联锁来实现主轴箱的夹紧与放松。摇臂钻床的主轴旋转和摇臂升降不允许同时进行，以保证安全生产。

4. 电力拖动方式及控制要求

1）由于摇臂钻床的运动部件较多，为简化传动装置，使用多台电动机拖动，主电动机承担主钻削及进给任务，摇臂升降及其夹紧放松、立柱夹紧放松和冷却泵各用一台电动机拖动。

2）为了适应多种加工方式的要求，主轴及进给应在较大范围内调速。但这些调速都是机械调速，用手柄操作变速箱调速，对电动机无任何调速要求。从结构上看，主轴变速机构与进给变速机构应该放在一个变速箱内，而且两种运动由一台电动机拖动是合理的。

3）加工螺纹时要求主轴能正、反转。摇臂钻床的正、反转一般用机械方法实现，电动机只需单方向旋转。

子任务 2　Z3040B 型摇臂钻床电气控制线路分析

Z3040B 型摇臂钻床的电气控制线路如图 6-7 所示。

1. 主电路分析

本机床的电源开关采用接触器 KM，这是由于本机床的主轴旋转和摇臂升降不用按钮操作，而采用了不自动复位的开关操作。用按钮和接触器来代替一般的电源开关，就可以具有零电压保护和一定的欠电压保护作用。

主电动机 M_2 和冷却泵电动机 M_1 都只需单方向旋转，所以用接触器 KM_1 和 KM_6 分别控制。立柱夹紧松开电动机 M_3 和摇臂升降电动机 M_4 都需要正、反转，所以各用两只接触器控制。KM_2 和 KM_3 控制立柱的夹紧和松开，KM_4 和 KM_5 控制摇臂的升降。Z3040B 型摇臂钻床的四台电动机只用了两套熔断器作短路保护，只有主轴电动机具有过载保护。因立柱夹紧松开电动机 M_3 和摇臂升降电动机都是短时工作，故不需要用热继电器来作过载保护。冷却泵电动机 M_1 因功率很小，也没有应用保护元件。

在安装实际的机床电气设备时，应当注意三相交流电源的相序，如果三相电源的相序接错了，电动机的旋转方向就要与规定的方向不符，在开动机床时容易发生事故。Z3040B 型摇臂钻床三相电源的相序可以用立柱的夹紧机构来检查。Z3040B 型摇臂钻床立柱的夹紧和放松动作有指示标牌指示，接通机床电源，接触器 KM 动作，将电源引入机床，然后按压立柱夹紧或放松按钮 SB_1 和 SB_2，如果夹紧和松开动作与标牌的指示相符合，就表示三相电源的相序是正确的；如果夹紧与松开动作与标牌的指示相反，三相电源的相序一定是接错了。这时就应当关断总电源，把三相电源线中的任意两根电线对调位置接好，就可以保证相序正确。

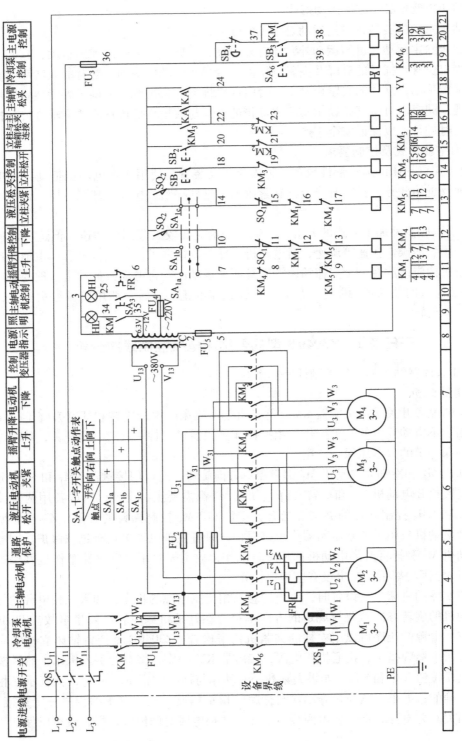

图6-7 Z3040B型摇臂钻床的电气控制线路原理图

2. 控制电路分析

（1）电源接触器和冷却泵的控制

按下按钮 SB_3，电源接触器 KM 吸合并自锁，把机床的三相电源接通。按 SB_4，KM 断电释放，机床电源即被断开。KM 吸合后，转动 SA_6，使其接通，KM_6 则通电吸合，冷却泵电动机旋转。

（2）主轴电动机和摇臂升降电动机控制

采用十字开关操作，控制电路中的 SA_{1a}、SA_{1b} 和 SA_{1c} 是十字开关的三个触点，十字开关的手柄有五个位置，当手柄处在中间位置时，所有的触点都不通，手柄向右，触点 SA_{1a} 闭合，接通主轴电动机接触器 KM_1；手柄向上时，触点 SA_{1b} 闭合，接通摇臂上升接触器 KM_4；手柄向下时，触点 SA_{1c} 闭合，接通摇臂下降接触器 KM_5。手柄向左的位置，未加利用。十字开关的使用使操作形象化，不容易误操作。十字开关操作时，一次只能占有一个位置，KM_1、KM_4、KM_5 三个接触器不会同时通电，这就有利于防止主轴电动机和摇臂升降电动机同时起动运行，也减少了接触器 KM_4 与 KM_5 的主触点同时闭合导致短路事故的机会。但是单靠十字开关还不能完全防止 KM_1、KM_4 和 KM_5 三个接触器的主触点同时闭合的事故，因为接触器的主触点由于通电发热和火花的影响，有时会焊住而不能释放，特别是在动作很频繁的情况下，更容易发生这种事故，就可能导致在开关手柄改变位置的时候，一个接触器未释放，而另一个接触器又吸合，从而发生事故。所以在控制电路上，KM_1、KM_4 和 KM_5 三个接触器之间都有常闭触点进行联锁，使线路的动作更为安全可靠。

（3）摇臂升降和夹紧工作的自动循环

摇臂钻床正常工作时，摇臂应夹紧在立柱上。在摇臂上升或下降之前，必须先松开夹紧装置。当摇臂上升或下降到指定位置时，夹紧装置又必须将摇臂夹紧。本机床摇臂的松开、升（或降）、夹紧这个过程能够自动完成。将十字开关扳到上升位置（即向上），触点 SA_{1b} 闭合，接触器 KM_4 吸合，摇臂升降电动机起动正转，这时摇臂还不会移动，电动机通过传动机构，先使一个辅助螺母在丝杠上旋转上升，辅助螺母带动夹紧装置使之松开。当夹紧装置松开的时候，带动行程开关 SQ_2，其触点 SQ_2（6-14）闭合，为接通接触器 KM_5 做好准备。摇臂松开后，辅助螺母继续上升，带动一个主螺母沿着丝杠上升，主螺母则推动摇臂上升。摇臂升到预定高度，将十字开关扳到中间位置，触点 SA_{1b} 断开，接触器 KM_4 断电释放，电动机停止运行，摇臂停止上升。由于行程开关 SQ_2（6-14）仍旧闭合着，所以在 KM_4 释放后，接触器即通电吸合，摇臂升降电动机即反转，这时电动机只是通过辅助螺母使夹紧装置将摇臂夹紧，但摇臂并不下降。当摇臂完全夹紧时，行程开关 SQ_2（6-14）即断开，接触器 KM_5 就断电释放，电动机 M_4 停转。

摇臂下降的过程与上述情况相同。

SQ_1 是组合行程开关，它的两对常闭触点分别作为摇臂升、降的极限位置控制，起终端保护作用。当摇臂上升或下降到极限位置时，由撞块使 SQ_1（10-11）或（14-15）断开，切断接触器 KM_4 和 KM_5 的通路，使电动机停止运行，从而起到了保护作用。SQ_1 为自动复位的组合行程开关，SQ_2 为不能自动复位的组合行程开关。摇臂升降机构除了电气限位保护以外，还有机械极限保护装置，在电气保护装置失灵时，机械极限保护装置可以起保护作用。

（4）立柱和主轴箱的夹紧控制

本机床的立柱分内、外两层，外立柱可以围绕内立柱做 360° 的旋转。内、外立柱之间有夹紧装置。立柱的夹紧和放松由液压装置进行，电动机拖动一台齿轮泵，电动机正转时，齿轮泵送出压力油使立柱夹紧，电动机反转时，齿轮泵送出压力油使立柱放松。

立柱夹紧电动机用按钮 SB₁ 和 SB₂ 及接触器 KM₂ 和 KM₃ 控制，其控制方式为点动控制。按下按钮 SB₁ 或 SB₂，KM₂ 或 KM₃ 就通电吸合，使电动机正转或反转，将立柱夹紧或放松；松开按钮，KM₂ 或 KM₃ 就断电释放，电动机即停止。

立柱的夹紧、松开与主轴箱的夹紧、松开有电气上的联锁。立柱松开，主轴箱也松开，立柱夹紧，主轴箱也夹紧，当按 SB₂ 接触器时 KM₃ 吸合，立柱松开，KM₃（6-22）闭合，中间继电器 KA 通电吸合并自保。KA 的一个常开触点接通电磁阀 YV，使液压装置将主轴箱松开。

在立柱放松的整个时间内，中间继电器 KA 和电磁阀 YV 始终保持工作状态。按下按钮 SB₁，接触器 KM₂ 通电吸合，立柱被夹紧。KM₂ 的常闭辅助触点（22-23）断开，KA 断电释放，电磁阀 YV 断电，液压装置将主轴箱夹紧。

在该控制电路里，不能用接触器 KM₂ 和 KM₃ 来直接控制电磁阀 YV。因为电磁阀必须保持通电状态，主轴箱才能松开，一旦 YV 断电，液压装置立即将主轴箱夹紧。KM₂ 和 KM₃ 均是点动工作方式，当按下 SB₂ 使立柱松开后放开按钮，KM₃ 断电释放，立柱不会再夹紧，这样是为了放开 SB₂ 后，YV 仍能始终通电就不能用 KM₃ 来直接控制 YV，而必须用一个中间继电器 KA，在 KM₃ 断电释放后，KA 仍能保持吸合，使电磁阀 YV 始终通电，从而使主轴箱始终松开。只有当按下 SB₁，使 KM₂ 吸合，立柱夹紧，KA 才会释放，YV 才断电，主轴箱也被夹紧。

子任务 3　Z3040B 型摇臂钻床常见电气故障检修

摇臂钻床的工作过程是由电气与机械、液压系统紧密结合实现的。在维修中不仅要注意电气部分能否正常工作，也要注意它与机械和液压部分的协调关系。表 6-2 是 Z3040 型摇臂钻床常见电气故障、原因及检修。

表 6-2　Z3040B 型摇臂钻床常见电气故障现象、原因及检修

故障现象	故障原因	故障检修
操作时一点反应也没有	1. 电源没有接通 2. FU₃ 烧断或 U₁₁、V₁₁ 导线有断路或脱落	1. 检查插头、电源引线、电源开关 2. 检查 FU₃，U₁₁、V₁₁ 导线
按 SB₃，KM 不能吸合，但操作 SA₆，KM₆ 能吸合	36-37-38-KM 线圈-U₁₁ 中有断路或接触不良	用万用表电阻档对相关线路进行测量
控制电路不能工作	1. FU₅ 烧断 2. FR 因主轴电动机过载而断开 3. 5 号线或 6 号线断开 4. TC 变压器线圈断路 5. TC 一次侧进线 U₁₃、V₁₃ 中有断路 6. KM 接触器中 U 相或 V 相主触点烧坏 7. FU₁ 中 U、V 相熔断	1. 检查 FU₅ 2. 对 FR 进行手动复位 3. 查 5、6 号线 4. 查 TC 5. 查 U₁₃、V₁₃ 导线 6. 检查 KM 主触点并修复或更换 7. 检查 FU₁

（续）

故障现象	故障原因	故障检修
主轴电动机不能起动	1. 十字开关接触不良 2. KM_4（7-8）、KM_5（8-9）常闭触点接触不良 3. KM_1 线圈损坏	1. 更换十字开关 2. 调整触点位置或更换触点 3. 更换线圈
主轴电动机不能停止运行	KM_1 主触点熔焊	更换触点
摇臂升降后，不能夹紧	1. SQ_2 位置不当 2. SQ_2 损坏 3. 连到 SQ_2 的 6、10、14 号线中有脱落或断路	1. 调整 SQ_2 位置 2. 更换 SQ_2 3. 检查 6、10、14 号导线
摇臂升降方向与十字开关标注的扳动方向相反	摇臂升降电动机 M_4 相序接反	更换 M_4 相序
立柱能放松，但主轴箱不能放松	1. KM_3（6-22）接触不良 2. KA（6-22）或 KA（6-24）接触不良 3. KM_2（22-23）常闭触点不通 4. KA 线圈损坏 5. YV 线圈开路 6. 22、23、24 号导线中有脱落或断路	用万用表电阻档检查相关部位并修复

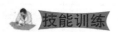 **技能训练**

1. 技能训练的内容

根据 Z3040B 型摇臂钻床的电气原理图，在模拟 Z2040B 型摇臂钻床上排除电气故障。故障现象为：主轴电动机 M_2 不能工作，其余电动机均正常工作，且电源指示及照明工作正常。

2. 技能训练的要求

1）必须穿戴好劳保用品并进行安全文明操作。

2）能正确地操作模拟 Z3040B 型摇臂钻床，能再次准确验证故障现象。

3）能根据故障现象在电气原理图上准确标出最小的故障范围。

4）能依据电气原理图快速查找到模拟机床上的对应元件及导线。

5）正确使用电工工具和仪表。

6）用电阻测量法快速检测出故障点，并安全修复。

7）充分发挥小组学习的作用，对故障现象及可能存在的原因及排除方法做全面的讨论。

3. 设备器材

工具：测电笔、螺钉旋具、尖嘴钳、斜嘴钳、剥线钳、电工刀等常用电工工具。

仪器：万用表。

设备：模拟 Z3040B 型摇臂钻床及配套电路图。

4. 技能训练的步骤

1）六步故障排除法的训练。

①记录故障现象：

_____

_____。

②写出故障原因：

a. _____。

b. _____。

c. _____。

③写出最小的故障范围：

_____

_____。

④确定的故障部位：

_____。

⑤是否确认故障已修？

_____。

⑥故障修复后的再试车：

a. 修复故障时做了哪些事？

_____。

b. 是否做好了再次试车的全部检查？

_____。

c. 试车的所有功能是否正常？

_____。

2）试车成功后，待教师对该任务的训练情况进行评价，并回答教师提出的问题后，方可进行设备的断电和短接线的拆除。

3）排除一个故障后，学生可再用类似的方法排除教师设置的其他故障。

问题研讨

1）Z3040B 型摇臂钻床的型号的含义是什么？主要结构是怎样的？有哪些运动形式？

2）Z3040B 型摇臂钻床的电力拖动的特点与控制要求有哪些？

3）Z3040B 型摇臂钻床电气控制线路中十字开关 SA 的作用是什么？

4）简述 Z3040B 型摇臂钻床的摇臂是通过什么机构夹紧与放松的？在摇臂上升与下降操作中，机床是怎样实现自动夹紧与放松的？

5）简述 Z3040B 型摇臂钻床立柱与主轴箱的夹紧与放松的过程。

6）Z3040B 型摇臂钻床中，摇臂升降电动机不能上升运行，其余电动机正常工作，且电源指示及照明正常，试分析故障的可能原因及故障部位怎样确定。

7）Z3040B 型摇臂钻床的摇臂升降后，不能夹紧，试分析故障的可能原因及故障部位。

8）Z3040B 型摇臂钻床电气控制线路的控制电路不能工作，试分析故障的可能原因及故障部位。

参 考 文 献

［1］ 张明金. 电工技术与实践［M］. 2 版. 北京：电子工业出版社，2013.

［2］ 张明金. 电工技能训练［M］. 北京：机械工业出版社，2011.

［3］ 杜贵明，张森林. 电机与电气控制［M］. 武汉：华中科技大学出版社，2010.

［4］ 谭维瑜. 电机与电气控制［M］. 北京：机械工业出版社，2009.

［5］ 赵旭升. 电机与电气控制［M］. 北京：化学工业出版社，2009.

［6］ 田淑珍. 电机与电气控制技术［M］. 北京：机械工业出版社，2010.

［7］ 冉文. 电机与电气控制［M］. 西安：西安电子科技大学出版社，2006.

［8］ 徐建俊. 电机与电气控制项目教程［M］. 北京：机械工业出版社，2008.

［9］ 刘涛. 电工技能训练［M］. 北京：电子工业出版社，2002.

［10］ 孔繁瑞，邵林. 电工技术综合实训［M］. 北京：北京师范大学出版社，2005.

［11］ 熊幸明. 电工电子技能训练［M］. 北京：电子工业出版社，2004.

［12］ 李明. 电机与电力拖动［M］. 北京：电子工业出版社，2006.

［13］ 祁和义，王建. 维修电工实训与技能考核训练教程［M］. 北京：机械工业出版社，2008.

［14］ 林嵩. 电气控制线路安装与维修［M］. 北京：中国铁道出版社，2012.

［15］ 牛永奎，张晶. 电机与拖动［M］. 北京：清华大学出版社，2007.

［16］ 张永花，杨强. 电机及控制技术［M］. 北京：中国铁道出版社，2010.